21世纪高职高专"十二五"土木建筑类规划教材

工程力学

主　编　杨丽君　包雯蕾
副主编　张兴兰
主　审　李社生

天津大学出版社
TIANJIN UNIVERSITY PRESS

内 容 提 要

本教材是依据高职高专工程力学课程教学要求,根据多年的教学实践经验专为高职高专院校中少学时(64~90学时)工程力学课程而编写的。本书共12章,内容主要包括:静力学的基本概念,平面力系的合成与平衡,材料力学的基本概念,轴向拉伸和压缩,扭转,梁的弯曲,应力状态、强度理论、组合变形,压杆稳定,平面体系的几何组成分析,静定结构的内力分析,静定结构的位移计算,影响线。附录包括平面图形的几何性质和型钢规格表。每章均有提要,每章后有本章小结、思考题和习题。

本书可作为高职高专院校路桥类专业、焊接专业和土建类非建筑工程专业的教材以及土建技术人员的参考书。

图书在版编目(CIP)数据

工程力学/杨丽君,包雯蕾主编.—天津:天津
大学出版社,2013.9
21世纪高职高专"十二五"土木建筑类规划教材
ISBN 978 - 7 - 5618 - 4808 - 1

Ⅰ.①工… Ⅱ.①杨… ②包… Ⅲ.①工程
力学-高等职业教育-教材 Ⅳ.①TB12

中国版本图书馆 CIP 数据核字(2013)第 22945 号

出版发行	天津大学出版社
出 版 人	杨欢
地　　址	天津市卫津路 92 号天津大学内(邮编:300072)
电　　话	发行部:022 - 27403647
网　　址	publish. tju. edu. cn
印　　刷	昌黎太阳红彩色印刷有限责任公司
经　　销	全国各地新华书店
开　　本	185mm × 260mm
印　　张	18.5
字　　数	456 千
版　　次	2014 年 1 月第 1 版
印　　次	2014 年 1 月第 1 次
定　　价	36. 50 元

前　　言

教材建设是教学内容改革的重要基础。各高等院校都十分重视教材建设,本书就是根据高等职业院校的特点,依据高职高专建筑力学与结构课程教学要求,在多年教学实践的基础上,为适应迅速发展的高等职业院校的教学需要而编写的工程力学教材。

本书共有12章,包括静力学的基本概念,平面力系的合成与平衡,材料力学的基本概念,轴向拉伸和压缩,扭转,梁的弯曲,应力状态、强度理论、组合变形,压杆稳定,平面体系的几何组成分析,静定结构的内力分析,静定结构的位移计算和影响线。本书可作为高职高专院校路桥类专业、焊接专业和土建类非建筑工程专业的基础课教材,还可作为土建技术人员的参考书。

本教材的编写,力求贯彻高等职业院校力学课程教学的基本要求,并考虑到当前教材体制改革的要求及教学计划修改等因素,使其具有较为广泛的适用性,可供64~90学时选用。全书章节安排合理,充分考虑学生的知识水平和能力特点,体现高等职业教育工程力学课程的特色,理论推导从简;注意了以教学为主,少而精,突出重点、讲清难点,着重讲清解题思路和解题方法;在讲述基本原理和概念的基础上,注意与其他课程和教材的衔接和综合应用;增大了例题和习题量(且附有习题答案),以此加深读者对基本概念的理解和熟练程度,并提高读者综合应用理论和分析问题的基本素质。

本教材的编写人员从事多年工程力学的教学工作,具有丰富的教学经验。参加本教材编写工作的有:甘肃建筑职业技术学院杨丽君副教授(大纲)、甘肃建筑职业技术学院包雯蕾老师(第1、2、12章)、兰州交通大学环境与市政工程学院曾立云副教授(第5、8、9、10、11章,附录Ⅱ)、甘肃建筑职业技术学院张兴兰老师(第3、4、6、7章,附录Ⅰ)、甘肃建筑职业技术学院魏淑红老师(绪论)。本教材由甘肃建筑职业技术学院杨丽君副教授担任第一主编、包雯蕾担任第二主编,张兴兰担任副主编,甘肃建筑职业技术学院李社生教授担任主审。

鉴于水平与经验所限,书中疏漏及不妥之处在所难免,恳请读者批评指正。

编者

2013 年 3 月 10 日

前　言

目　　录

第一篇　静力学

第二篇　材料力学

第一篇

静 力 学

绪　　论

【学习重点】

➤ 了解工程力学的研究对象、研究任务;
➤ 理解荷载的分类。

工程力学是将理论力学中的静力学、材料力学课程中的主要内容及结构力学课程的一部分内容,依据道路、桥梁、土建设备类专业及焊接等专业培养目标的需要,按照知识自身的内在联系,重新组织形成的力学知识体系;为满足工程施工一线对力学知识的应用要求,为各种结构的受力分析和计算提供了理论基础,是一门重要的技术基础课。掌握工程力学的基础理论和计算方法,是进一步学习专业课程的必要基础。

0.1　工程力学的研究对象

各种机械和建筑,都是由许多的构件或零件,即不能再拆卸的结构元件所组成。这些构件在建筑物中互相支承、互相约束,构成一个结构整体——建筑结构,直接地或间接地,单独地或协同地承受各种荷载作用。工程中各种各样的建筑都是由若干构件按照一定的规律组合而成的,称为**结构**。组成结构的每一个部件称为**构件**。整栋房屋、整座桥是结构,一根梁、一根柱也是结构,如单跨梁、独立柱等。结构在建筑物中起着承受和传递荷载的骨架作用,它对建筑物的安全和耐久性起决定作用。

从远古时代起人类就开始从事房屋、桥梁的建筑,以后又在车辆、船只和其他简单机械的制造等方面,逐渐积累关于结构的受力分析和材料强度的知识。例如早在 3 500 年以前,我国就已经采用柱、梁、檩、椽的木结构(图 0 -1)建造墙壁不承重的房屋,知道立柱宜采用圆截面和木梁应采用矩形截面。由隋朝工匠李春主持建造的赵州桥(图 0 -2),跨长 37 m,是由石块砌成的拱形结构,既利用了石料耐压的特性,又减轻了重量。在机械和运输方面,我国在 3 500 年前就开始用辐条式车轮代替圆板式车轮。

工程中结构与构件的形状是多种多样的,按照几何特征,结构可分为三种类型。

①杆系结构。**杆件**是指其长度方向的尺寸远大于截面的高度和宽度的构件,如房屋建筑中的梁、柱,机械传动中的轴等。由杆件组成的结构称为**杆系结构**。

②薄壁结构。薄壁结构是指其厚度远小于其他两个尺度的结构。平面板状的薄壁结构称为薄板(图 0 -3),如楼板;具有曲面外形的薄壁结构称为薄壳(图 0 -4),如屋面。

③实体结构。实体结构是指其三个方向的尺度大约为同一量级的结构(图 0 -5),如挡土墙、块式基础、水坝等。

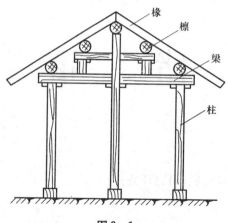

图 0 - 1

图 0 - 2

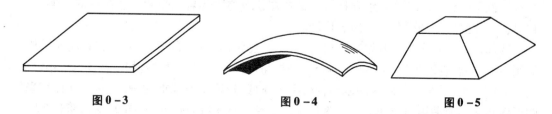

图 0 - 3　　　　　　　　　　图 0 - 4　　　　　　　　　　图 0 - 5

　　工程力学研究的主要对象是杆件和杆件组成的杆系结构。它是应用最广的一种结构。工程中常见的杆系结构按其受力特性不同分为以下几种(本书仅研究和讨论平面杆系结构)。

　　①梁。梁是一种常见结构,其轴线常为直线,是受弯杆件。水平梁在竖向荷载作用下不产生水平支座反力,其内力只有弯矩和剪力。梁有单跨梁(图 0 - 6(a)、(c))和多跨梁(图 0 - 6(b)、(d))。

　　②刚架。刚架由直杆组成,各杆主要受弯曲变形,结点大多数是刚性结点,也可有部分铰结点,如图 0 - 7 所示。刚架的内力有弯矩、剪力和轴力。

　　③拱。拱是由曲杆构成,在竖向荷载的作用下能产生水平反力的结构。拱的各截面主要产生轴力,如图 0 - 8 所示。

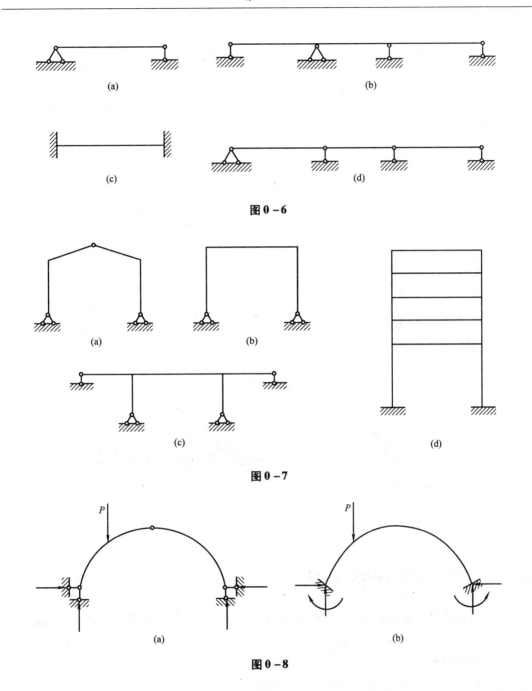

图 0 - 6

图 0 - 7

图 0 - 8

④桁架。桁架是由直杆用铰链连接组成的结构,各结点都假设为理想的铰结点,荷载作用在结点上,各杆只产生轴力,如图 0 - 9 所示。

⑤组合结构。这种结构中,一部分是桁架杆件,只承受轴力;而另一部分是梁或刚架杆件,即受弯杆件,由两者组合而成的结构称为组合结构,如图 0 - 10 所示。

⑥悬索结构。悬索结构的主要承重构件为悬挂于塔、柱上的缆索,如悬索屋盖、悬索桥、斜拉桥(图 0 - 11)等,索只受轴向拉力,可最充分地发挥钢材强度,且自重轻,可跨越很大的跨度。

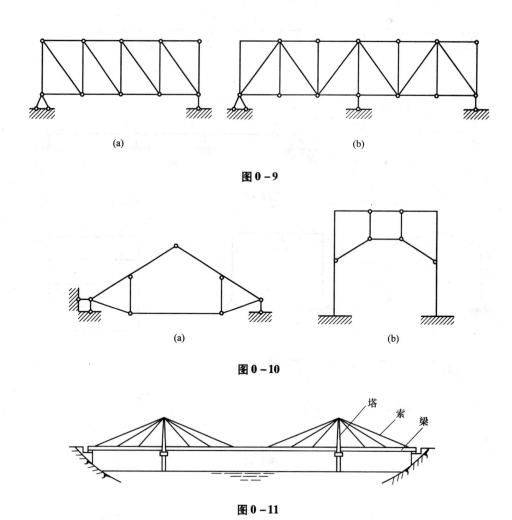

图 0 - 9

图 0 - 10

图 0 - 11

0.2 工程力学的研究任务

工程力学的任务是研究使结构既能安全、正常地工作,又经济实用的理论基础知识、计算方法,主要内容包含以下几部分。

1. 静力学基础

研究物体的受力分析、力学简化与平衡的理论。

在工程技术中,静力学有着广泛的应用。例如,用塔吊起吊重物时,就必须根据力学的平衡条件确定起重量不超过多少塔吊才不致翻倒;又如,设计屋架时,必须将所受的重力、风雪压力等加以简化,然后根据平衡条件求出各杆所受的力,最后确定各杆截面的尺寸。其他如桥梁、水坝等建筑物,设计时都必须进行受力分析,以便得到既安全又经济的设计方案,而静力学则是进行受力分析的基础。在机械工程中,进行机械设计时,也往往要应用静力学理论分析机械零部件的受力情况,作为强度计算的依据。

2. 内力分析

研究静定结构和构件的内力计算方法及其分布规律。

3. 强度、刚度和稳定性问题

当结构承受和传递荷载时,各构件都必须能够正常工作,这样才能保证整个结构的正常使用。为此,首先要求构件在承受荷载作用时不发生破坏。如当吊车起吊重物时荷载过大,会使吊车梁发生弯曲断裂,但只是不发生破坏并不能保证构件的正常工作。例如,吊车梁的变形如果超过一定的限度,吊车就不能正常地行驶;楼板变形过大,其上的抹灰层就会脱落。此外,有一些构件在荷载作用下,其原来形状的平衡可能丧失稳定性。例如,细长的中心受压柱子,当压力超过某一限定值时,会突然地改变原来的直线平衡状态而发生弯曲,以致结构倒塌,这种现象称为"失稳"。由此可见,要保证构件的正常工作必须同时满足三个要求。

①**强度**。构件在工作条件下不发生破坏,即是具有抵抗破坏的能力,满足了强度要求。强度问题是研究构件满足强度要求的计算理论和方法。解决强度问题的关键是作构件的应力分析。当结构中的各构件均已满足强度要求时,整个结构也就满足了强度要求。因此,研究强度问题时,只需以构件为研究对象。

②**刚度**。结构或构件在工作条件下所产生的变形在工程的允许范围内,即是具有抵抗变形的能力,满足了刚度要求。刚度问题是研究构件满足刚度要求的计算理论和方法。解决刚度问题的关键是求结构或构件的变形。

③**稳定性**。结构或构件在工作条件下不会突然改变原有的形状,构件在其原有形状下的平衡应保持稳定的平衡,即满足稳定性要求。

0.3　荷载类型

主动使物体产生运动或运动趋势的力(如重力、风压力、水压力等)称为主动力。在工程上,通常把作用在结构上的主动力称为荷载。在工程实际中,结构受到的荷载是多种多样的,为了便于分析,从不同的角度,对荷载进行如下分类。

1. 荷载按其作用在结构上的时间长短可分为恒载和活荷载

①**恒载**是指作用在结构上的不变荷载,即在结构建成以后,其大小和作用位置都不再发生变化的荷载,例如构件的自重和土压力等。

②**活荷载**是指在施工和建成后使用期间作用在结构上的可变荷载。可变荷载是指有时存在有时不存在的荷载,它们的作用位置及范围可能是固定的(如风荷载、雪荷载、会议室的人群重量等),也可能是移动的(如吊车荷载、桥梁上行驶的车辆等)。不同类型的房屋建筑,因其使用情况不同,活荷载的大小也不同。各种常用的活荷载,在《工业与民用建筑结构荷载规范》中都有详细的规定。

2. 荷载按其作用在结构上的分布情况可分为分布荷载和集中荷载

①**分布荷载**是指分布在结构某一表面上的荷载,又可分为均布荷载和非均布荷载两种。如梁的自重,荷载连续作用,大小各处相同,这种荷载称为均布荷载,其大小称为荷载集度,用 q 表示。均布荷载分为线均布荷载和面均布荷载。如梁的自重是以每米长度重量来表示,单位是 N/m 或 kN/m,因此这种荷载称为**线均布荷载**。又如板的自重也是均布荷载,它是以每平方米面积重量来表示,单位是 N/m^2 或 kN/m^2,故称为**面均布荷载**。又如水压力,

其大小与水的深度成正比,这种荷载形成一个三角形的分布规律,即荷载连续作用,但大小各处不相同,称其为非均布荷载。

②**集中荷载**是指作用在结构上的荷载的分布面积远远小于结构的尺寸,则将此荷载认为是作用在结构的某点上。如吊车的轮子对吊车梁的压力、屋架传给砖墙或柱子的压力等,都可认为是集中荷载,其单位一般为 N 或 kN。

3. 荷载按作用在结构上的性质分为静力荷载和动力荷载

①当荷载从零开始,逐渐缓慢地连续均匀地增加到最后的确定数值后,其大小、作用位置以及方向都不再随时间而变化,这种荷载称为**静力荷载**。例如,结构的自重、一般的活荷载等。静力荷载的特点是,该荷载作用在结构上时,不会引起结构振动。

②如果荷载的大小、作用位置、方向随时间而急剧变化,这种荷载称为**动力荷载**。例如,动力机械产生的荷载、地震力等。动力荷载的特点是,该荷载作用在结构上时,会产生惯性力,从而引起结构的显著振动或冲击。

第1章　静力学的基本概念

【学习重点】

➤ 熟练掌握力、力矩和力偶、刚体和平衡的概念；
➤ 了解力系、平衡力系和力系的平衡条件等概念；
➤ 熟悉静力学的基本公理；
➤ 熟悉各种常见约束的特点及约束反力的形式；
➤ 能熟练地对物体系统进行受力分析并画出其受力图。

1.1　力及力系的基本知识

1.1.1　力的概念

1. 力

力是物体间相互的机械作用，这种作用使物体的运动状态或形状发生改变。力使物体运动状态发生改变称为力的外效应，而力使物体形状发生改变称为力的内效应。

力既然是物体间相互的机械作用，就不能脱离周围的物体而单独存在，某一物体受到力的作用时，一定有另一物体对它施加这种作用。因此，在进行物体的受力分析时，一定要分清楚哪个是受力物体，哪个是施力物体。

2. 力的三要素

力对物体的作用效应取决于力的大小（物体间相互作用的强烈程度）、方向（包含方位和指向）和作用点（力在物体上的作用位置），简称为**力的三要素**。这三个要素中，有任何一个要素改变，力的作用效应就会改变。因此，在描述力时，必须表明力的三要素。

3. 力的图示

在力学中有两种量：标量和矢量。只考虑大小的量称为标量，长度、时间、质量都是标量。既考虑大小又考虑方向的量称为矢量。力是矢量，矢量可用一有向线段表示，如图 1－1 所示。线段的长度（按一定的比例）表示力的大小；线段的方位和箭头的指向表示力的方向；线段的起点或终点表示力的作用点。常用黑体字母 F 表示力的矢量，用普通字母 F 表示力的大小。

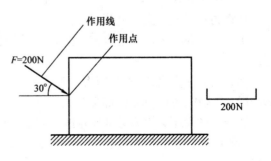

图 1－1

4. 力的单位

为了测定力的大小必须确定力的单位。采用国际单位制时,力的单位用牛顿(牛,N)或千牛顿(千牛,kN)。

1.1.2　力对点的矩

从生活和生产实践中知道,力除了能使物体移动外,还能使物体转动。例如用扳手拧紧螺母时,加力可使扳手绕螺母中心 O 转动;其他如杠杆、滑车、绞盘等机械搬运或提升重物,也是加力使其产生转动效应的实例。力使物体产生转动效应与哪些因素有关呢? 现以扳手拧紧螺母为例,如图 1-2 所示,螺母绕中心 O 转动,力 F 的数值越大,或力 F 的作用线距螺母中心越远,则越容易拧紧。由此可见,力 F 使物体绕某点 O 转动的效应,不仅与力 F 的大小成正比,而且还与力 F 的作用线到 O 点的垂直距离 d 成正比。因此可用两者的乘积 $F \cdot d$ 来度量力 F 对扳手的转动效应。

转动中心 O 称为**矩心**,矩心 O 到力 F 作用线的垂直距离 d 称为**力臂**。此外,扳手的转向可能是逆时针方向,也可能是顺时针方向。所以,用力的大小与力臂的乘积 $F \cdot d$ **再加上正负号来表示力 F 使物体绕 O 点的转动效应**,称为**力 F 对 O 点之矩**,简称力矩,以符号 $M_O(F)$ 表示,如图 1-3 所示。习惯规定:使物体产生逆时针转动(或转动趋势)的力矩取正值;反之,则取负值。所以力对点的矩是代数量,即

$$M_O(F) = \pm F \cdot d \qquad (1-1)$$

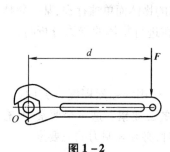

图 1-2

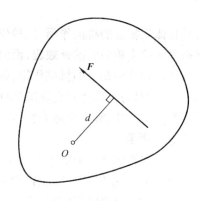

图 1-3

按国际单位制,力矩的单位是 N·m 或 kN·m。

计算力矩时应注意以下几点:

①力矩不仅与力的大小有关,还与矩心的位置有关,计算力矩时必须明确力是对哪一点之矩;

②力对任一点之矩,不会因力沿其作用线任意移动而改变,这是因为力沿其作用线任意移动后,其大小、方向及力臂都没改变;

③当力的大小为零或力的作用线通过矩心时,力矩为零。

【例 1-1】 如图 1-4 所示,$F_1 = 250$ kN,$F_2 = 200$ kN,$F_3 = 100$ kN。试求各力对 O 点的力矩。

【解】 由 $M_O(F) = \pm F \cdot d$,得

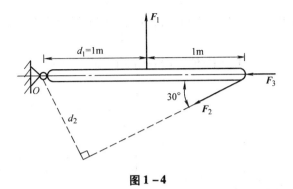

图 1-4

$$M_O(\boldsymbol{F}_1) = F_1 d_1 = 250 \times 1 = 250 \text{ kN} \cdot \text{m}$$

$$M_O(\boldsymbol{F}_2) = -F_2 d_2 = -200 \times 2\sin 30° = -200 \text{ kN} \cdot \text{m}$$

因为 $\boldsymbol{F}_3$ 的作用线通过矩心 O，所以 $d_3 = 0$，故

$$M_O(\boldsymbol{F}_3) = 0$$

1.1.3　力偶

在生产实践和日常生活中,经常遇到大小相等、方向相反、作用线不重合的两个平行力所组成的力系。这种力系只能使物体产生转动效应而不能使物体产生移动效应。例如,司机操纵方向盘、木工钻孔以及开关自来水龙头或拧钢笔套等。这种由大小相等、方向相反、作用线不重合的两个平行力组成的力系,称为**力偶**,用符号 $(\boldsymbol{F}, \boldsymbol{F}')$ 表示。力偶的两个力的作用线间的垂直距离 d

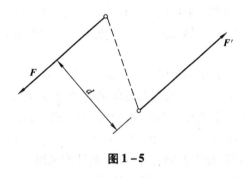

图 1-5

称为**力偶臂**,如图 1-5 所示,力偶的两个力所构成的平面称为**力偶作用面**。

力偶不同于力,它具有一些特殊的性质,现分述如下。

①力偶没有合力,不能用一个力来代替。

由于力偶中的两个平行力大小相等、方向相反、作用线不重合,如果求它们在任一轴 x 上的投影,如图 1-6 所示,设力与轴 x 的夹角为 α,可得

$$\sum X = F\cos\alpha - F'\cos\alpha = 0$$

这说明,**力偶在任一轴上的投影等于零**。

既然力偶在轴上的投影为零,所以力偶对物体不会产生移动效应,只产生转动效应,而一个力在一般情况下,对物体可产生移动和转动两种效应。

力偶和力对物体的作用效应不同,说明**力偶不能用一个力来代替**,即力偶不能简化为一个力,因而力偶也不能和一个力平衡,**力偶只能与力偶平衡**。

②力偶对其作用面内任一点之矩都等于力偶矩,与矩心位置无关。

力偶的作用是使物体产生转动效应,所以力偶对物体的转动效应可以用力偶的两个力对其作用面内某一点的力矩的代数和来度量。设有力偶 $(\boldsymbol{F}, \boldsymbol{F}')$,力偶臂为 d,如图 1-7 所

示。在该力偶作用面内任选一点 O 为矩心,设矩心 O 与 $\boldsymbol{F}'$ 的垂直距离为 x。显然力偶对 O
点的力矩

$$M_O(\boldsymbol{F},\boldsymbol{F}') = F(d+x) - F'x = Fd$$

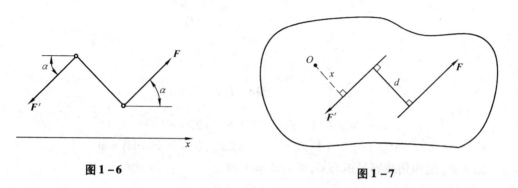

图 1-6　　　　　　　　　　　　　　　　　图 1-7

由此可知,力偶的作用效应决定于力的大小和力偶臂的长短,与矩心的位置无关。力与
力偶臂的乘积称为**力偶矩**。

力偶在平面内的转向不同,作用效应也不相同。一般规定:若力偶使物体做逆时针方向
转动时,力偶矩为正;反之,则为负。在平面力系中,力偶矩是代数量,用 m 表示,即

$$m = \pm Fd \tag{1-2}$$

力偶矩的单位是 N·m 或 kN·m。

于是可得:**力偶对物体的转动效应,可用力偶矩来度量,力偶矩等于力与力偶臂的乘积
并加上正负号。即力偶对作用面内任一点的矩恒等于力偶矩,而与矩心的位置无关。**

③同一平面内的两个力偶,如果它们的力偶矩大小相等、力偶的转向相同,则这两个力
偶等效,称为力偶的等效性(其证明从略)。

如图 1-8 所示各力偶均为等效力偶。

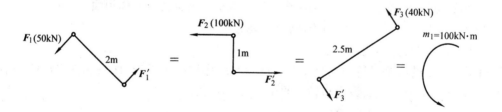

图 1-8

从以上性质还可得出以下两个推论。

①**保持力偶矩的代数值不变,力偶可在其作用面内任意移动和转动,而不会改变力偶对
物体的转动效应。因此,力偶对物体的作用与力偶在其作用面内的位置无关。**如图 1-9
(a)所示作用在方向盘上的两个力偶($\boldsymbol{F}_1,\boldsymbol{F}'_1$)与($\boldsymbol{F}_2,\boldsymbol{F}'_2$),只要它们的力偶矩大小相等、转
向相同,作用位置虽不同,但转动效应是相同的。

②**保持力偶矩的大小和力偶的转向不变,可以同时改变力偶中力的大小和力偶臂的长**

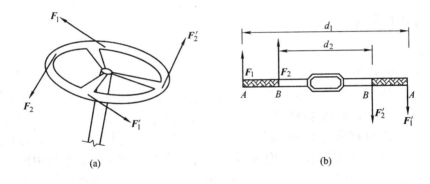

图 1 - 9

短,而不改变力偶对物体的转动效应。如图 1 - 9(b)所示,在攻螺纹时,作用在螺纹杆上的 (F_1,F_1') 或 (F_2,F_2') ,虽然 d_1 和 d_2 不相等,但只要调整力的大小,使力偶矩 $F_1d_1 = F_2d_2$,则两力偶的作用效果是相同的。

　　由此可见,力偶的臂和力的大小都不是力偶的特征量,只有**力偶矩是力偶作用的唯一度量**。

　　由以上分析可知,力偶对于物体的转动效应完全取决于**力偶矩的大小、力偶的转向及力偶作用面**,即力偶的三要素。因此,在力学计算中,有时也用一带箭头的弧线表示力偶,如图 1 - 10 所示,其中箭头表示力偶的转向,m 表示力偶矩的大小。

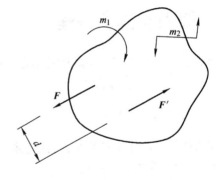

图 1 - 10

　　力和力偶是力系的两种基本元素。

　　应当注意:力偶矩与矩心位置无关,不论对物体上哪一点,其转动效应都是相同的,即力偶矩的值都是相同的。而力矩与矩心位置有关,对不同位置的矩心有不同的力臂,则有不同大小或转向的力矩。因此,写力矩 $M_O(F)$ 时,必须写明矩心 O 。

1.1.4　力系、等效力系、平衡力系、平衡条件

　　通常,作用在物体上的力不是一个而是若干个,这若干个力总称为**力系**。

　　当物体处于平衡状态时,作用于物体上的力系,必须满足一定的条件,这个条件称为力系的**平衡条件**。若物体在某力系作用下保持平衡,则该力系称为**平衡力系**。研究物体的平衡问题,实际上就是研究作用于物体的力系的平衡条件及其应用。

　　作用在物体上的力系往往比较复杂。在研究物体的平衡时,需要将复杂的力系加以简化。在不改变作用效果的前提下,用一个简单力系代替复杂力系的过程,称为**力系的简化**或**力系的合成**。对物体作用效果相同的力系,称为**等效力系**。当一个力与一个力系等效时,则称该力为此力系的**合力**;而该力系中的每一个力称为这个力的**分力**。把力系中的各个分力代换成合力的过程,称为力系的合成;反过来,把合力代换成若干分力的过程,称为力的分解。

1.1.5　刚体和平衡的概念

1. 刚体

实践表明,任何物体受力作用后,总会产生一些变形。但在通常情况下,绝大多数构件或零件的变形都是很微小的。研究证明,在很多情况下,这种微小的变形对物体的外效应影响甚微,可以忽略不计,即认为物体在力作用下大小和形状保持不变。一般把这种**在力作用下不产生变形的物体称为刚体**,刚体是对实际物体经过科学的抽象和简化而得到的一种理想模型。在静力学中,把所讨论的物体都看作是刚体,但在讨论物体受到力的作用时是否会破坏及计算变形时(如在材料力学中研究变形杆件),一般就不能再把物体看作是刚体了,而要看作变形固体(在外力作用下,会产生变形的固体)。

2. 平衡

在一般工程问题中,**平衡是指物体相对于惯性参考系(如地面)保持静止或做匀速直线运动的状态**。例如,静止在地面上的厂房、桥梁、水坝等建筑物以及在直线轨道上做匀速行驶的火车,都是相对于地球处于平衡状态。实践证明,对于这些问题,应用静力学的理论来解答,得到的结果是足够精确的。

1.2　静力学基本公理

静力学公理是人们从实践中总结出的最基本的力学规律,这些规律的正确性已被实践反复证明,是符合客观实际的。

1.2.1　二力平衡公理

作用在同一刚体上的两个力,使刚体平衡的充分与必要条件是:这两个力大小相等、方向相反、作用线在同一条直线上。

这一结论是显而易见的。如图 1 – 11 所示直杆,在杆的两端施加一对大小相等的拉力(F_1、F_2)或压力(F_1、F_2),均可使杆平衡。

应当指出,该条件对于刚体来说是充分而且必要的;而对于变形体,该条件只是必要的而不是充分的。如当柔索受到两个等值、反向、共线的拉力时平衡,而受到两个等值、反向、共线的压力时就不能平衡,如图 1 – 12 所示。

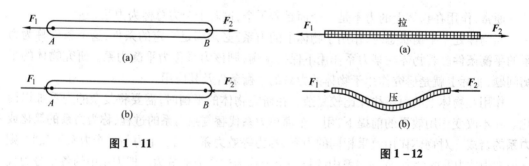

图 1 –11　　　　　　　　　　　　　　　图 1 – 12

只在两个力作用下平衡的物体称为二力构件;若为杆件,则称为二力杆。根据二力平衡公理可知,作用在二力构件上的两个力,它们必通过两个力作用点的连线(与杆件的形状无关),且等值、反向,如图 1 - 13 所示。二力杆在工程实际中经常遇到,它也是一种约束,即链杆约束。

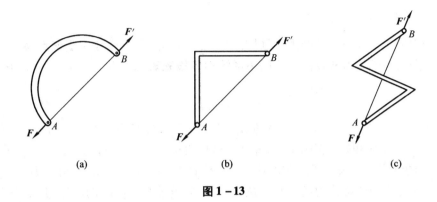

图 1 - 13

1.2.2　加减平衡力系公理

在作用于刚体上的已知力系上,加上或减去任意一个平衡力系,不会改变原力系对刚体的作用效应。 这是因为平衡力系不会改变刚体的运动状态,即平衡力系对刚体的运动效应等于零。这个公理是研究力系等效变换的重要依据。根据上述公理可以导出下列推理。

推理 1　力的可传性

作用于刚体上某点的力,可沿其作用线移动到刚体内任意一点,而不改变该力对刚体的作用。所以,对于刚体而言,力的三要素可改为大小、方向、作用线。利用加减平衡力系公理,很容易证明力的可传性原理。如图 1 - 14(a)所示,设力 F 作用于刚体上的 A 点。现在其作用线上的任意一点 B 加上一对平衡力系 F_1、F_2,并且使 $F_1 = -F_2 = F$,根据加减平衡力系公理可知,这样做不会改变原力 F 对刚体的作用效应,再根据二力平衡条件可知,F_2 和 F 亦为平衡力系,可以撤去。所以,剩下的力 F_1 与原力 F 等效。力 F_1 即可看成为力 F 沿其作用线由 A 点移至 B 点的结果。

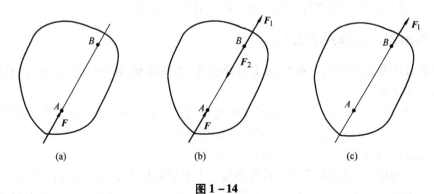

图 1 - 14

推理 2　三力平衡汇交定理

作用于刚体上三个相互平衡的力,若其中两个力的作用线汇交于一点,则此三力必在同一平面内,且第三个力的作用线通过该点(证明略)。应当指出,三力平衡汇交定理只说明了不平行的三力平衡的必要条件。

必须强调的是,加减平衡力系公理和力的可传性原理只适用于刚体而不适用于变形体。

1.2.3 力的平行四边形法则

作用于物体上同一点的两个力,可以合成为一个合力,合力也作用于该点,其大小和方向由以两个分力为邻边所构成的平行四边形的对角线来表示,如图 1 - 15 所示。其矢量表达式为

$$F_1 + F_2 = F_R$$

在求两共点力的合力时,为了作图方便,只需画出平行四边形的一半,即三角形便可。其方法是自任意点 O 开始,先画出一矢量 F_1,然后再由 F_1 的终点画另一矢量 F_2,最后由 O 点至力矢 F_2 的终点作一矢量 F_R,它就代表 F_1、F_2 的合力矢。合力的作用点仍为 F_1、F_2 的汇交点 O。这种作图法称为力的三角形法则。显然,若改变 F_1、F_2 的顺序,其结果不变,如图1 - 16所示。

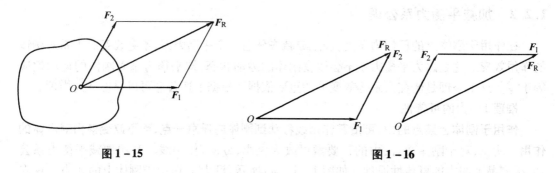

图 1 - 15   图 1 - 16

利用力的平行四边形法则,也可以把作用在物体上的一个力,分解为相交的两个分力,分力与合力作用于同一点。但是,将一个已知力分解为两个分力可得无数的解答。因为以一个力的矢量为对角线的平行四边形可作无数个。要得出唯一的解答,必须给以限制条件。如给定两分力的方向求其大小,或给定一分力的大小和方向求另一分力,等等。实际计算中,常把一个任意力分解为方向已知且相互垂直的两个分力。

1.2.4 作用力与反作用力公理

两个物体间相互作用的一对力,总是大小相等、方向相反、作用线相同,并分别而且同时作用于这两个物体上。

这个公理概括了任何两个物体间相互作用的关系,不论物体是处于平衡状态还是运动状态,也不论物体是刚体还是变形体,该公理都普遍适用。力总是成对出现的,有作用力,必定有反作用力,两者总是同时存在,又同时消失。

需要强调的是,作用力和反作用力公理与二力平衡公理有本质的区别:作用力与反作用力是分别作用在两个不同的物体上,是不能平衡的;而二力平衡公理中的两个力则是作用在同一物体上,它们是平衡力。

1.3　约束与约束反力

1.3.1　约束与约束反力的概念

在工程结构中,每一构件都根据工作要求以一定的方式与周围的其他构件相互联系着,因而受到一定的限制而不能任意运动。例如,梁由于墙的支承而不至于下落,柱子由于基础的限制而被固定,门窗由于合叶的限制只能绕固定轴转动等。通常将限制物体运动的其他物体称为约束。

约束既然限制了某一物体的运动,就必将承受该物体对它的作用力,与此同时,它也给该物体以反作用力。例如,墙能阻止梁的下落,它就受到梁的向下压力,同时它也给梁以向上的反作用力。约束给被约束物体的力,称为**约束反力**,简称**反力**。墙给梁的力,就是梁所受到的约束反力。**约束反力的方向总是与物体的运动(或运动趋势)的方向相反,它的作用点就在约束与被约束物体的接触点。**

物体受到的力一般可分为两类:一类是使物体产生运动或运动趋势的力,例如重力、风压力、水压力、土压力等,称为**主动力**,作用在工程结构上的主动力又称为荷载;另一类是约束反力。通常情况下,主动力是已知的,而约束反力是未知的,其确定与约束类型及主动力有关。因此,正确地分析约束反力是对物体进行受力分析的关键。

1.3.2　几种常见的约束及其约束反力

由于约束的类型不同,约束反力的作用方式也各不相同。下面介绍在工程中常见的几种约束类型及其约束反力的特性。

1. 柔体约束

由柔软而不计自重的绳索、胶带、链条等构成的约束统称为柔体约束。由于柔软的绳索本身只能承受拉力,所以它给物体的约束反力也只可能是拉力。因此,**柔体约束的约束反力为拉力,作用在接触点,方向沿着柔体的中心线背离被约束的物体**,常用符号 T 表示,如图 1 - 17 所示。

2. 光滑接触面约束

物体间光滑接触时,不论接触面的形状如何,这种约束只能限制物体沿着接触面在接触点的公法线方向且指向约束物体的运动,而不能限制物体的其他运动。因此,**光滑接触面约束的反力为压力,通过接触点,方向沿着接触面的公法线指向被约束的物体**,通常用 N 表示,如图 1 - 18 所示。

3. 光滑圆柱形铰链约束

光滑圆柱形铰链约束是常见的一种约束,它在工程中有多种形式,现分述如下。

(1)圆柱形铰链连接(中间铰)

两个物体分别被钻上直径相同的圆孔并用销钉连接起来,如果不计销钉与销钉孔壁之间的摩擦,则这种约束称为**圆柱铰链约束**,简称**铰链约束**,如图 1 - 19(a)所示。门窗用的合叶便是铰链的实例。这种约束可以用图 1 - 19(b)所示的力学简图表示,其特点是只限制两物体在垂直于销钉轴线的平面内沿任意方向的相对移动,而不能限制物体绕销钉轴线的相

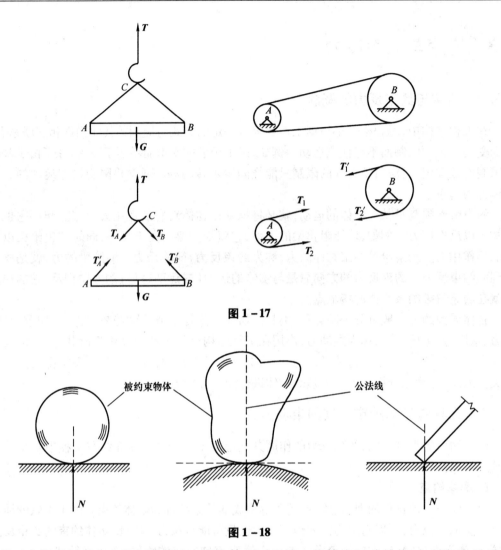

图 1 - 17

图 1 - 18

对转动和沿其轴线方向的相对滑动。当物体相对于另一物体有运动趋势时,销钉与孔壁便在某处接触,且接触处是光滑的,由光滑接触面的约束反力可知,销钉反力沿接触点与销钉中心的连线作用,但由于接触点随主动力而变,所以**圆柱铰链的约束反力作用在与销钉轴线垂直的平面内,并通过销钉中心,但方向待定**,如图 1 - 19(c)所示的 R_A。工程中常用通过铰链中心的相互垂直的两个分力 X_A、Y_A 表示,如图 1 - 19(d)所示。

(2)链杆约束

不计自重且没有外力作用的刚性构件,其两端借助铰链将两物体连接起来,就构成刚性链杆约束,简称**链杆约束**,如图 1 - 20(a)所示,其力学简图如图 1 - 20(b)所示。显然刚性链杆是二力杆,所以**约束反力必沿着链杆的轴线方向,指向待定**,常用 R 表示,如图 1 - 20(c)所示。可先任意假设链杆受拉力或压力,如图 1 - 20(d)所示。

(3)铰链支座

1)固定铰支座

将结构或构件连接在支承物上的装置称为支座。工程上常常用圆柱铰链把结构或构件

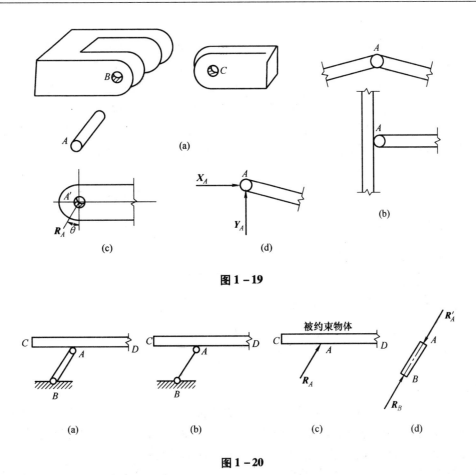

图 1 - 19

图 1 - 20

与支承底板相连接,并将支承底板固定在支承物(桥墩、机座等)上而构成的支座,称为**固定铰支座**,简称**铰支座**,如图 1 - 21(a)所示。图 1 - 21(b)、(c)、(d)、(e)所示为其力学简图。

这种支座可以限制构件沿销钉半径方向的移动,而不限制其绕销钉轴线的转动。可见,固定铰支座的约束性能与圆柱铰链相同,所以其**约束反力与圆柱铰链相同,通过铰链中心,但方向不定**,如图 1 - 21(f)所示。为方便起见,常用两个相互垂直的分力 X_A、Y_A 表示,如图 1 - 21(g)所示。

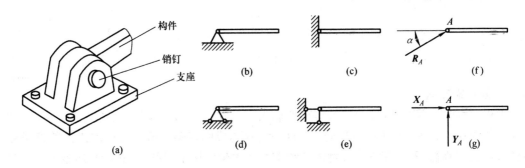

图 1 - 21

2）可动铰支座

在桥梁、屋架等结构中经常采用可动铰支座。这种支座是在固定铰支座与支承面之间安装几个圆柱形滚子，就构成**可动铰支座**，或称**辊轴支座**，如图 1-22（a）所示。其力学简图如图 1-22（b）、（c）、（d）所示。这种支座可以沿支承面移动，允许由于温度变化而引起结构跨度的自由伸长或缩短。所以其约束特点是只能限制物体与销钉连接处沿垂直于支承面方向的移动，而不能限制物体绕销钉轴线的转动和沿支承面方向的移动。因此，**可动铰支座的约束反力垂直于支承面，且通过铰链中心，但指向不定**，常用 R 表示，如图 1-22（e）所示。

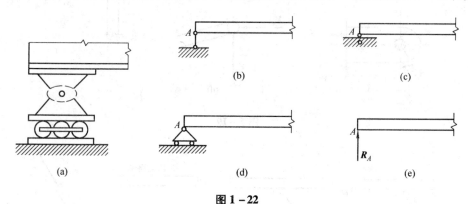

图 1-22

（4）向心轴承

图 1-23（a）所示为轴承装置，它是机器中常见的一种约束。在这里，轴承是轴的约束，如不计轴与轴承间的摩擦，轴承只限制轴在垂直于轴线的平面内任意方向的移动，但不能限制轴绕轴线的转动，也不能限制轴沿轴线的移动，因此轴承约束的性质与铰链支座的性质相同，可以归入铰链约束一类。故其约束反力可用通过轴心的两个互相垂直的分力 X_A、Y_A 表示，向心轴承简图及约束反力的表示分别如图 1-23（b）、（c）所示。

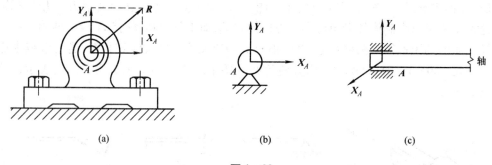

图 1-23

4. 固定端支座

工程上，如果结构或构件的一端牢牢地插入支承物里面，如房屋的雨篷嵌入墙内，基础与地基整浇在一起等，如图 1-24（a）、（b）所示，就构成**固定端支座**。这种约束的特点是连接处有很大的刚性，不允许被约束物体与约束之间发生任何相对移动和转动，即被约束物体在约束端是完全固定的。固定端支座的力学简图如图 1-24（c）所示，其约束反力一般用三个反力分量来表示，即两个相互垂直的分力 X_A、Y_A 和反力偶 m_A，如图 1-24（d）所示。

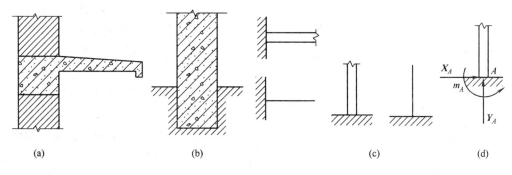

图 1-24

1.4　物体的受力分析与受力图

1.4.1　脱离体和受力图

在求解静力平衡问题时,一般首先要分析物体的受力情况,了解物体受到哪些力的作用,其中哪些力是已知的,哪些力是未知的,每个力的作用位置和力的作用方向,这个分析过程称为**物体的受力分析**。工程结构中的构件或杆件,一般都是非自由体(运动受到一定限制的物体),它们与周围的物体(包括约束)相互连接在一起,用来承受荷载。为了分析某一物体的受力情况,往往需要解除限制该物体运动的全部约束,把该物体从与它相联系的周围物体中分离出来,单独画出这个物体的简图,这个步骤叫作**取研究对象**。被分离出来的研究对象称为**脱离体**(或分离体)。然后,再将周围物体对该物体的全部作用力(包括主动力与约束反力)画在脱离体上。这种画有脱离体及其所受的全部作用力的简图,称为物体的**受力图**。

正确对物体进行受力分析并画出其受力图,是求解力学问题的关键,所以必须熟练掌握。

1.4.2　画受力图的步骤

画受图的步骤如下。

①明确研究对象,去掉周围物体及全部约束,单独画出研究对象(脱离体)。

②根据已知条件,画出作用在研究对象上的全部主动力。

③根据约束类型,在脱离体解除约束处画上相应的约束反力。应注意约束反力的方向一定要和被解除的约束的类型相对应,不可根据主动力的方向来简单推断。

1.4.3　单个物体的受力图

【**例 1-4**】重力为 G 的梯子 AB,A、B 分别搁置在光滑的墙及地面上,在 C 点用一根水平绳索与墙相连,如图 1-25(a)所示。试画出梯子的受力图。

【**解**】①将梯子从周围的物体中分离出来,作为研究对象画出其脱离体。

②画上主动力即梯子的重力 G,作用于梯子的重心(几何中心),方向铅直向下。

③画墙和地面对梯子的约束反力。根据光滑接触面约束的特点,A、B 处的约束反力

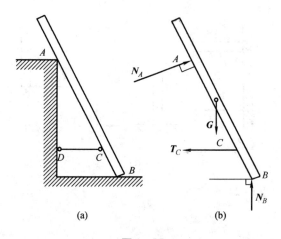

(a)　　　　　　(b)

图 1 – 25

N_A、N_B 分别与墙面、地面垂直并指向梯子；绳索的约束反力 T_C 应沿着绳索的方向离开梯子，为拉力。

图 1 – 25(b)即为梯子的受力图。

【例 1 – 5】如图 1 – 26(a)所示，简支梁 AB(自重不计)跨中受到集中力 F 作用，A 端为固定铰支座约束，B 端为可动铰支座约束。试画出梁的受力图。

【解】①取 AB 梁为研究对象，解除 A、B 两处的约束，画出其脱离体简图。

②在梁的中点 C 画主动力 F。

③在受约束的 A 处和 B 处，根据约束类型画出约束反力。B 处为可动铰支座约束，其反力通过铰链中心且垂直于支承面，其指向假定如图 1 – 26(b)所示；A 处为固定铰支座约束，其反力可用通过铰链中心 A 并相互垂直的分力 X_A、Y_A 表示。

梁的受力图如图 1 – 26(b)所示。

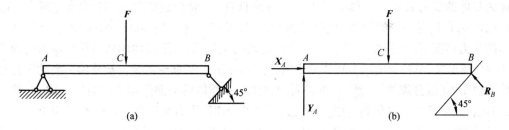

(a)　　　　　　　　　　　　(b)

图 1 – 26

【例 1 – 6】重力为 G 的小球，用绳索系住靠在光滑的斜面上，如图 1 – 27(a)所示。试画出小球的受力图。

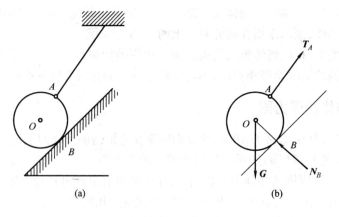

(a)　　　　　　　　　　　　(b)

图 1 – 27

【解】①取小球为研究对象。

②小球受到地球的吸引力就是重力 G，作用于球心并垂直向下；光滑斜面对球的约束反力是 N_B，它通过切点 B 并沿公法线指向球心；绳索对小球的约束反力是 T_A，它通过接触点 A 沿绳的中心线而背离小球。

小球的受力图如图 1-27(b)所示。

【例 1-7】刚架如图 1-28(a)所示。刚架自重为 G，AC 边受到沿长度均匀分布的风压力，荷载集度为 $q(\mathrm{N/m})$。试画出刚架的受力图。

【解】①取刚架为研究对象。

②刚架受到的主动力为作用在刚架重心上的自重 G，线性均布荷载 q 为风压力，作用在 AC 边上。

③A 点为固定铰支座，其约束反力通过铰链中心，方向未知，通常将其分解为互相垂直的两个分力 X_A、Y_A，假设方向如图 1-28(b)所示；B 点为活动铰支座，其约束反力 R_B 通过铰链中心，垂直支承面，方向假设为上。

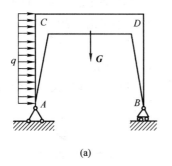
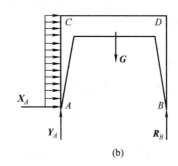

图 1-28

1.4.4　物体系统的受力图

在工程中，常常遇到由几个物体通过一定的约束联系在一起的系统，这种系统称为物体系统，简称为物系。对物体系统进行受力分析时，把作用在物体系统上的力分为外力和内力。所谓外力，是指物系以外的物体作用在物系上的力；所谓内力，是指物系内各物体之间的相互作用力。

画物体系统的受力图的方法，基本上与画单个物体受力图的方法相同，只是研究对象可能是整个物体系统，也可能是整个物体系统中的某一部分或某一物体。需要指出的是，在对多个研究对象进行受力分析时，注意应用作用力与反作用力公理来确定两个物体间的相互作用力。此外，若研究对象是整个物系，这时要注意虽然物系中存在内力，但内力并不影响物系的整体平衡。所以，画物系的受力图时，其内力不必画出。

【例 1-8】如图 1-29(a)所示，三铰拱 ACB 受已知力 F 的作用，若不计三铰拱的自重，试画出 AC 和 BC 及整体的受力图。

【解】①画 AC 的受力图。取 AC 为研究对象，由 A 处和 C 处的约束性质可知其约束反力分别通过两铰中心 A、C，大小和方向未知。但因为 AC 上只受 R_A 和 R_C 两个力的作用且平衡，它是二力构件，所以 R_A 和 R_C 的作用线必定在一条直线上（即沿着两铰中心的连线

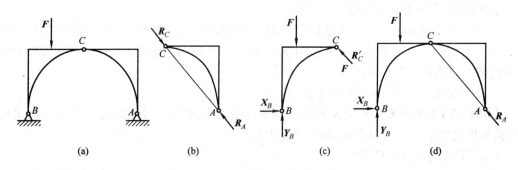

图 1-29

AC),且大小相等、方向相反,其指向是假定的,画出 AC 受力图如图 1-29(b)所示。

②画 BC 的受力图。取 BC 为研究对象,其上作用有主动力 F。B 处为固定铰支座,其约束反力是 X_B 和 Y_B。C 处通过铰链与 AC 相连,其中 R'_C 与 R_C 是作用力与反作用力关系,它与 R_C 大小相等、方向相反、作用线相同。画出 BC 受力图如图 1-29(c)所示。

③画整体的受力图。取整体为研究对象,只考虑整体外部对它的作用力,画出受力图如图 1-29(d)所示。

【例 1-9】如图 1-30(a)所示为一组合梁,梁受主动力 F 的作用,C 处为铰链连接,A 处是固定铰支座,B 和 D 处都是活动铰支座。若不计梁的自重,试画出梁 AC、CD 及整个梁 AD 的受力图。

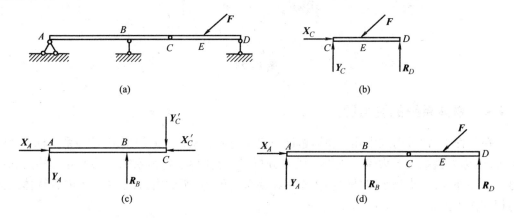

图 1-30

【解】①取梁 CD 为研究对象。梁 CD 受主动力 F 的作用。D 处是活动铰支座,它的反力 R_D 垂直于支承面,指向假设;C 处为铰链约束,它的反力可用两个相互垂直的分力 X_C、Y_C 表示,指向假设。梁 CD 的受力图如图 1-30(b)所示。

②取梁 AC 为研究对象。A 处是固定铰支座,它的反力可用两个相互垂直的分力 X_A 和 Y_A 表示,指向假设;B 处是活动铰支座,它的反力 R_B 垂直于支承面,指向假设;C 处是铰链约束,它的反力 X'_C、Y'_C 和作用在梁 CD 上的 X_C 和 Y_C 是作用力与反作用力的关系,其指向不能再任意假设。梁 AC 的受力图如图 1-30(c)所示。

③取整个梁 AD 为研究对象。它的受力图如图 1-30(d)所示。图中 F 是主动力,X_A、

Y_A 和 R_D、R_B 都是约束反力。约束反力的指向是假设的,并且与图 1 – 30(b)、(c)中所示的方向一致。因梁 AD 是由梁 AC 和 CD 通过铰链 C 连接而成的物体系统,对这个系统来说 X_C、X'_C、Y_C、Y'_C 都是内力,故这些力在梁 AD 的受力图上都不画出。

【例 1 – 10】如图 1 – 31(a)所示为一桥梁的示意图,试画出桥梁 AC、CD、DF 及整个桥梁 AF 的受力图。

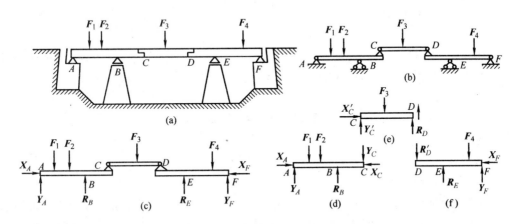

图 1 – 31

【解】C、D 两点的约束可分别简化为固定铰支座和可动铰支座。图 1 – 31(b)为桥梁的简化图,图 1 – 31(c)、(d)、(e)、(f)分别为整个桥梁及各部分的受力图。需要注意的是:图 (e)中的 X'_C、Y'_C 以及 R_D 与图(d)中的 X_C 和 Y_C 以及图(f)中的 R'_D 互为作用力与反作用力。

1.4.5　画受力图的注意事项

通过以上各例的分析,现将画受力图的注意点归纳如下。

①明确研究对象。画受力图时首先必须明确要画哪个物体的受力图,可以取单个物体为研究对象,也可取由几个物体组成的系统为研究对象,然后把它所受的全部约束去掉,单独画出该研究对象的简图。不同的研究对象的受力图是不同的。

②正确确定研究对象受力的数目。对每一个力都应明确它的施力体,决不能凭空产生。同时,也不可漏掉任一个力。

③注意约束反力与约束一一对应。

④要熟练地使用常用字母和符号标注各个约束反力。

⑤受力图上只画研究对象的简图及其所受的全部外力,不画已被解除的约束。

⑥如果研究对象是物体系统时,系统内任何相联系的物体之间的相互作用力(称为内力)都不能画。

⑦注意作用力与反作用力的关系。作用力的方向一经确定(或假设),反作用力的方向必定与作用力的方向相反,不能再随意假设。

⑧正确判断二力杆,二力杆中的两个力的作用线沿作用点的连线,且等值、反向。

⑨同一约束反力的方向在各个受力图中必须一致。

本 章 小 结

本章讨论静力学的基本概念、静力学基本公理,介绍工程实际中常见约束类型和结构的计算简图以及对物体进行受力分析、绘制受力图等内容。这些知识是工程力学的基础,是解决力学问题的第一步,因此能否掌握好本章内容决定着能否学习好工程力学。

一、静力学的基本概念

1. 力

物体间相互的机械作用,这种作用使物体的运动状态改变(外效应)或物体变形(内效应)。力对物体的作用效应取决于力的三要素:大小、方向和作用点(或作用线)。

2. 刚体

在任何外力的作用下,大小和形状保持不变的物体。

3. 平衡

物体相对于地球保持静止或做匀速直线运动的状态。

4. 力对点的矩(力矩)

力矩是力使物体绕矩心转动效应的度量。它等于力的大小与力臂的乘积,在平面问题中它是代数量,习惯规定力使物体绕矩心逆时针方向转动取正值;反之,则取负值。数学表达式为

$$M_O(F) = \pm F \cdot d$$

式中:O 为矩心;d 为力臂,是矩心到力作用线的垂直距离。

5. 力偶

由大小相等、方向相反、作用线平行但不重合的两个力组成的力系。力偶和力一样被看成是组成力系的基本元素。力偶对物体的转动效应取决于力偶的作用面、力偶矩的大小和力偶的转向。

①力偶没有合力,不能简化为一个力,即不能用一个力来代替。力偶也不能和一个力平衡,力偶只能与力偶平衡。力偶在任意轴上的投影等于零。

②力偶对平面内任意一点的矩恒等于力偶矩,与矩心的位置无关。

③在同一平面内的两个力偶,如果力偶矩的代数值相等,则彼此等效。即只要保持力偶矩的代数值不变,力偶可在其作用面内任意移转,也可以改变组成力偶的力的大小和力偶臂的长短。力偶矩是平面力偶作用的唯一度量。

二、静力学基本公理及一些定理

①力的平行四边形公理反映了两个力合成的规律。

②二力平衡公理说明了作用在同一个刚体上的两个力的平衡条件。

③加减平衡力系公理是力系等效代换的基础。

④作用力与反作用力公理说明了物体间的相互作用关系。

⑤力的可传性原理说明了作用于刚体上的力可沿其作用线在刚体内移动而不改变作用效果。

三、常见的约束类型

约束与约束反力——阻碍物体运动的限制物称为约束;约束阻碍物体运动趋势的力称

为约束反力。约束反力的方向根据约束的类型来确定,它总是与约束所能阻碍物体的运动方向相反。

1. 柔体约束

绳索、皮带、链条等构成的约束。柔体约束只产生沿着索线方向的拉力。

2. 光滑面约束

约束与被约束物刚性接触、忽略接触面摩擦的约束。这种接触约束的约束反力沿着两接触面的公法线方向,恒为压力。

3. 光滑圆柱形铰链约束

圆孔和销钉构成的约束,它只提供一个方向不确定的约束力。该约束力也可以分解为互相垂直的两个分力。

二力构件约束的特征:只能限制物体沿构件两端连线方向移动,而不能限制物体沿垂直于构件两端连线方向移动及转动;约束反力作用线沿构件两端连线,大小、方向待求。特殊情况下,当二力构件是直杆时称为二力杆或链杆,链杆约束是一种常见约束。

4. 固定端约束

与被约束物连接较为牢固,约束物不允许被约束物在约束处有任何相对运动——包括移动和转动。固定端约束有两个互相垂直的约束力分量和一个约束力偶。

四、受力图的画法及步骤

在脱离体上画出所受的全部作用力的图形称为受力图。物体的受力分析是先将研究对象从约束中解除出来,根据约束的性质分析约束力,并应用作用力与反作用力公理分析脱离体上所受各力的位置、作用线及可能方向,最后画出受力图。

①根据题意选取研究对象,用尽可能简明的轮廓线单独画出,即取脱离体。

②画出该研究对象所受的全部主动力。

③在研究对象上所有原来存在约束(即与其他物体相接触和相连)的地方,去掉约束物体并根据约束的性质画出约束反力。对于方向不能预先独立确定的约束反力(例如圆柱铰链的约束反力),可用互相垂直的两个分力表示,指向可以假设。

④有时可根据作用在脱离体上的力系特点,如利用二力平衡时共线等理论,确定某些约束反力的方向,简化受力图。

画受力图应注意的事项如下。

①当选取的脱离体是互相有联系的物体时,同一个力在不同的受力图中用相同的方法表示;同一处的一对作用力和反作用力,分别在两个受力图中表示成相反的方向。

②画作用在脱离体上的全部外力,不能多画也不得少画,内力一律不画。除未知的约束反力可用它的正交分力表示外,所有其他力一般不合成、不分解,并画在其真实作用位置上。

思　考　题

1-1　说明下列式子的意义与区别。

(1)$F_1 = F_2$;(2)$F_1 = F_2$;(3)力 F_1 等效于力 F_2。

1-2　力偶(F_1, F_1')作用在平面 xOy 内,力偶(F_2, F_2')作用在平面 yOz 内,它们的力偶

矩大小相等,问这两个力偶是否等效?

1-3 试比较力矩与力偶矩二者的异同。

1-4 为什么说二力平衡条件、加减平衡力系公理和力的可传性等都只适用于刚体?

1-5 试区别 $F_R = F_1 + F_2$ 和 $F_R = F_1 + F_2$ 两个等式代表的意义。

1-6 什么叫二力构件? 凡两端用铰链连接的杆都是二力杆吗? 凡不计自重的刚杆都是二力杆吗?

1-7 三力汇交于一点,但不共面,这三个力能互相平衡吗?

习   题

1-1 如题1-1图所示,画出下列各物体的受力图。所有的接触面都为光滑接触面,未注明者,自重均不计。

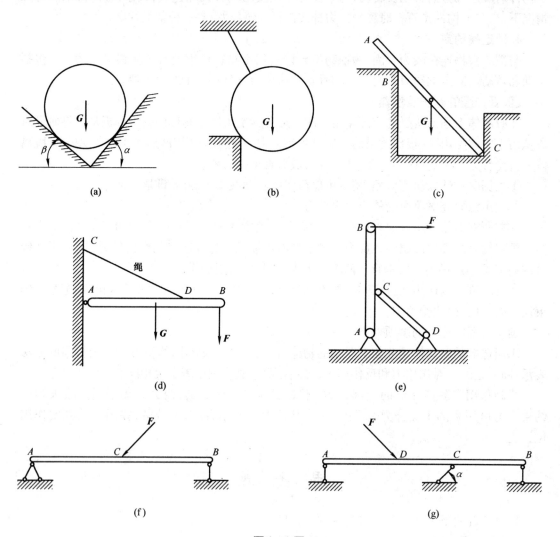

题 1-1 图

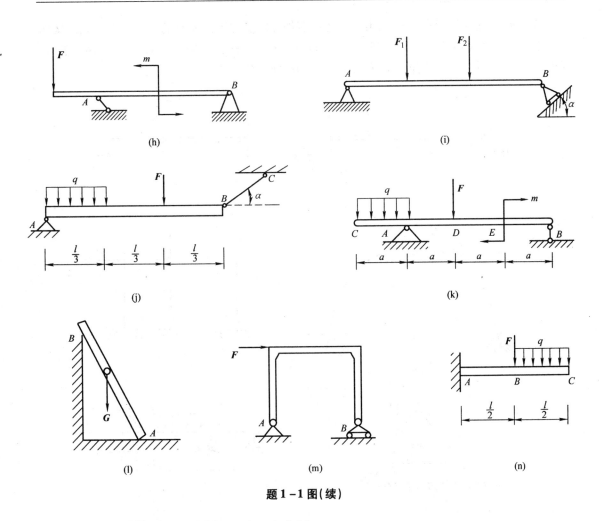

题 1-1 图（续）

1-2　试计算题 1-2 图中 F 对 O 点之矩。

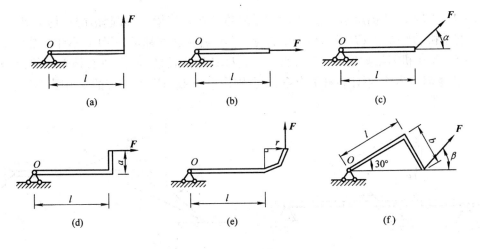

题 1-2 图

1-3　如题 1-3 图所示,画出下列各指定物体的受力图。所有的接触面都为光滑接触面,未注明者自重不计。(a)AC 杆、CD 杆、整体;(b)AB 杆、BC 杆、整体;(c)AC、BC、整体;(d)AB、CD、整体;(e)AC 杆、CB 杆、整体;(f) AB 杆、BC 杆、整体。

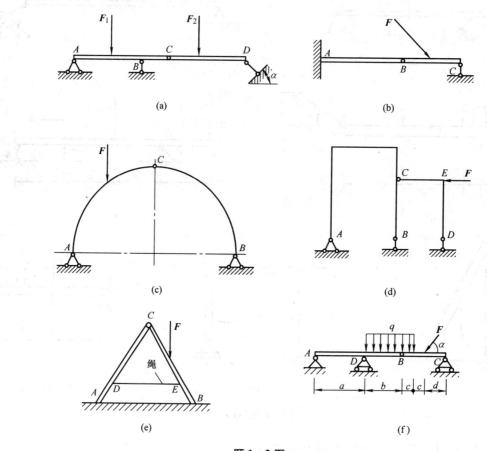

题 1-3 图

1-4　如题 1-4 图所示一重 *W* 的起重机停放在多跨梁上,被起吊的重物重 *P*。试分别作出起重机、梁 *AC* 和 *CD* 及整体的受力图。假设各接触面都是光滑的,不计各梁自重。

1-5　推土机刀架如题 1-5 图所示。*A*、*B*、*C* 均为铰链,假设地面是光滑的,铲刀重 *W*,所受土壤阻力为 *R*,不计各杆的自重,试分别作出杆 *AB*、*CD* 和铲刀的受力图。

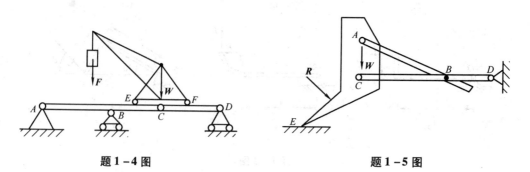

题 1-4 图　　　　　　　　　　　**题 1-5 图**

1-6　题1-6图所示为一钢筋切断机简图,自重忽略不计,试分别作出机架 *DEF*、杆 *AB* 和 *CD* 的受力图。

1-7　题1-7图所示为一构架,*A*、*B*、*E*、*F* 均为铰链,不计各杆和滑轮自重,作出滑轮 *A*、*C* 和杆 *AB*、*DF* 的受力图。

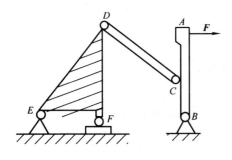

题1-6图

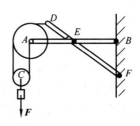

题1-7图

第2章 平面力系的合成与平衡

【学习重点】

> ➤ 掌握力的平移定理及平面一般力系的简化方法；
> ➤ 掌握主矢和主矩的概念及计算；
> ➤ 熟练掌握平面一般力系的平衡条件及平衡方程式的应用；
> ➤ 理解平面一般力系的合力矩定理；
> ➤ 掌握物体系统平衡问题的解题方法；
> ➤ 了解静定问题和超静定问题的概念。

为了便于研究问题,将力系按其各作用线的分布情况进行分类,凡各力作用线都在同一平面内的力系称为**平面力系**,凡各力作用线不在同一平面内的力系称为**空间力系**。在工程中把厚度远远小于其他两个方向上尺寸的结构称为平面结构。作用在平面结构上的各力,一般都在同一结构平面内,因而组成了一个平面力系。例如,图 2-1 所示的三角形屋架,它承受屋面传来的竖向荷载 P,风荷载 Q 以及两端支座的约束反力 X_A、Y_A、R_B,这些力组成平面一般力系。

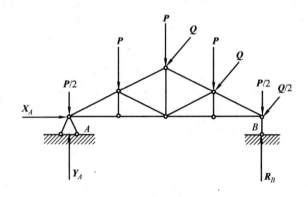

图 2-1

在工程中,有些结构构件所受的力,本来不是平面力系,但这些结构(包括支撑和荷载)都对称于某一个平面。这时,作用在构件上的力系就可以简化为在这个对称面内的平面力系。例如,图 2-2(a)所示的重力坝,它的纵向较长,横截面相同,且长度相等的各段受力情况也相同,对其进行受力分析时,往往截取 1 m 的长度为研究对象,它所受到的重力、水压力和地基反力也可简化到 1 m 长坝身的对称面上而组成平面力系,如图 2-2(b)所示。

在土建工程中所遇到的很多实际问题都可以简化为平面力系来处理。平面力系是工程中最常见的力系,又分为平面汇交力系、平面力偶系和平面一般力系。各力的作用线位于同

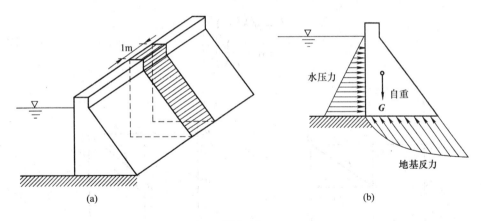

图 2 - 2

一平面内,且汇交于同一点,该力系称为**平面汇交力系**。若作用于物体上的各个力偶都分布在同一平面内,这种力系称为**平面力偶系**。平面一般力系是指各力的作用线位于同一平面内任意分布的力系。

平面一般力系总是可以看成是平面汇交力系和平面力偶系的组合。因此称平面汇交力系和平面力偶系为基本力系。

2.1 平面汇交力系合成与平衡的解析法

研究力系的合成与平衡问题通常有两种方法,即几何法和解析法。本书只介绍解析法,解析法是以力在坐标轴上的投影为基础进行计算的。

2.1.1   力在平面直角坐标轴上的投影

首先看一下力 F 在 xOy 坐标系的投影,如图 2 - 3(a)所示。从力 F 的起点 A 和终点 B 分别向 x 轴和 y 轴作垂线,得垂足 a_1、b_1 和 a_2、b_2,则线段 a_1b_1 加上正号或负号,称为力 F 在 x 轴上的投影,用 X 表示;线段 a_2b_2 加上正号或负号,称为力 F 在 y 轴上的投影,用 Y 表示。并规定:**当从力的起点的投影到终点的投影的方向与投影轴的正向一致时,力的投影取正值;反之,取负值**。图 2 - 3(a)中的 X、Y 均为正值,图 2 - 3(b)中的 X、Y 均为负值。

由图 2 - 3 可知,若已知力 F 的大小及其与 x 轴所夹的锐角 α,则力 F 在坐标轴上的投影 X 和 Y,可按下式计算:

$$\left.\begin{array}{l} X = \pm F\cos\alpha \\ Y = \pm F\sin\alpha \end{array}\right\} \tag{2-1}$$

力在坐标轴上的投影有两种特殊情况:

①当力与坐标轴垂直时,力在该轴上的投影等于零;

②当力与坐标轴平行时,力在该轴上的投影的绝对值等于力的大小。

如果已知力 F 在直角坐标轴上的投影 X 和 Y,则由图 2 - 3 中的几何关系可以确定力 F 的大小和方向:

$$F = \sqrt{X^2 + Y^2} \atop \tan \alpha = \left| \dfrac{Y}{X} \right| \Big\}$$

$$(2-2)$$

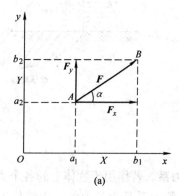
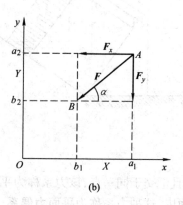

(a)　　　　　　　　　　　　　(b)

图 2 - 3

式中,α 为力 F 与 x 轴所夹的锐角。力 F 的指向可由投影 X 和 Y 的正负号来确定。

在图 2 - 3 中,如果把力 F 沿 x、y 轴分解为两个分力 F_x、F_y,那么力 F 在直角坐标轴 x、y 中任一轴上的投影与力沿该轴方向的分力有如下关系:投影的绝对值等于分力的大小,投影的正负号指明了分力是沿该轴的正向还是负向。可见,利用力在坐标轴上的投影可以同时表明力沿直角坐标轴分解时分力的大小和方向,但要注意:力在坐标轴上的投影是代数量,而分力是矢量,二者不可混淆。另外,分力与坐标轴无关,可把力沿任意两个方向分解为分力;而投影与坐标轴有关,必须先建立坐标轴才有投影,坐标轴的方向不同投影的大小就不同。

【例 2 - 1】试求图 2 - 4 中各力在 x 轴与 y 轴上的投影,$F_i = 100$ N$(i = 1,2,\cdots,6)$,投影的正负号按规定观察判定。

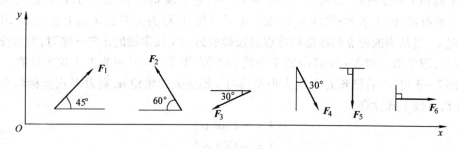

图 2 - 4

【解】F_1 的投影:

$$X_1 = F_1 \cos 45° = 100 \times 0.707 \text{ N} = 70.7 \text{ N}$$
$$Y_1 = F_1 \sin 45° = 100 \times 0.707 \text{ N} = 70.7 \text{ N}$$

F_2 的投影:

$$X_2 = -F_2 \cos 60° = -100 \times 0.5 \text{ N} = -50 \text{ N}$$

$$Y_2 = F_2 \sin 60° = 100 \times 0.866 \text{ N} = 86.6 \text{ N}$$

F_3 的投影:

$$X_3 = -F_3 \cos 30° = -100 \times 0.866 \text{ N} = -86.6 \text{ N}$$
$$Y_3 = -F_3 \sin 30° = -100 \times 0.5 \text{ N} = -50 \text{ N}$$

F_4 的投影:

$$X_4 = F_4 \cos 60° = 100 \times 0.5 \text{ N} = 50 \text{ N}$$
$$Y_4 = -F_4 \sin 60° = -100 \times 0.866 \text{ N} = -86.6 \text{ N}$$

F_5 的投影:

$$X_5 = F_5 \cos 90° = 100 \times 0 \text{ N} = 0$$
$$Y_5 = -F_5 \sin 90° = -100 \times 1 \text{ N} = -100 \text{ N}$$

F_6 的投影:

$$X_6 = F_6 \cos 0° = 100 \times 1 \text{ N} = 100 \text{ N}$$
$$Y_6 = F_6 \sin 0° = 100 \times 0 \text{ N} = 0$$

力在平面直角坐标轴上的投影计算,在力学计算中应用非常普遍,必须熟练掌握。

2.1.2　合力投影定理

合力在任一轴上的投影,等于各分力在同一轴上投影的代数和,这就是合力投影定理。
用公式表示为

$$R_x = X_1 + X_2 + \cdots + X_n = \sum X \qquad R_y = Y_1 + Y_2 + \cdots + Y_n = \sum Y$$

式中,"$\sum$"表示求代数和。必须注意式中各投影的正、负号。

2.1.3　平面汇交力系的合成

当平面汇交力系已知时,可以求出力系中各力在直角坐标轴上的投影,再根据合力投影定理求出平面汇交力系的合力在直角坐标轴上的投影 $R_x = \sum X, R_y = \sum Y$,利用式 (2-2)就可得到合力 $\pmb{R}$ 的大小和方位,如图 2-5(a)所示。

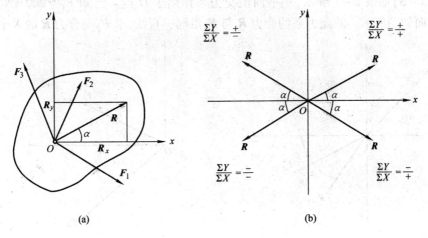

(a)　　　　　　　　　　　　　(b)

图 2-5

$$R = \sqrt{R_x^2 + R_y^2} = \sqrt{\left(\sum X\right)^2 + \left(\sum Y\right)^2} \tag{2-3a}$$

若用 α 表示合力 $\boldsymbol{R}$ 与 x 轴所构成的锐角,则

$$\tan \alpha = \frac{|R_y|}{|R_x|} = \left|\frac{\sum Y}{\sum X}\right| \tag{2-3b}$$

式中,α 为合力 $\boldsymbol{R}$ 与 x 轴所夹的锐角。α 角在哪个象限由投影 $\sum X$ 和 $\sum Y$ 的正负号来确定,从而确定合力 $\boldsymbol{R}$ 的指向。合力的作用线通过力系的汇交点,如图 2-5(b) 所示。

【例 2-2】已知作用在刚体上并交于 O 点的三力均在 xOy 平面内,如图 2-6 所示,$F_1 = 200 \text{ kN}$,$F_2 = 200 \text{ kN}$,$F_3 = 100 \text{ kN}$,$\beta = 30°$,$\theta = 45°$。求此平面汇交力系的合力 $\boldsymbol{R}$。

【解】①求各力在坐标轴上的投影。

$$X_1 = 0$$
$$X_2 = F_2 \cos \beta = 200 \times \cos 30° \text{ kN} = 173.2 \text{ kN}$$
$$X_3 = -F_3 \cos \theta = -100 \times \cos 45° \text{ kN} = -70.7 \text{ kN}$$
$$Y_1 = -200 \text{ kN}$$
$$Y_2 = -F_2 \sin \beta = -200 \times \sin 30° \text{ kN} = -100 \text{ kN}$$
$$Y_3 = F_3 \sin \theta = 100 \times \sin 45° \text{ kN} = 70.7 \text{ kN}$$

②用合力投影定理求合力 $\boldsymbol{R}$ 在坐标轴上的投影。

$$R_x = \sum X = X_1 + X_2 + X_3 = (0 + 173.2 - 70.7) \text{ kN} = 102.5 \text{ kN}$$

$$R_y = \sum Y = Y_1 + Y_2 + Y_3 = (-200 - 100 + 70.7) \text{ kN} = -229.3 \text{ kN}$$

③求合力 $\boldsymbol{R}$ 的大小和方向:

$$R = \sqrt{\left(\sum X\right)^2 + \left(\sum Y\right)^2} = \sqrt{102.5^2 + (-229.3)^2} \text{ kN} = 251.2 \text{ kN}$$

$$\tan \alpha = \left|\frac{\sum Y}{\sum X}\right| = \left|\frac{-229.3}{102.5}\right| = 2.237 \qquad \alpha = 65.9°$$

因 R_x 为正,R_y 为负,故 α 应在第四象限,合力 $\boldsymbol{R}$ 的作用线通过力系的汇交点 O。

【例 2-3】如图 2-7 所示,一平面汇交力系作用于 O 点。已知 $F_1 = 200 \text{ kN}$,$F_2 = 200$ kN,F_3 方向如图所示。若此力系的合力 $\boldsymbol{R}$ 与 F_2 沿同一直线,求 F_3 与合力 $\boldsymbol{R}$ 的大小。

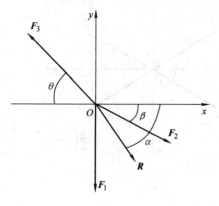

图 2-6

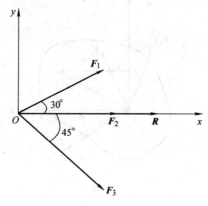

图 2-7

【解】取图 2-7 所示的坐标系。由题可知 R 沿 x 轴正向,则

$$R_x = R \quad R_y = 0$$

又因为 $R_y = \sum Y$,则得

$$F_1 \sin 30° - F_3 \sin 45° = 0$$

$$200 \times \frac{1}{2} - F_3 \sin 45° = 0$$

$$F_3 = \frac{200}{\sqrt{2}} \text{ kN} = 141.4 \text{ kN}$$

又有 $R_x = \sum X = R$,得

$$F_1 \cos 30° + F_2 + F_3 \cos 45° = R$$

$$R = \left(200 \times \frac{\sqrt{3}}{2} + 200 + 141.4 \times \frac{\sqrt{2}}{2} \right) \text{ kN} = 473.2 \text{ kN}$$

【例 2-4】求图 2-8(a)所示三角支架中杆 AC 和杆 BC 所受的力。已知重物 D 自重 $W = 100$ kN。

【解】①以铰 C 为研究对象。因杆 AC 和杆 BC 都是二力杆,所以 N_{AC} 和 N_{BC} 的作用线都沿杆轴方向。现假设两杆均为拉杆,画受力图如图 2-8(b)所示。

②选取坐标系如图 2-8(b)所示。

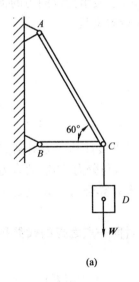
(a)

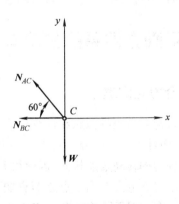
(b)

图 2-8

③列平衡方程,求解未知力 N_{AC} 和 N_{BC}。

$$\sum Y = 0 \quad N_{AC} \sin 60° - W = 0$$

$$N_{AC} = \frac{W}{\sin 60°} = \frac{100}{0.866} \text{ kN} = 115.47 \text{ kN}$$

$$\sum X = 0 \quad N_{BC} + N_{AC} \cos 60° = 0$$

$$N_{BC} = -N_{AC}\cos 60° = -115.47 \times \frac{1}{2} \text{ kN} = -57.74 \text{ kN}$$

求出杆 AC 所受的力为正值,杆 BC 所受的力为负值,说明杆 AC 为拉杆,杆 BC 为压杆。

2.1.4 平面汇交力系的平衡

从上可知,平面汇交力系合成的结果是一个合力。显然物体在平面汇交力系的作用下保持平衡,则该力系的合力应等于零;反之,如果力系的合力等于零,则物体在该力系的作用下,必然处于平衡。所以,平面汇交力系平衡的必要和充分条件是该力系的合力等于零。由式(2-3)可知:

$$R = \sqrt{R_x^2 + R_y^2} = \sqrt{\left(\sum X\right)^2 + \left(\sum Y\right)^2} = 0$$

式中 $\left(\sum X\right)^2$ 和 $\left(\sum Y\right)^2$ 恒为正值,所以要使 $R = 0$,必须且只需

$$\left. \begin{array}{l} \sum X = 0 \\ \sum Y = 0 \end{array} \right\} \tag{2-4}$$

因此,**平面汇交力系平衡的必要充分条件是:力系中所有各力在两个坐标轴中每一轴上的投影的代数和都等于零**。式(2-4)称为平面汇交力系的平衡方程。应用这两个独立的平衡方程可以求解两个未知量。

解题时未知力的指向有时可以预先假设,若计算结果为正值,表示假设的力的指向就是实际的指向;若计算结果为负值,表示假设的力的指向与实际指向相反。

2.2 平面力偶系的合成与平衡

2.2.1 合力矩定理

前面讨论了力矩的概念和计算公式。在实际工程中,有时直接计算一力对某点力矩的值较麻烦,而计算该力的分力对该点的力矩却很方便。因为合力与分力等效,故合力的转动效应与其分力的转动效应相同,因此可利用分力对某点之矩来计算合力对该点之矩。合力对某点之矩与其分力对同一点之矩有如下关系。

平面内合力对平面内任意一点之矩,等于力系中各分力对同一点之矩的代数和。这就是合力矩定理,用公式表示为

$$M_O(\boldsymbol{R}) = M_O(\boldsymbol{F}_1) + M_O(\boldsymbol{F}_2) + \cdots + M_O(\boldsymbol{F}_n) = \sum M_O(\boldsymbol{F}) \tag{2-5}$$

合力对物体的转动效应与各分力对物体转动效应的总和是等效的,但应注意相加的各个力矩的矩心必须相同。合力矩定理也适用于空间力系。

【例2-5】如图2-9所示 AB 悬臂梁的自由端 B 在平面内作用一力 $F = 20$ kN,$\alpha = 30°$,AB 梁的跨度 $l = 6$ m,求力 $\boldsymbol{F}$ 对 A 点之矩。

【解】利用合力矩定理,可较方便地计算出力 $\boldsymbol{F}$ 对 A 点之矩。把力 $\boldsymbol{F}$ 分解为水平分力 $\boldsymbol{F}_x$ 和垂直分力 $\boldsymbol{F}_y$,由合力矩定理得

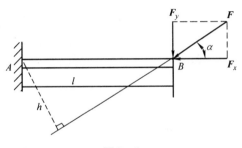

图 2 - 9

$$M_A(\boldsymbol{F}) = M_A(\boldsymbol{F}_x) + M_A(\boldsymbol{F}_y) = (0 - 20 \times 0.5 \times 6)\ \text{kN} \cdot \text{m} = -60\ \text{kN} \cdot \text{m}$$

合力矩定理是力学中应用十分广泛的一个重要定理。

【例 2 - 6】如图 2 - 10 所示,已知 $F_1 = 4$ kN,$F_2 = 3$ kN,$F_3 = 5$ kN,求三个力对 O 点的合力矩。

【解】根据合力矩定理,得

$$M_O(\boldsymbol{R}) = M_O(\boldsymbol{F}_1) + M_O(\boldsymbol{F}_2) + M_O(\boldsymbol{F}_3)$$
$$= (4 \times \sin 30° \times 5 + 5 \times 0 - 5 \times \sin 60° \times 5)\ \text{kN} \cdot \text{m}$$
$$= (10 + 0 - 21.65)\ \text{kN} \cdot \text{m} = -11.65\ \text{kN} \cdot \text{m}$$

【例 2 - 7】如图 2 - 11 所示每 1 m 长挡土墙所受土压力的合力为 $\boldsymbol{R}$,其大小 $R = 300$ kN,求土压力 $\boldsymbol{R}$ 使墙倾覆的力矩。

【解】土压力 $\boldsymbol{R}$ 可使挡土墙绕 A 点倾覆,求 $\boldsymbol{R}$ 使墙倾覆的力矩,就是求它对 A 点的力矩。由于 $\boldsymbol{R}$ 的力臂求解较麻烦,但如果将 $\boldsymbol{R}$ 分解为两个分力 F_1 和 F_2,而两个分力的力臂是已知的。因此,根据合力矩定理,合力 $\boldsymbol{R}$ 对 A 点之矩等于 F_1、F_2 对 A 点之矩的代数和。则

$$M_A(\boldsymbol{R}) = M_A(\boldsymbol{F}_1) + M_A(\boldsymbol{F}_2) = F_1 \cdot \frac{h}{3} - F_2 \cdot b$$
$$= (300\cos 30° \times 1.5 - 300\sin 30° \times 1.5)\ \text{kN} \cdot \text{m}$$
$$= 164.7\ \text{kN} \cdot \text{m}$$

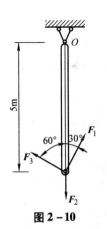

图 2 - 10

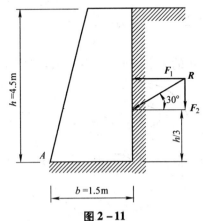

图 2 - 11

2.2.2　均布荷载对其作用面内任一点的矩

沿直线平行分布的线荷载可以合成为一个合力。合力的方向与分布荷载的方向相同,合力的作用线通过荷载图的重心,其合力的大小等于荷载图的面积。根据合力矩定理可知,

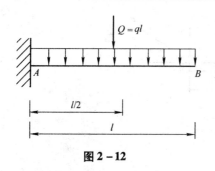

图 2 – 12

分布荷载对某点之矩就等于其合力对该点之矩。因此，均布荷载的作用效果可用其合力 $Q = ql$ 来代替，合力 Q 作用在分布长度 l 的中点，即作用在 $\frac{l}{2}$ 处，如图 2 – 12 所示，其对 A 点的力矩为

$$M_A(q) = -ql \times \frac{l}{2} = -\frac{ql^2}{2}（顺时针转向）$$

2.2.3　平面力偶系的合成

作用在同一平面内的一群力偶称为平面力偶系，如图 2 – 13 所示。平面力偶系合成可以根据力偶的等效性来进行。其合成的结果是：**平面力偶系可以合成为一个合力偶，合力偶矩等于力偶系中各分力偶矩的代数和。**

$$m = m_1 + m_2 + \cdots + m_n = \sum m_i \qquad (2 - 6)$$

即平面力偶系的合成结果为一合力偶，合力偶矩等于各分力偶矩的代数和。也等于组成力偶系的各力对平面中任一点的力矩的代数和。即

$$M = \sum M_O(F_i) \qquad (2 - 7)$$

【**例 2 – 8**】如图 2 – 14 所示，在物体同一平面内受到三个力偶的作用，设 $F_1 = 100$ N，$F_2 = 300$ N，$m = 50$ N·m，求其合成的结果。

【**解**】三个共面力偶合成的结果是一个合力偶，各分力偶矩为

$$m_1 = F_1 d_1 = 100 \times 1 \text{ N·m} = 100 \text{ N·m}$$

$$m_2 = F_2 d = 300 \times \frac{0.25}{\sin 30°} \text{ N·m} = 150 \text{ N·m}$$

$$m_3 = -m = -50 \text{ N·m}$$

由式（2 – 6）得合力偶矩

$$M = m_1 + m_2 + m_3 = 100 + 150 - 50 = 200 \text{ N·m}$$

即合力偶矩的大小等于 200 N·m，转向为逆时针方向，作用在原力偶系的平面内。

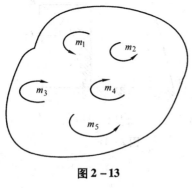

图 2 – 13

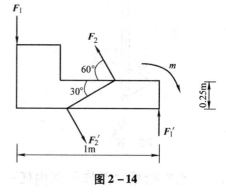

图 2 – 14

2.2.4　平面力偶系的平衡条件

平面力偶系可合成为一个合力偶，当合力偶矩等于零时，则力偶系中各力偶对物体的转

动效应相互抵消,物体处于平衡状态。所以,平面力偶系平衡的必要和充分条件是:**力偶系中所有各力偶矩的代数和等于零**。用式子表示为

$$\sum m = 0 \qquad\qquad (2-8)$$

对于平面力偶系的平衡问题,可用上式求解一个未知量。

【例 2-9】 在梁 AB 的两端各作用一力偶,其力偶矩的大小分别为 $m_1 = 160$ kN·m, $m_2 = 280$ kN·m,力偶矩转向如图 2-15(a)所示。梁长 4 m,重量不计,求 A、B 支座反力。

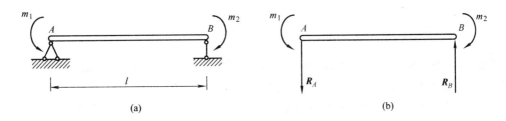

图 2-15

【解】 根据力偶只能用力偶平衡的特性,可知反力 R_A、R_B 必组成一个力偶,假设的指向如图 2-15(b)所示。

由平面力偶系的平衡条件得

$$\sum m = 0 \qquad m_1 - m_2 + R_A l = 0$$

故

$$R_A = \frac{m_2 - m_1}{l} = \frac{280 - 160}{4}\ \text{kN} = 30\ \text{kN}(\downarrow)$$

$$R_B = 30\ \text{kN}(\uparrow)$$

求得结果为正值,说明原假设 R_A、R_B 的指向就是力的实际指向。

2.3　平面一般力系的简化

2.3.1　力的平移定理

前面两节已经研究了平面汇交力系与平面力偶系的合成和平衡问题。平面一般力系能否简化为这两种简单力系呢? 要使平面一般力系各力的作用线都汇交于一点,这就需要将力的作用线平移。

设刚体的 A 点作用着一个力 F(图 2-16(a)),在此刚体上任取一点 O。现在来讨论怎样才能把力 F 平移到 O 点,而不改变其原来的作用效应。为此,可在 O 点加上两个大小相等、方向相反,与力 F 平行的力 F' 和 F'',且 $F' = -F'' = F$(图 2-16(b))。根据加减平衡力系公理,F、F' 和 F'' 与图 2-16(a)的 F 对刚体的作用效应相同。显然 F'' 和 F 组成一个力偶,其力偶矩为

$$m = Fd = M_O(F)$$

这三个力可转换为作用在 O 点的一个力和一个力偶(图 2-16(c))。由此可得**力的平**

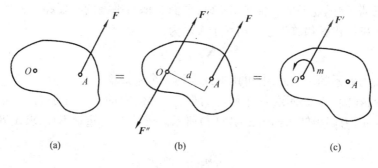

图 2 – 16

移定理:作用在刚体上的力 F,可以平移到同一刚体上的任一点 O,但必须同时附加一个力偶,其力偶矩等于原力 F 对新作用点 O 之矩。

顺便指出,根据上述力的平移的逆过程,还可将共面的一个力和一个力偶合成为一个力,即由图 2 – 16(c)化为图 2 – 16(a),该力的大小和方向与原力相同,作用线平行,作用线间的垂直距离为

$$d = \frac{|m|}{F'}$$

力的平移定理是一般力系向一点简化的理论依据,也是分析力对物体作用效应的一个重要方法。例如图 2 – 17(a)所示的厂房柱子受到吊车梁传来的荷载 F 的作用,为分析 F 的作用效应,可将力 F 平移到柱的轴线上的 O 点上,根据力的平移定理得一个力 F',同时还必须附加一个力偶(图 2 – 17(b))。力 F 经平移后,它对柱子的变形效果就可以很明显地看出,力 F' 使柱子轴向受压,力偶使柱弯曲。

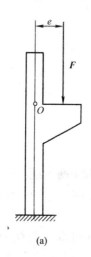
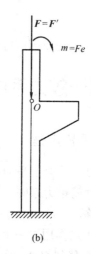

(a)　　　　　　　　　　　(b)

图 2 – 17

2.3.2　平面一般力系向作用面内任一点简化

设在物体上作用有平面一般力系 $F_1, F_2, \cdots, F_n$,如图 2 – 18(a)所示。为将该力系简

化,首先在该力系的作用面内任选一点 O,任选的 O 点称为简化中心。根据力的平移定理(简化依据),将各力全部平移到 O 点(图 $2-18$(b)),得到一个平面汇交力系 $F'_1, F'_2, \cdots,$ F'_n 和一个附加的平面力偶系 $m_1, m_2, \cdots, m_n$。

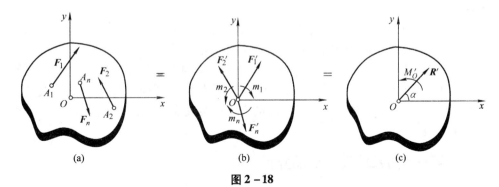

图 $2-18$

其中平面汇交力系中各力的大小和方向分别与原力系中对应的各力相同,即
$$F'_1 = F_1, F'_2 = F_2, \cdots, F'_n = F_n$$
各附加的力偶矩分别等于原力系中各力对简化中心 O 点之矩,即
$$m_1 = M_O(F_1), m_2 = M_O(F_2), \cdots, m_n = M_O(F_n)$$

由平面汇交力系合成的理论可知,$F'_1, F'_2, \cdots, F'_n$ 可合成为一个作用于 O 点的合力 R',这个力的矢量(大小和方向)称为原力系的主矢(图 $2-18$(c)),即
$$R' = F'_1 + F'_2 + \cdots + F'_n = F_1 + F_2 + \cdots + F_n = \sum F \qquad (2-9)$$

求主矢 R' 的大小和方向,可应用解析法。过 O 点取直角坐标系 xOy,如图 $2-18$ 所示。主矢 R' 在 x 轴和 y 轴上的投影为
$$R'_x = X'_1 + X'_2 + \cdots + X'_n = X_1 + X_2 + \cdots + X_n = \sum X$$
$$R'_y = Y'_1 + Y'_2 + \cdots + Y'_n = Y_1 + Y_2 + \cdots + Y_n = \sum Y$$

式中,X'_i、Y'_i 和 X_i、Y_i 分别是力 F'_i 和 F_i 在坐标轴 x 和 y 轴上的投影。由于 F'_i 和 F_i 大小相等、方向相同,所以它们在同一轴上的投影相等。

主矢 R' 的大小和方向为
$$R' = \sqrt{R'^2_x + R'^2_y} = \sqrt{\left(\sum X\right)^2 + \left(\sum Y\right)^2} \qquad (2-10)$$
$$\tan \alpha = \frac{|R'_y|}{|R'_x|} = \frac{\left|\sum Y\right|}{\left|\sum X\right|} \qquad (2-11)$$

式中,α 为主矢 R' 与 x 轴所夹的锐角,R' 的指向由 $\sum X$ 和 $\sum Y$ 的正负号确定。求主矢的大小和方向时,只要求出原力系中各力在两个坐标轴上的投影就可得出,而不必将力平移后再求投影。

由力偶系合成的理论知,$m_1, m_2, \cdots, m_n$ 可合成为一个力偶(图 $2-18$(c)),这个力偶的力偶矩 M'_O 称为原力系对简化中心 O 的主矩,即
$$M'_O = m_1 + m_2 + \cdots + m_n = M_O(F_1) + M_O(F_2) + \cdots + M_O(F_n)$$
$$= \sum M_O(F) \qquad (2-12)$$

综上所述,得到如下结论:平面一般力系向作用面内任一点简化的结果,是一个力和一个力偶。这个力作用在简化中心,它的矢量称为原力系的主矢,并等于原力系中各力的矢量和;这个力偶的力偶矩称为原力系对简化中心的主矩,并等于原力系中各力对简化中心力矩的代数和。

应当注意:作用于简化中心的力 R' 一般并不是原力系的合力,力偶矩为 M'_O 的力偶也不是原力系的合力偶,只有 R' 与 M'_O 两者相结合才与原力系等效。

由于主矢等于原力系中各力的矢量和,因此主矢 R' 的大小和方向与简化中心的位置无关。而主矩 M'_O 等于原力系中各力对简化中心力矩的代数和,取不同的点作为简化中心,各力的力臂都要发生变化,则各力对简化中心的力矩也会改变。因而,主矩一般随着简化中心的位置不同而改变。

2.3.3 平面一般力系的简化结果分析

平面一般力系向任一点简化后,一般可得到一个力和一个力偶,而其最终结果有以下三种情况。

1. 力系可简化为一个合力

当 $R' \neq 0, M'_O = 0$ 时,力系与一个力等效,即力系可简化为一个合力。作用于简化中心的主矢 R' 就是原力系的合力,作用线通过简化中心。

当 $R' \neq 0, M'_O \neq 0$ 时,根据力的平移定理逆过程,可将 R' 和 M'_O 合成为一个合力 R。合力的大小、方向与主矢相同,合力作用线不通过简化中心,与主矢作用线平行,作用线间的垂直距离 $d = \dfrac{|M'_O|}{R'} = \dfrac{|M'_O|}{R}$。合力 R 在简化中心 O 点的哪一侧,由合力 R 对 O 点的矩的转向应与主矩 M'_O 的转向一致来确定。

2. 力系可简化为一个合力偶

当 $R' = 0, M'_O \neq 0$ 时,力系与一个力偶等效,即力系可简化为一个合力偶。合力偶的力偶矩就等于主矩。由于力偶对平面内任意一点之矩都相同,所以此时,主矩与简化中心的位置无关。

3. 力系处于平衡状态

当 $R' = 0, M'_O = 0$ 时,力系为平衡力系。

【例 2 - 10】 如图 2 - 19(a)所示为一桥墩顶部受到两边桥梁传来的垂直力 $F_1 = 1\,950$ kN,$F_2 = 810$ kN 以及机车传来的制动力 $F_H = 195$ kN。桥墩自重 $G = 5\,260$ kN,风力 $F_W = 138$ kN,各力作用线如图所示。试将这些力向基础中心 O 点简化,并求最后的简化结果。

【解】 以桥墩基础中心 O 点为简化中心,取坐标系如图 2 - 19(b)所示。由式(2 - 10)、式(2 - 11)可求得主矢 R' 的大小和方向。由于

$$\sum X = -F_H - F_W = -333 \text{ kN}$$

$$\sum Y = -F_1 - F_2 - G = -8\,020 \text{ kN}$$

所以

$$R' = \sqrt{\left(\sum X\right)^2 + \left(\sum Y\right)^2} = \sqrt{(-333)^2 + (-8\,020)^2} \text{ kN} = 8\,027 \text{ kN}$$

$$\tan \alpha = \left|\frac{\sum Y}{\sum X}\right| = \left|\frac{-8\,020}{-333}\right| = 24.084 \quad \alpha = 87°37'$$

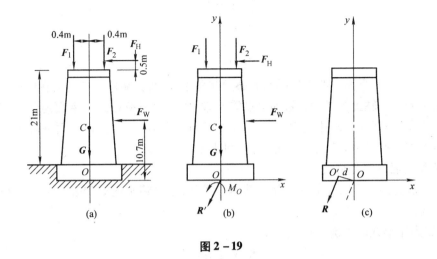

图 2 - 19

因为 $\sum X$ 和 $\sum Y$ 都是负值,故 R' 指向第三象限与 x 轴的夹角为 α。再由式(2 - 12)可求得主矩

$$M'_O = \sum M_O(F)$$

$$= (F_1 \times 0.4 - F_2 \times 0.4 + F_H \times 21.5 + F_W \times 10.7)\ kN \cdot m = 6\ 125.1\ kN \cdot m$$

计算结果为正值,表示主矩 M'_O 是逆时针转向。

因为主矢 $R' \neq 0$,主矩 $M'_O \neq 0$,如图 2 - 19(b)所示,所以还可以进一步合成为一个合力 R。R 的大小和方向与 R' 相同,它的作用线与 O 点距离

$$d = \frac{|M'_O|}{R'} = \frac{6\ 125.1}{8\ 027}\ m = 0.76\ m$$

因为 M'_O 也为正,故 $M_O(R)$ 也应为正,即合力 R 应在 O 点左侧,如图 2 - 19(c)所示。

2.4 平面一般力系的平衡条件及其应用

2.4.1 平面一般力系的平衡条件

平面一般力系向平面内任一点简化,若主矢和主矩同时等于零,表明作用于简化中心 O 点的平面汇交力系和附加平面力偶系都自成平衡,则原力系一定是平衡力系;反之,如果主矢和主矩中有一个不等于零或两个都不等于零时,则平面一般力系就可以简化为一个合力或一个力偶,原力系就不能平衡。因此,**平面一般力系平衡的必要与充分条件是:力系的主矢和力系对平面内任一点的主矩都等于零**。即

$$R' = 0 \quad M'_O = 0$$

1. 平衡方程的基本形式

由于 $R' = \sqrt{\left(\sum X\right)^2 + \left(\sum Y\right)^2} = 0$,$M'_O = \sum M_O(F) = 0$,于是平面一般力系的平衡条件为

$$\left.\begin{array}{l} \sum X = 0 \\ \sum Y = 0 \\ \sum M_O = 0 \end{array}\right\} \qquad (2-13)$$

　　由此得出结论,**平面一般力系平衡的必要充分条件是:力系中所有各力在任意选取的两个坐标轴中的每一轴上投影的代数和分别等于零;力系中所有各力对平面内任一点之矩的代数和等于零**。式(2-13)中包含两个投影方程和一个力矩方程,是平面一般力系平衡方程的基本形式。这三个方程是彼此独立的,可求出三个未知量。

　　2. 平衡方程的其他形式

　　平面一般力系平衡方程的形式除了基本形式外,还可将平衡方程表示为二力矩形式及三力矩形式。

　　(1)二力矩形式的平衡方程

$$\left.\begin{array}{l} \sum X = 0 \\ \sum M_A = 0 \\ \sum M_B = 0 \end{array}\right\} \qquad (2-14)$$

式中,x 轴不与 A、B 两点的连线垂直(证明从略)。

　　(2)三力矩形式的平衡方程

$$\left.\begin{array}{l} \sum M_A = 0 \\ \sum M_B = 0 \\ \sum M_C = 0 \end{array}\right\} \qquad (2-15)$$

式中,A、B、C 三点不在同一直线上(证明从略)。

　　综上所述,平面一般力系有三种不同形式的平衡方程,即式(2-13)、式(2-14)、式(2-15),在解题时可以根据具体情况选取某一种形式。无论采用哪种形式,都只能写出三个独立的平衡方程,求解三个未知量。任何第四个方程都不是独立的,但可以利用这个方程来校核计算的结果。

2.4.2　平面力系的特殊情况

　　平面一般力系是平面力系的一般情况。除前面讲的平面汇交力系、平面力偶系外,还有平面平行力系,都可以看为平面一般力系的特殊情况,它们的平衡方程都可以从平面一般力系的平衡方程得到,现讨论如下。

　　1. 平面汇交力系

　　平面汇交力系中各力的作用线在同一平面内且交于一点,可取力系的汇交点作为坐标原点,如图 2-20(a)所示,因各力的作用线均通过原点 O,各力对 O 点的矩必为零,即恒有 $\sum M_O(\boldsymbol{F}) = 0$,因此只剩下两个投影方程:

$$\left.\begin{array}{l} \sum X = 0 \\ \sum Y = 0 \end{array}\right\} \qquad (2-16)$$

式(2-16)即为平面汇交力系的平衡方程。平面汇交力系只有两个独立的平衡方程，只能求解两个未知量。

2. 平面力偶系

平面力偶系如图 2-20(b)所示，因构成力偶的两个力在任何轴上的投影必为零，则恒有 $\sum X = 0$ 和 $\sum Y = 0$ ，只剩下第三个力矩方程，但因为力偶对某点的矩等于力偶矩，则力矩方程可改写为

$$\sum M_O(\boldsymbol{F}) = 0 \tag{2-17}$$

式(2-17)即平面力偶系的平衡方程。

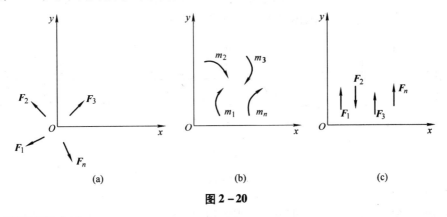

图 2-20

3. 平面平行力系

平面平行力系是指各力作用线在同一平面上并相互平行的力系，如图 2-20(c)所示，选 Oy 轴与力系中的各力平行，则各力在 x 轴上的投影为零，则平衡方程只剩下两个独立的方程：

$$\left. \begin{array}{l} \sum Y = 0 \\ \sum M_O = 0 \end{array} \right\} \tag{2-18}$$

或为二力矩式

$$\left. \begin{array}{l} \sum M_A = 0 \\ \sum M_B = 0 \end{array} \right\} \tag{2-19}$$

平面平行力系只有两个独立的平衡方程，只能求解两个未知量。

2.4.3 平面一般力系平衡方程的应用

现举例说明，应用平面一般力系的平衡条件，来求解工程实际中物体平衡问题的步骤和方法。

应用平面一般力系平衡方程解题的步骤如下。

①确定研究对象。根据题意分析已知量和未知量，选取适当的研究对象。

②画受力图。在研究对象上画出它受到的所有主动力和约束反力。当约束反力的指向未定时，可以先假设其指向。如果计算结果为正，则表示假设的指向正确；如果计算结果为负，则表示实际的指向与假设的指向相反。

③列平衡方程。选取适当的平衡方程形式、投影轴和矩心。选取哪种形式的平衡方程,完全取决于计算的方便与否。通常力求在一个平衡方程中只包含一个未知量,以避免求解联立方程。在应用投影方程时,投影轴尽可能选取与较多的未知力的作用线垂直;一般习惯采用水平朝右为 x 轴正向、竖直向上为 y 轴正向的直角坐标系。当采用这种坐标系时,受力图中可以不画出,但必须明确;若采用其他方位的坐标系,则需画出。应用力矩方程时,矩心往往取在两个未知力的交点。计算力矩时,要善于运用合力矩定理,以便使计算简单。

④解平衡方程,求得未知量。

⑤校核。列出非独立的平衡方程,以检查解题的正确与否。

【例2-11】如图2-21(a)所示的梁 AB,其两端支承在墙内,受到荷载 $P = 20$ kN, $m = 26$ kN·m 的作用,不计梁自重,求墙壁对梁 AB 两端的约束反力。

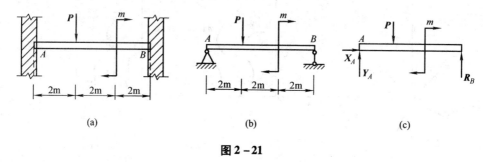

(a)   (b)   (c)

图2-21

【解】首先考虑墙壁对梁的约束类型。当梁端伸入墙内的长度较短时,墙壁可限制梁的水平和铅直方向上的移动,而对梁转动约束的能力很小,一般就不考虑阻止转动的约束性能,而将它简化为一固定铰支座。在工程上,为了计算方便,通常可将梁的另一端简化为可动铰支座。这种一端为固定铰支座,一端为可动铰支座的梁,称为简支梁,如图2-21(b)所示。

取 AB 梁为研究对象,画其受力图如图2-21(c)所示,建立平衡方程:

$$\sum X = 0 \qquad X_A = 0$$

$$\sum M_A = 0 \qquad 6R_B - 2P - m = 0$$

$$R_B = \frac{1}{6}(2P + m) = \frac{1}{6}(2 \times 20 + 26)\text{kN} = 11 \text{ kN}$$

$$\sum Y = 0 \qquad Y_A + R_B - P = 0$$

$$Y_A = P - R_B = (20 - 11)\text{kN} = 9 \text{ kN}$$

校核:

$$\sum M_B = -6Y_A - m + 4P = -6 \times 9 - 26 + 4 \times 20 = 0$$

可见,计算无误。

【例2-12】悬臂梁 AB 受荷载作用如图2-22(a)所示。一端为固定端支座约束,另一端为自由端的梁,称为悬臂梁。已知均布线荷载 $q = 2$ kN/m, $l = 8$ m,梁的自重不计。求固定端支座 A 处的约束反力。

【解】取梁 AB 为研究对象,受力分析如图2-22(b)所示,支座反力的指向均为假设,梁

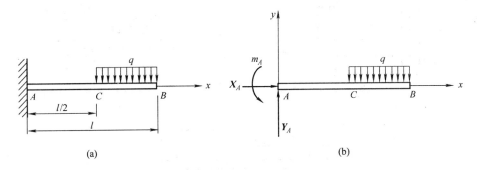

图 2 – 22

上所受的荷载与支座反力组成平面一般力系。

梁上的均布线荷载 q 用其中心的集中力 $Q = \dfrac{ql}{2}$ 来代替,方向铅垂向下,作用在 CB 段的中点。选取坐标系如图 2 – 22(b)所示,列平衡方程:

$$\sum X = 0 \qquad X_A = 0$$

$$\sum Y = 0 \qquad Y_A - q\frac{l}{2} = 0$$

$$\sum M_A(F) = 0 \qquad m_A - q \times \frac{l}{2} \times \left(\frac{l}{4} + \frac{l}{2}\right) = 0$$

解得

$$X_A = 0$$

$$Y_A = \frac{ql}{2} = 8 \text{ kN}$$

$$m_A = \frac{3ql^2}{8} = 48 \text{ kN} \cdot \text{m}$$

求得结果为正值,说明假设约束反力的指向与实际指向相同。

校核:

$$\sum M_B = m_A - Y_A l + q \times \frac{l}{2} \times \frac{l}{4} = 48 - 8 \times 8 + 2 \times 4 \times 2 = 0$$

可见,Y_A 和 m_A 计算无误。

【例 2 – 13】某房屋的外伸梁构造及尺寸如图 2 – 23(a)所示。该梁的力学简图如图 2 – 23(b)所示,已知 $q_1 = 20 \text{ kN/m}$,$q_2 = 25 \text{ kN/m}$。求 A、B 支座的约束反力。

【解】取外伸梁 AC 为研究对象。梁在竖向荷载作用下,只产生竖向支反力。受力分析如图 2 – 23(c)所示,约束反力 $\boldsymbol{R}_A$ 和 $\boldsymbol{R}_B$ 假设向上,梁受平面平行力系的作用。

取如图 2 – 23(c)所示坐标系,列平衡方程并求解:

$$\sum M_A(\boldsymbol{F}) = 0 \qquad R_B \times 5 - 20 \times 5 \times 2.5 - 25 \times 2 \times 6 = 0$$

$$R_B = 110 \text{ kN}$$

$$\sum Y = 0 \qquad R_A + R_B - 20 \times 5 - 25 \times 2 = 0$$

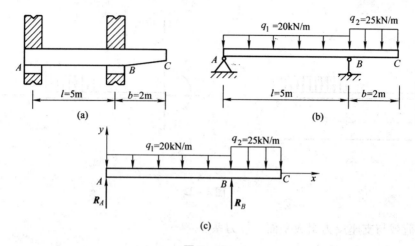

图 2 - 23

$$R_A = 40 \text{ kN}$$

校核：

$$\sum M_B(F) = -5 \times 40 + 20 \times 5 \times \frac{5}{2} - 25 \times 2 \times \frac{2}{2} = 0$$

说明计算无误。

【例 2 - 14】外伸梁受荷载如图 2 - 24(a)所示，已知均布荷载密度 $q = 20$ kN/m，力偶矩 $m = 38$ kN·m，集中力 $P = 20$ kN，试求支座 A、B 的约束反力。

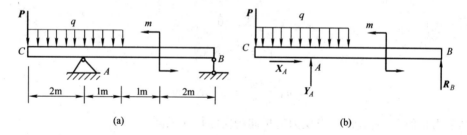

图 2 - 24

【解】取梁 BC 为研究对象，画其受力图如图 2 - 24(b)所示，建立三个平衡方程：

$$\sum X = 0 \qquad X_A = 0$$

$$\sum M_B = 0 \qquad 6P + 3q \times \left(6 - \frac{3}{2}\right) + m - 4Y_A = 0$$

$$Y_A = \frac{1}{4}(6P + 3q \times 4.5 + 38) \text{kN}$$

$$= \frac{1}{4}(6 \times 20 + 3 \times 20 \times 4.5 + 38) \text{kN}$$

$$= 107 \text{ kN}$$

$$\sum Y = 0 \qquad Y_A + R_B - P - 20 \times 3 = 0$$

$$R_B = (20 + 20 \times 3 - 107) \text{kN} = -27 \text{ kN}$$

R_B 为负值,说明其实际方向与假设方向相反,即应指向下。

校核:

$$\sum M_A = 4R_B + m + 2P + 3q\left(2 - \frac{3}{2}\right) = 4 \times (-27) + 38 + 2 \times 20 + 3 \times 20 \times 0.5 = 0$$

说明计算无误。

【例 2 - 15】简支刚架如图 2 - 25(a)所示,已知 $q = 2 \text{ kN/m}, P = 15 \text{ kN}, m = 6 \text{ kN·m},$ $Q = 20 \text{ kN}$,求 A、B 处的支座反力。

【解】取刚架整体为研究对象,受力分析如图 2 - 25(b)所示,支座反力的指向均为假设,刚架上所受的荷载与支座反力组成平面一般力系。选取坐标系如图 2 - 25(b)所示,列平衡方程:

$$\sum X = 0 \qquad X_A + P + 6q = 0$$
$$X_A = -P - 6q = (-15 - 6 \times 2)\text{kN} = -27 \text{ kN}$$

$$\sum M_A = 0 \qquad R_B \times 6 - m - Q \times 3 - P \times 4 - q \times 6 \times 3 = 0$$
$$R_B = \frac{1}{6}(m + 3Q + 4P + 18q) = \frac{1}{6}(6 + 3 \times 20 + 4 \times 15 + 18 \times 2)\text{kN} = 27 \text{ kN}$$

$$\sum Y = 0 \qquad Y_A + R_B - Q = 0$$
$$Y_A = Q - R_B = (20 - 27)\text{kN} = -7 \text{ kN}$$

求得结果 X_A、Y_A 为负值,说明假设的指向与实际相反;R_B 为正值,说明假设约束反力的指向与实际指向相同。

校核:

$$\sum M_B = -6Y_A - 4P - 6q \times 3 + 3Q - m$$
$$= -6 \times (-7) - 4 \times 15 - 18 \times 2 + 3 \times 20 - 6 = 0$$

说明计算无误。

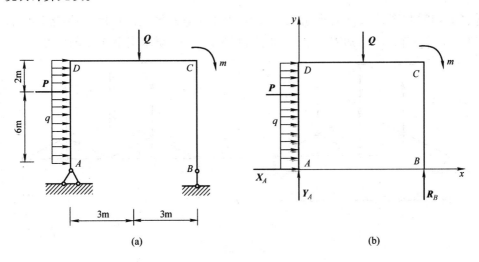

(a) 　　　　　　　　　　(b)

图 2 - 25

【例2-16】悬臂刚架如图2-26(a)所示,已知 $P = 25$ kN, $m = 15$ kN·m,求刚架的支座反力。

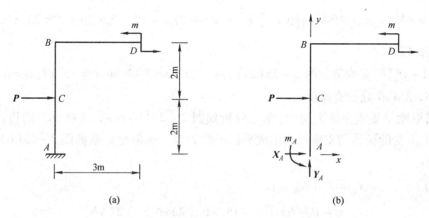

图 2-26

【解】取整体为研究对象,受力图如图2-26(b)所示,选取坐标轴 x、y 轴,建立平衡方程:

$$\sum X = 0 \qquad P - X_A = 0$$
$$X_A = 25 \text{ kN}$$
$$\sum Y = 0 \qquad Y_A = 0$$
$$\sum M_A(\boldsymbol{F}) = 0 \qquad m_A - 2P + m = 0$$
$$m_A = 2P - m = (2 \times 25 - 15) \text{kN} \cdot \text{m} = 35 \text{ kN} \cdot \text{m}$$

校核:

$$\sum M_B(\boldsymbol{F}) = m_A - 2P + m = 35 - 2 \times 25 + 15 = 0$$

说明计算无误。

【例2-17】如图2-27(a)所示为一屋架,由于檩条对屋架的作用,使屋架顶部的各结点受到荷载 $\boldsymbol{F}$ 的作用。已知 $F = 3$ kN,如不计屋架的自重,试求支座 A、B 的反力。

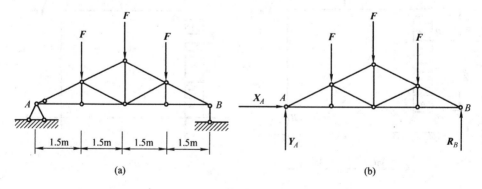

图 2-27

【解】取屋架为研究对象,画其受力图如图2-27(b)所示,列平衡方程并求解:

$$\sum X = 0 \qquad X_A = 0$$

$$\sum M_B = 0 \qquad 1.5F + 3F + 4.5F - 6Y_A = 0$$

$$Y_A = \frac{1}{6}(1.5 \times 3 + 3 \times 3 + 4.5 \times 3)\text{kN} = 4.5\ \text{kN}$$

$$\sum Y = 0 \qquad Y_A + R_B - F - F - F = 0$$

$$R_B = (3 + 3 + 3 - 4.5)\text{kN} = 4.5\ \text{kN}$$

校核:

$$\sum M_A = 6R_B - 4.5F - 3F - 1.5F = 6 \times 4.5 - 4.5 \times 3 - 3 \times 3 - 1.5 \times 3 = 0$$

说明计算无误。

2.5　物体系统的平衡

2.5.1　物体系统的平衡概念

在工程中,常常遇到由几个物体通过一定的约束联系在一起的系统,这种系统称为**物体系统**。如图 2 - 28(a)所示的组合梁、图 2 - 29(a)所示的三铰刚架等都是由几个物体组成的物体系统。

研究物体系统的平衡时,不仅要求解支座反力,而且还需要计算系统内各物体之间的相互作用力。将作用在物体上的力分为内力和外力。所谓外力,就是系统以外的其他物体作用在这个系统上的力;所谓内力,就是系统内各物体之间相互作用的力。如图 2 - 28(b)所示,荷载及 A、C 支座处的反力就是组合梁的外力,而在铰 B 处左右两段梁之间的相互作用力就是组合梁的内力。应当注意,内力和外力是相对的概念,也就是相对所取的研究对象而言。例如图 2 - 29(a)所示组合梁在铰 B 处的约束反力,对组合梁的整体而言,就是内力;而对图 2 - 28(c)、图 2 - 28(d)所示的左、右两段梁来说,B 点处的约束反力被暴露出来,就成为外力。

当物体系统平衡时,组成该系统的每一个物体也都处于平衡状态,因此对于每一个受平面一般力系作用的物体,均可写出三个平衡方程。若由 n 个物体组成的物体系统,则共有 $3n$ 个独立的平衡方程。如系统中有的物体受平面汇交力系或平面平行力系作用时,则系统的平衡方程数目相应减少。

求解物体系统的平衡问题,关键在于恰当地选取研究对象,正确地选取投影轴和矩心,列出适当的平衡方程。总的原则是:尽可能地减少每一个平衡方程中的未知量,最好是每个方程只含有一个未知量,以避免求解联立方程。例如,对于图 2 - 28 所示的连续梁,就适合于先取附属部分 BC 作为研究对象,列出平衡方程,解出部分未知量;再从系统中选取基本部分或整个系统作为研究对象,列出平衡方程,求出其余的未知量。对于图 2 - 29 所示的三铰刚架,就适合于先取整体为研究对象,如图 2 - 29(b)所示,列力矩方程和投影方程,求出两个竖向反力 Y_A、Y_B 后,再取 AC 或 CB 部分刚架为研究对象,如图 2 - 29(c)、(d)所示,求出其余约束反力。下面举例说明求解物体系统平衡问题的方法。

【例 2 - 18】组合梁受荷载如图 2 - 28(a)所示,已知 $P_1 = 5$ kN,$P_2 = 40$ kN,梁自重不计,

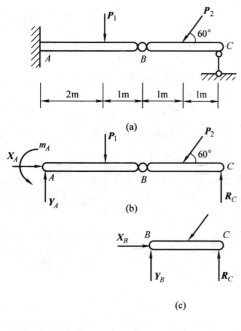

图 2 – 28

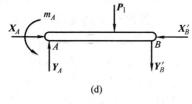

求支座 A、C 的反力。

【解】组合梁由两段梁 AB 和 BC 组成，作用于每段梁上的力系都是平面一般力系，共有 6 个独立的平衡方程；而约束力的未知数也是 6（A 处有三个，B 处有两个，C 处有一个）。

首先取整个梁为研究对象，受力图如图 2 – 28(b) 所示。

$$\sum X = 0 \quad X_A - P_2 \cos 60° = 0$$

$$X_A = 40 \times \cos 60° \text{ kN} = 20 \text{ kN}$$

再取 BC 梁为研究对象，受力图如图 2 – 28(c) 所示。

$$\sum M_B = 0 \quad 2R_C - P_2 \sin 60° \times 1 = 0$$

$$R_C = \frac{P_2 \sin 60° \times 1}{2} \text{kN} = 17.32 \text{ kN}$$

再回到受力图图 2 – 28(b)，有

$$\sum M_A = 0$$

$$5R_C - 4P_2 \sin 60° - P_1 \times 2 + m_A = 0$$

$$m_A = 4P_2 \sin 60° + 2P_1 - 5R_C$$

$$= 61.96 \text{ kN} \cdot \text{m}$$

$$\sum Y = 0 \quad Y_A + R_C - P_1 - P_2 \sin 60° = 0$$

$$Y_A = P_1 + P_2 \sin 60° - R_C = 22.32 \text{ kN}$$

校核：

$$\sum M_B = m_A - 3Y_A + P_1 \times 1 - 1 \times P_2 \sin 60° + 2R_C$$

$$= 61.96 - 3 \times 22.32 + 5 \times 1 - 1 \times 40 \times 0.866 + 2 \times 17.32$$

$$= 0$$

可见计算无误 。

【例 2 – 19】如图 2 – 29(a) 所示为三铰刚架的受力情况。已知 $q = 8 \text{ kN/m}$，$P = 6 \text{ kN}$，求支座 A、B 及顶铰 C 处的约束反力。

【解】三铰刚架由左、右两半刚架组成，受到平面一般力系的作用，可以列出 6 个独立的平衡方程。分析整个三铰刚架和左、右两半刚架的受力，画出受力图如图 2 – 29(b)、(c)、(d) 所示，可见系统的未知量总计为 6 个，可用 6 个平衡方程求解出 6 个未知量。

取整个三铰刚架为研究对象，如图 2 – 29(b) 所示。

$$\sum M_A = 0 \quad Y_B \times 12 - P \times 8 - q \times 6 \times 3 = 0$$

$$Y_B = 16 \text{ kN}(\uparrow)$$

$$\sum M_B = 0 \quad q \times 6 \times 9 + P \times 4 - Y_A \times 12 = 0$$

$$Y_A = 38 \text{ kN}$$

$$\sum X = 0 \qquad X_A - X_B = 0$$

$$X_A = X_B$$

取左半刚架为研究对象,如图 2-29(c)所示。

$$\sum M_C = 0 \qquad q \times 6 \times 3 + X_A \times 8 - Y_A \times 6 = 0$$

$$X_A = X_B = 10.5 \text{ kN}$$

$$\sum X = 0 \qquad X_A - X_C = 0$$

$$X_C - X_A = 10.5 \text{ kN}$$

$$\sum Y = 0 \qquad Y_A + Y_C - q \times 6 = 0$$

$$Y_C = 10 \text{ kN}$$

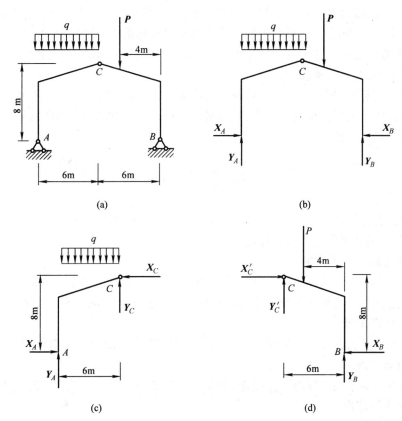

图 2-29

校核:可以再取右半刚架为研究对象,列它的平衡方程,并将已求出的数值代入,验算是否满足平衡方程条件(请读者自己完成)。

2.5.2　静定与超静定问题的概念

前面所讨论的单个物体或物体系统的平衡问题,当系统中的未知力数目等于独立平衡方程的数目时,则所有未知力都能由平衡方程求出,这样的问题称为静定问题。显然前面列举的各例都是静定问题。在工程实际中,有时为了提高结构的承载能力,常常增加多余的约束,因而使这些结构的未知力的数目多于平衡方程的数目,未知量就不能全部由平衡方程求出,这样的问题称为静不定问题或超静定问题。

在平衡的物体系中,如果只考虑整个系统的平衡,其未知约束力的个数多于3个。但是,若将系统"拆开"后,依次考虑各个物体的平衡,则未知约束力数目与平衡方程数目相等,这种物体系统就是静定的。当然,还有一些物体系统,在系统"拆开"之后,未知约束力个数仍然多于平衡方程数目,因而无法利用平衡方程求解全部未知力,这种物体系统就是超静定的。

求解物体系统的平衡问题之前,应先判断物体系统的静定与超静定的性质。只有静定问题才能用静力平衡方程求解。需要指出的是,物体系统是不是超静定的,一般情况取决于未知约束力的个数与独立平衡方程数目,而与研究对象被使用的次数无关。初学者常常会出现这样的错觉,以为在考虑每个物体的平衡之后,再考虑一次整体平衡,就可以多出几个平衡方程。实际上,如果物体系统中的每个物体都是平衡的,则物体系统必然是平衡的。因此,整体平衡方程已经包含于各个物体平衡方程之中,即整体平衡方程与各个物体的平衡方程是相互联系的,而不是独立的。

必须指出,超静定问题并不是不能解决的问题,而只是仅用平衡方程不能解决的问题。事实上任何物体受力后都会发生变形,如果考虑物体受力后的变形,再列出某些补充方程,则超静定问题可以得到解决。

本 章 小 结

本章讨论力在坐标轴上的投影、合力投影定理、力矩和合力矩定理、平面一般力系的简化、平面一般力系的平衡条件及其应用。

1. 力在坐标轴上的投影

自力矢量的始端和末端分别向某一确定轴上作垂线,得到两个交点(垂足)。始端垂足到末端垂足之间的距离加上正负号称为力在该轴上的投影。力的投影是代数量。

2. 合力投影定理

平面力系中各力在某一坐标轴上投影的代数和,等于力系的合力在该坐标轴上的投影。

3. 合力矩定理

平面内合力对平面内任意一点之矩,等于力系中各分力对同一点之矩的代数和。

4. 力的平移定理

作用在刚体上的力可以向平面内任意点平移。平移后,除了这个力之外,还产生一个附加力偶,其力偶矩等于原来的力对平移点的力矩。也就是说,平移后的一个力和一个力偶与平移前的一个力等效。

5. 平面一般力系的简化结果为一个主矢和一个主矩

主矢等于原力系中各力的矢量和,主矩等于原力系中各力对简化中心力矩的代数和。即

$$R' = \sqrt{R_x'^2 + R_y'^2} = \sqrt{(\sum X)^2 + (\sum Y)^2}$$

$$\tan \alpha = \frac{|R'_y|}{|R'_x|} = \frac{|\sum Y|}{|\sum X|}$$

$$M_O' = \sum M_O(\boldsymbol{F})$$

6. 平面一般力系平衡的必要和充分条件

力系的主矢和主矩都为零,其平衡方程有三种形式。

(1)基本形式

$$\begin{cases} \sum X = 0 \\ \sum Y = 0 \\ \sum M_O = 0 \end{cases}$$

(2)二矩式

$$\begin{cases} \sum X = 0 \\ \sum M_A = 0 \\ \sum M_B = 0 \end{cases}$$

其中,x 轴不能与 A、B 两点的连线垂直。

(3)三矩式

$$\begin{cases} \sum M_A = 0 \\ \sum M_B = 0 \\ \sum M_C = 0 \end{cases}$$

其中,A、B、C 三点不在同一直线上。

7. 其他各种平面力系都是平面一般力系的特殊情形

它们的平衡方程如下所示。

力系名称	平衡方程	独立平衡方程数目
平面力偶系	$\sum M_O = 0$	1
平面汇交力系	$\sum Y = 0$ $\sum X = 0$	2
平面平行力系	$\left. \begin{array}{l} \sum Y = 0 \\ \sum M_O = 0 \end{array} \right\}$ 或 $\left. \begin{array}{l} \sum M_A = 0 \\ \sum M_B = 0 \end{array} \right\}$	2

应用平面力系的平衡方程,可以求解单个物体及物体系统的平衡问题,求解时要通过受力分析,恰当地选取研究对象,画出其受力图。选取合适的平衡方程形式,选择好矩心和投影轴,力求做到一个方程只含有一个未知量,以便简化计算。

思 考 题

2-1 合力是否一定比分力大?

2-2 用解析法求平面汇交力系的合力时,若取不同的直角坐标轴,所求得的合力是否相同?

2-3 用解析法求解平面汇交力系的平衡问题时,x 与 y 两轴是否一定要相互垂直?

2-4 平面汇交力系的平衡方程中,可否取两个力矩方程,或一个力矩方程和一个投影方程? 这时,其矩心和投影轴的选择有什么限制?

2-5 某平面力系向 A、B 两点简化的主矩皆为零,此力系简化的最终结果可能是一个力吗? 可能是一个力偶吗? 可能平衡吗?

2-6 某平面力系向同平面内任一点简化的结果都相同,此力系简化的最终结果可能是什么?

2-7 你从哪些方面去理解平面一般力系只有三个独立的平衡方程? 为什么说任何第四个方程只是前三个方程的线性组合?

2-8 同一个力在两个相互平行的轴上的投影有什么关系? 如果两个力在同一轴上的投影相等,问这两个力的大小是否一定相等?

2-9 试从平面一般力系的平衡方程导出平面汇交力系和平面力偶系的平衡方程。

习 题

2-1 如题 2-1 图所示,四个力作用于 O 点,已知 $F_1 = 40$ N,$F_2 = 50$ N,$F_3 = 60$ N,$F_4 = 80$ N。试求题 2-1 图所示汇交力系的合力。

2-2 如题 2-2 图所示,支架由杆 AB、AC 构成,A 处是铰链,B、C 两处都是固定铰支座,在 A 点作用有铅垂力 W,杆的自重不计。求图中(a)、(b)两种情况下,杆 AB、AC 所受的力,并说明杆件受拉还是受压。

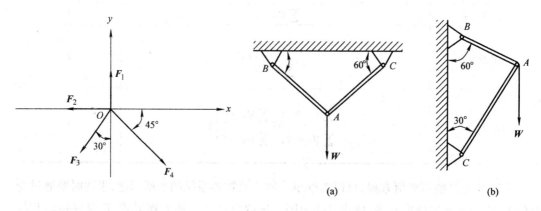

题 2-1 图   题 2-2 图

2-3　重力坝受力情况如题 2-3 图所示。设坝的自重分别为 $G_1 = 9\ 600$ kN，$G_2 = 21\ 600$ kN，上游水压力 $P = 10\ 120$ kN，试将力系向坝底 O 点简化，并求其最后的简化结果。

2-4　求题 2-4 图所示两跨静定刚架的支座反力。

2-5　求题 2-5 图所示梁的支座反力。

2-6　求题 2-6 图所示刚架的支座反力。

2-7　求题 2-7 图所示桁架的支座反力。

2-8　求题 2-8 图所示多跨静定梁的支座反力。

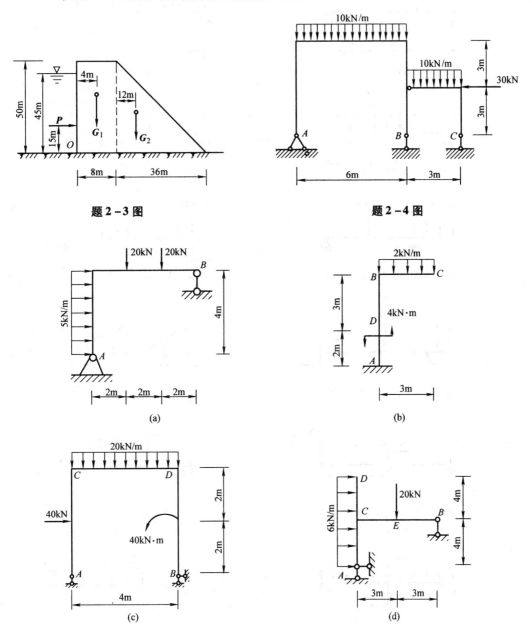

题 2-3 图　　　　　　　　　　　　　　题 2-4 图

(a)　　　　　　　　　　　　　　(b)

(c)　　　　　　　　　　　　　　(d)

题 2-5 图

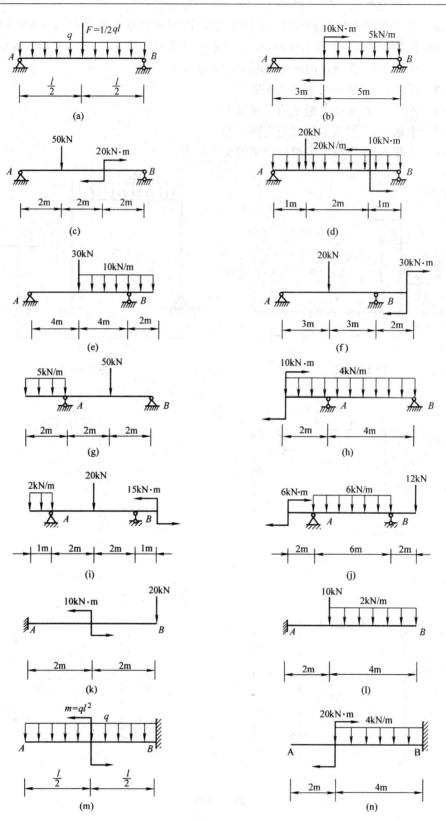

题 2 - 6 图

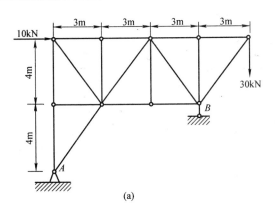

(a)

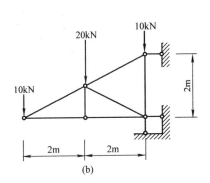

(b)

题 2 – 7 图

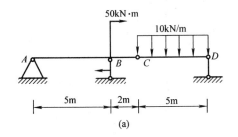

(a)

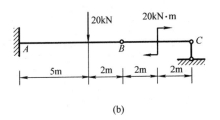

(b)

题 2 – 8 图

2 – 9 如题 2 – 9 图所示,挂物架子由三根各重 *W* 的相同的均质杆 *AC*、*BC*、*CD* 彼此固接而成,架子的点 *A* 用铰链固定在墙上,点 *B* 靠在光滑的铅直墙上,点 *D* 挂着重 *P* 的物体 *E*。设 α 为已知,求 *A*、*B* 两支座反力。

2 – 10 移动式起重机,重 $W = 500$ kN(不包括平衡锤重 Q),作用于 *C* 点,如题 2 – 10 图所示。跑车 *E* 的最大起重量 $P = 250$ kN,离 *B* 轨最远距离 $l = 10$ m,为了防止起重机左右翻倒,需要在 *D* 点加一平衡锤。欲使跑车在满载时或空载时,起重机在任何位置均不致翻倒,求平衡重的最小重量 *Q* 以及平衡锤到左轨 *A* 的最大距离 *x* 应为多少?跑车自重略去不计,且 $e = 1.5$ m,$b = 3$ m。

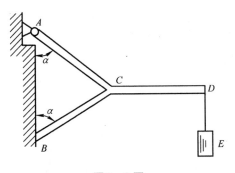

题 2 – 9 图

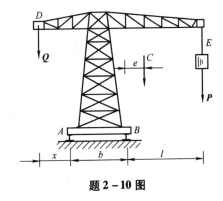

题 2 – 10 图

第二篇

材 料 力 学

第3章　材料力学的基本概念

【学习重点】

➢ 掌握变形固体的概念及其基本假设；

➢ 掌握弹性变形与塑性变形的概念；

➢ 掌握内力、截面法、应力的概念；

➢ 了解杆件变形的基本形式。

3.1　材料力学的研究内容和任务

材料力学的研究内容分属于两个学科。第一个学科是固体力学，即研究物体在外力作用下的应力、变形等。但是材料力学所研究的对象仅限于杆、轴、梁等物体，其几何特征是纵向尺寸远大于横向尺寸，这类物体统称为杆或杆件。大多数工程结构的构件或机器的零部件都可以简化为杆件。第二个学科是材料科学中材料的力学性能，即研究材料在外力和温度作用下所表现出的变形性能和失效特征。但是材料力学所研究的内容仅限于材料的宏观力学行为，不涉及材料的微观机理。

以上两方面的结合使材料力学成为工程设计的重要组成部分。即设计出杆状构件的合理形状和尺寸，以保证它们具有足够的强度、刚度和稳定性。

强度是指构件或零部件在确定的外力作用下，不发生破裂或过量的塑性变形的能力。

刚度是指构件或零部件在确定的外力作用下，不产生过量的弹性变形或位移的能力。

稳定性是指构件或零部件在某种受力形式（例如轴向压力）下，保持其初始平衡状态的能力。

工程结构的构件以及机器的零部件设计中，都会涉及强度、刚度或稳定性问题。例如，各种桥梁的桥面结构采取什么形式才能保证其不发生破坏，也不发生过大的弹性变形，而且具有质量小、节省材料等优点。又如，建筑施工的脚手架不仅需要具有足够的强度和刚度，而且还要保证有足够的稳定性，否则在施工过程中会由于局部杆件的不稳定而导致整个脚手架的倾覆与坍塌，造成人民生命和财产的巨大损失。

此外，各种大型水利设施、核反应堆、计算机硬盘驱动器以及航空航天器及其发射装置等也都有大量的强度、刚度和稳定性问题。

3.2 变形固体及其基本假设

3.2.1 变形固体

工程上所用的构件都是由固体材料制成的,如钢、铸铁、木材、混凝土等,它们在外力的作用下会或多或少地产生变形,有些变形可直接观察到,有些变形可通过仪器测出。在外力作用下,会产生变形的固体称为**变形固体**。

在静力学中,由于研究的是物体的平衡问题,物体的微小变形对研究这类问题影响很小,可以作为次要因素忽略,因此把物体视为刚体来进行理论分析。在材料力学中,由于主要研究的是构件在外力作用下的**强度、刚度和稳定性**的问题。这类问题的研究都需要与构件在外力作用下的变形相联系,构件材料的变形性质就成为不可忽略的重要因素。因此在材料力学中,物体不再被看作刚体,而作为变形固体来考虑。

变形固体在外力作用下会产生两种不同性质的变形,一种是外力消除后,变形随着消失,这种变形称为**弹性变形**;另一种是外力消除后,不能消失的变形,这种变形称为**塑性变形**。一般情况下,物体受力后既有弹性变形,又有塑性变形。但工程中常用的材料,当外力不超过一定范围时,塑性变形很小,可忽略不计,认为只有弹性变形,这种只有弹性变形的变形固体称为完全弹性体。只引起弹性变形的外力范围称为弹性范围。本书主要讨论材料在弹性范围内的变形及受力。

3.2.2 变形固体的基本假设

变形固体有多种多样,其组成和性质是非常复杂的,为了简化研究工作,对变形固体材料的性质做了以下的抽象和概括,亦称基本假设。

1. 均匀连续假设

假设变形固体在其整个体积内毫无空隙地充满了物质,并且各处的力学性能完全相同。

2. 各向同性假设

假设变形固体沿各个方向的力学性能均相同。

工程中使用的大多数材料,如钢材、玻璃、铜和浇筑很好的混凝土,可以认为是各向同性材料;在工程实际中,也存在不少各向异性材料,如木材、竹材等,它们沿各方向的力学性能是不同的。很明显,当木材分别在顺纹方向、横纹方向和斜纹方向受到外力作用时,它所表现出的强度或其他力学性质都是各不相同的。材料力学主要研究各向同性材料。

3. 小变形假设

在实际工程中,构件在荷载作用下,其变形与构件的原尺寸相比通常很小,可以忽略不计,所以在研究构件的平衡和运动时,可按变形前的尺寸和形状进行计算。在研究和计算变形时,变形的高次幂项也可忽略不计。这样,使计算工作大为简化,而又不影响计算的精度。

总的来说,在材料力学中把实际材料看作是连续、均匀、各向同性的变形固体,且限于小变形范围。

3.3　杆件变形的基本形式

3.3.1　构件的分类

工程中的构件是多种多样的,但根据它们的几何特征可分为下列几类。

1. 杆件

在构件的长、宽、高三维尺寸中,凡是长度远大于其他两个横向尺寸的构件称为杆件。垂直于杆件长度方向的截面称为横截面;横截面几何中心的连线,叫作杆件的轴线。轴线为直线的杆件称为直杆;轴线是曲线的杆件称为曲杆。各横截面尺寸不变的杆称为等截面杆;各横截面尺寸变化的杆称为变截面杆。

2. 板壳

如果构件的厚度远小于其他两个方向的尺寸,呈平面形状的称为板,呈曲面形状的称为壳。

3. 块体

长、宽、高属同一量级的构件称为块体。

4. 薄壁杆

长、宽、高尺寸都相差很大,均不属同一量级的构件称为薄壁截面杆。

工程力学将主要研究等截面直杆。

3.3.2　杆件变形的基本形式

作用在杆件上的外力是多种多样的,因此杆件的变形也是比较复杂的,但分解开来看,基本的变形形式却只有以下四种。

1. 轴向拉伸、轴向压缩

在一对大小相等、方向相反、作用线与杆件轴线重合的外力作用下,杆件的主要变形是长度改变,当外力为拉力时,产生伸长变形,当外力为压力时,产生缩短变形。这种变形形式称为轴向拉伸(图 3 – 1(a))或轴向压缩(图 3 – 1(b))。

2. 剪切

杆件在受到一对大小相等、方向相反、作用线相距很近的横向力作用下,外力间的截面沿外力作用方向发生相对错动,这种变形形式称为剪切(图 3 – 1(c))。

3. 扭转

一对大小相等、转向相反的外力偶作用在垂直于杆轴线的两平面内,在此两平面之间的任意两个横截面发生绕轴线的相对转动,这种变形形式称为扭转(图 3 – 1(d))。

4. 弯曲

由于垂直于杆轴线的横向力作用,或在杆的纵向平面内受到一对转向相反的外力偶作用,杆轴由直线变为曲线,这种变形形式称为弯曲(图 3 – 1(e))。

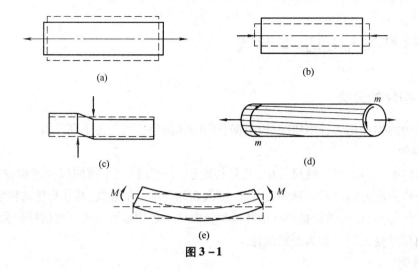

图 3-1

3.4　内力、截面法、应力

3.4.1　内力

内力是指构件本身一部分与另一部分之间的相互作用。由物理学知道,物体中各质点间存在相互吸引或排斥的分子力,在没有外力作用的情况下,这些分子力处于平衡状态,使得各质点间保持一定的相互位置,从而使物体维持其一定的形状。由此可见,一个完全不受物理作用的物体也是具有内力的。在物体受到外力作用后,物体内部各质点间的相对位置就要发生改变,这时物体的内力也要发生改变。因外力作用后引起物体内力的改变量,反映了外力作用的效果。由于材料力学研究的是构件在外力作用下的变形和破坏规律,它所讨论的问题只涉及内力的改变量。因此,材料力学中把构件不受外力作用时的内力看作零,而把外力作用后引起的内力的改变量称为内力。

3.4.2　截面法

为了计算构件中的内力,可假想用一平面将构件在需要求内力的截面处"切开",使构件分为两部分,这样就可以把构件两部分在切开处相互作用的内力以外力的形式显示出来,然后用静力平衡条件求出构件切开处截面上的内力,这种方法称为截面法。其过程可归纳为以下三个步骤:

①假想用一平面将构件在需要求内力的截面处"切开";

②在被切开构件的两部分中,任取一部分为脱离体,去掉另一部分,并在切开截面上用内力代替去掉部分对脱离体部分的作用;

③因整个构件处于平衡状态,其任一脱离体部分也必然处于平衡状态,故列出脱离体部分的静力学平衡方程,即可求出构件在需求内力截面上的内力。

3.4.3　应力

用截面法可求出拉压杆横截面上分布内力的合力,它只表示截面上总的受力情况,但单凭内力的合力的大小,还不能判断杆件是否会因强度不足而破坏。例如,两根材料相同、截面面积不同的杆,受同样大小的轴向拉力 P 作用,显然两根杆件横截面上的内力是相等的,随着外力的增加,截面面积小的杆件必然先断。这是因为轴力只是杆横截面上分布内力的合力,而要判断杆的强度问题,还必须知道内力在截面上分布的密集程度(简称内力集度)。

内力在一点处的集度称为应力。为了说明截面上某一点 E 处的应力,可绕 E 点取一微小面积 ΔA,作用在 ΔA 上的内力合力记为 ΔP(图 3 − 2(a)),则比值

$$p_{\mathrm{m}} = \frac{\Delta P}{\Delta A}$$

称为 ΔA 上的平均应力。

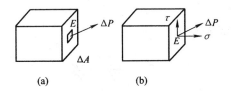

图 3 − 2

一般情况下,截面上各点处的内力虽然是连续分布的,但并不一定均匀,因此平均应力的值将随 ΔA 的大小而变化,它还不能表明内力在 E 点处的真实强弱程度。只有当 ΔA 无限缩小并趋于零时,平均应力 p_{m} 的极限值 p 才能代表 E 点处的内力集度。即

$$p = \lim_{\Delta A \to 0} \frac{\Delta P}{\Delta A} = \frac{\mathrm{d}P}{\mathrm{d}A}$$

p 称为 E 点处的应力。

应力 p 也称为 E 点处的总应力,通常应力 p 与截面既不相切也不垂直,材料力学中总是将 p 分解为垂直于截面的分量 σ 和沿截面的分量 τ,σ 称为正应力,τ 称为剪应力(图 3 − 2(b))。正应力和剪应力所产生的变形及对构件的破坏方式是不同的,所以在强度问题中通常分开处理。

应力的单位是帕斯卡,简称为帕,用符号 Pa 表示。

$$1 \ \mathrm{Pa} = 1 \ \mathrm{N/m}^2$$

工程实际中应力数值较大,常用千帕(kPa)、兆帕(MPa)及吉帕(GPa)作为单位。

$$1 \ \mathrm{kPa} = 10^3 \ \mathrm{Pa}$$
$$1 \ \mathrm{MPa} = 10^6 \ \mathrm{Pa}$$
$$1 \ \mathrm{GPa} = 10^9 \ \mathrm{Pa}$$

工程图纸上,长度尺寸常以毫米为单位,则

$$1 \ \mathrm{MPa} = 10^6 \ \mathrm{N/m}^2 = 1 \ \mathrm{N/mm}^2$$

本 章 小 结

1. 变形固体及其基本假设
①弹性变形:外力消除后,变形随着消失的变形。
②塑性变形:外力消除后,不能消失的变形。

③变形固体的基本假设：均匀连续假设、各向同性假设、小变形假设。

2. 杆件变形的基本形式

轴向拉伸(轴向压缩)、剪切、扭转、弯曲。

3. 内力的概念

外力作用后引起的内力的改变量称为内力。

4. 截面法

假想用一平面将构件在需要求内力的截面处"切开"，使构件分为两部分，这样就可以把构件两部分在切开处相互作用的内力以外力的形式显示出来，然后用静力平衡条件求出构件切开处截面上的内力。

5. 应力的概念

内力在一点处的集度称为应力。

思 考 题

3 – 1　各种基本变形具有何受力特点和变形特点?

3 – 2　什么是内力? 什么是应力?

3 – 3　怎样求内力?

第4章 轴向拉伸和压缩

【学习重点】

➤ 熟练掌握运用截面法计算轴力及画轴力图;
➤ 掌握轴向拉(压)杆横截面上的应力计算;
➤ 掌握轴向变形的计算、虎克定律的适用范围;
➤ 熟练掌握杆件的强度计算;
➤ 理解极限应力、许用应力、安全系数的概念;
➤ 掌握剪切和挤压的实用计算方法。

4.1 拉伸和压缩时的内力及应力

4.1.1 轴向拉伸和压缩的概念

在工程结构及机械构件中,承受轴向拉伸和压缩的杆件应用十分普遍。如钢木组合桁架(图4-1)的竖杆、斜杆和上下弦杆以及建筑物中的柱子等。上列各杆件的共同受力特点是:杆件所受合外力为一对大小相等、方向相反、作用线与杆轴重合的力,杆件发生沿杆轴线方向的伸长或缩短变形。产生轴向拉伸或压缩的杆件称为拉杆或压杆(图4-2)。

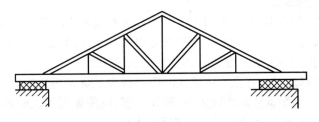

图 4 - 1

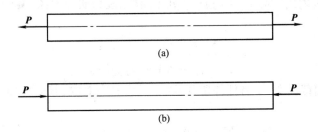

图 4 - 2

4.1.2 轴向拉压杆的内力——轴力

1. 轴力的概念

如图 4 - 3(a)所示为一等截面直杆受轴向外力 P 作用,产生轴向拉伸变形。为了求得杆中的内力,采用前面提到的截面法分析 $m—m$ 截面上的内力。

假想的横截面将杆在 $m—m$ 截面处切开,将杆件分为左、右两部分,取左部分为研究对象(图 4 - 3(b)),左、右两段杆在横截面上相互作用的内力是一个分布力系,其合力为 N。由于整个杆件是处于平衡状态,所以左段杆也应保持平衡,由平衡条件 $\sum X = 0$ 可知,$m—m$ 横截面上分布内力的合力 N 必然是一个与杆轴相重合的内力,且 $N = P$,其指向背离截面。同理,若取右段为研究对象(图 4 - 3(c)),可得出相同的结果。

对于压杆,也可通过上述方法求得其任一横截面上的内力 N,但其指向如图 4 - 4 所示。

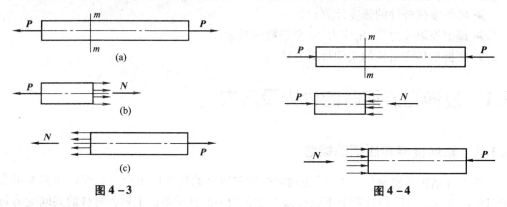

图 4 - 3 图 4 - 4

将作用线与杆件轴线相重合的内力,称为轴力,用符号 N 表示。背离截面的轴力,称为拉力;而指向截面的轴力,称为压力。

2. 轴力的正负号规定

必须说明一点:静力学中,外力的正负是由方向来规定的;而在材料力学中,内力的正负是按变形的特点来规定的。轴力的正负与外力的规定不同,不是代表方向,而是表示受拉或受压。一般规定:正的轴力表示受拉;负的轴力表示受压。

应该指出:**在求轴力时,在取出脱离体的切开截面上假设内力的方向时,一般按正号内力假设,然后由静力平衡条件求出轴力 N,若为正值,说明该截面上的轴力和假设的方向相同,是拉力;若为负值,说明和假设的方向相反,是压力。**

【例 4 - 1】一构件受轴向外力作用如图 4 - 5(a)所示,试求各段杆的轴力。

【解】在 AB 段内用截面 1—1 将杆件切开,取左段为研究对象,其受力如图 4 - 5(b)所示,由平衡条件

$$\sum X = 0 \quad N_1 - 6 = 0$$

得
$$N_1 = 6 \text{ kN(拉力)}$$

在 BC 段内用截面 2—2 将杆件切开,取左段为研究对象,其受力如图 4 - 5(c)所示,由平衡条件

$$\sum X = 0 \quad N_2 + 10 - 6 = 0$$

得
$$N_2 = -4 \text{ kN(压力)}$$

在 CD 段内用截面 3—3 将杆件截开,取右段为研究对象,其受力如图 4-5(d)所示,由平衡条件

$$\sum X = 0 \quad -N_3 + 4 = 0$$

得

$$N_3 = 4 \text{ kN(拉力)}$$

3. 轴力图

当杆件受到多个轴向外力的作用时,在杆的不同横截面上轴力也不相同。为了表明杆内的轴力随截面位置变化而改变的情况,最直观的办法是画轴力图。轴力图是用平行于杆轴线的坐标表示横截面的位置,并用垂直于杆轴线的坐标表示横截面上轴力的大小,从而绘出表示轴力与截面位置关系的图线。轴力图是强度计算的重要依据。

轴力图可以将坐标轴隐去,隐去坐标轴的轴力图两侧封闭区域要标明正负号,以垂直轴线的竖线填充,每段标明轴力值及单位。轴力图必须与其结构简图一一对应,以表示出各截面对应的轴力。下面举例说明轴力计算及轴力图的画法。

【例 4-2】一直杆受轴向外力作用如图 4-6(a)所示,已知 $P_1 = 45$ kN,$P_2 = 35$ kN,$P_3 = 10$ kN,试用截面法求各段杆的轴力并作出轴力图。

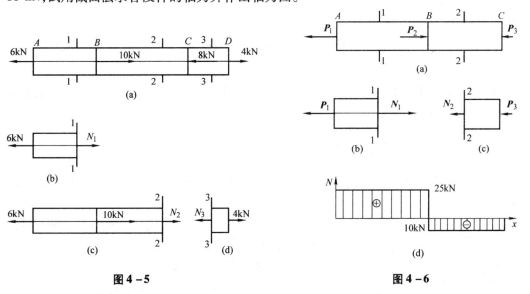

图 4-5　　　　　　　　　图 4-6

【解】①用截面法求各段杆横截面上的轴力。

AB 段　取 1—1 截面以左部分杆件为研究对象,其受力如图 4-6(b)所示,由平衡条件

$$\sum X = 0 \quad N_1 - P_1 = 0$$

得

$$N_1 = P_1 = 25 \text{ kN(拉力)}$$

BC 段　取 2—2 截面以右部分杆件为研究对象,其受力如图 4-6(c)所示,由平衡条件

$$\sum X = 0 \quad -N_2 - P_3 = 0$$

得

$$N_2 = -10 \text{ kN(压力)}$$

②画轴力图。根据上面求出的各段杆轴力的大小及其正负号画出轴力图,如图 4-6(d)所示。

【例 4-3】绘制如图 4-7(a)所示杆件的轴力图。

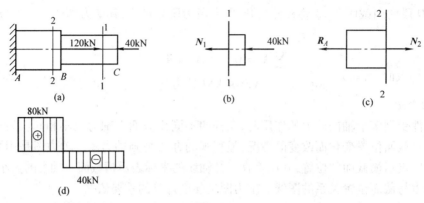

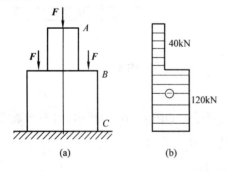

图 4 - 7

【解】①为了运算方便,首先求出支座反力。根据平衡条件可知,轴向拉压杆固定端的支座反力只有 R_A,根据平衡方程求得 $R_A = 80$ kN。

②求各杆段的轴力。

BC 段　用 1—1 截面将杆件在 BC 段内切开,取右段为研究对象(图 4 - 7(b)),N_1 表示截面上的轴力,由平衡方程

$$\sum X = 0 \quad - N_1 - 40 = 0$$

得　　　　　　　　　$N_1 = - 40$ kN(压力)

AB 段　用 2—2 截面将杆件在 AB 段切开,取左段为研究对象(图 4 - 7(c)),N_2 表示截面上的轴力,由平衡方程

$$\sum X = 0 \quad N_2 - R_A = 0$$

得　　　　　　　　　$N_2 = R_A = 80$ kN

③画轴力图。根据上面求出各段杆轴力的大小及其正负号画出轴力图,如图 4 - 6(d) 所示。

【例 4 - 4】试画出如图 4 - 8(a)所示阶梯柱的轴力图,已知 $F = 40$ kN。

【解】①求各段柱的轴力。

$$N_{AB} = - F = - 40 \text{ kN(压力)}$$

$$N_{BC} = - 3F = - 120 \text{ kN(压力)}$$

②画轴力图。根据上面求出各段柱的轴力画出阶梯柱的轴力图,如图 4 - 8(b)所示。

值得注意的是:

①在采用截面法之前,外力不能沿其作用线移动,因为将外力移动后就改变了杆件的变形性质,内力也就随之改变;

图 4 - 8

②轴力图、受力图应与原图各截面对齐。(当杆水平放置时,正值应画在与杆件轴线平行的横坐标轴的上方,而负值则画在下方,并标出正号或负号,如图 4 - 6(d)所示;当杆件竖直放置时正、负值可分别画在杆轴线两侧并标出正号或负号,如图 4 - 8(b)所示。轴力图上必须标明横截面的轴力值、图名及其单位,还应适当地画一些与杆件轴线垂直的直线。当熟练时,可以不画各段杆的受力图,直接画出轴力图,横坐标轴 x 和纵坐标轴 N 也可以省略不

画,如图4-7(d)所示。)

4.1.3　轴力简易计算法则

在使用截面法计算轴力时,比较烦琐,效率很低,为提高计算效率,在截面法基础上,总结出了简易计算法则。这一方法不需要画受力图,可直接计算求解。

轴力简易计算法则:

①轴力等于截面一侧所有外力的代数和;

②外力与截面外法线反向为正,同向为负。

具体计算时,取截面的左侧或右侧都是适用的,只不过取不同侧时,截面的外法线方向相反。

【例4-5】直杆受力如图4-9(a)所示,试用简易法则求出指定截面上的轴力,并画出轴力图。

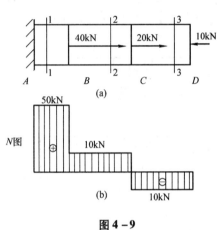

图4-9

【解】①求指定截面上的轴力。

1—1 截面　$N_1 = 40 + 20 - 10 = 50$ kN

（看截面右侧,截面外法线向左）

2—2 截面　$N_2 = 20 - 10 = 10$ kN

3—3 截面　$N_3 = -10$ kN

②画轴力图。由截面法分析可知,AB 段所有截面轴力与1—1 截面相同,BC 段所有截面轴力与 2—2 截面相同,CD 段所有截面轴力与3—3 截面相同,故轴力图如图4-9(b)所示。

4.1.4　横截面上的应力

要解决轴向拉压杆的强度问题,不但要知道杆件的内力,还必须知道内力在截面上的分布规律。内力在截面上的分布不能直接观察到,但内力与变形有关,因此要找出内力在截面上的分布规律,通常采用的方法是先做实验。根据由实验观察到的杆件在外力作用下的变形现象,作出一些假设,然后才能推导出应力计算公式。下面就用这种方法推导轴向拉压杆的应力计算公式。

取一根等直杆,为了通过实验观察轴向拉压杆的变形现象,受力前在杆件表面画上若干与杆轴线平行的纵线及与杆轴线垂直的横线,使杆表面形成许多大小相同的方格。然后在杆的两端施加一对轴向拉力 P,可以观察到,所有的纵线仍保持为直线,各纵线都伸长了相同的长度,但仍互相平行,正方格变成了长方格;所有的横线仍保持为直线,且仍垂直于杆轴,只是相对距离增大了。

根据上述现象,可作如下假设:

①(平面假设)若将各条横线看作是一个个横截面(图4-10(a)),则杆件横截面在变形以后仍为平面且与杆轴线垂直,任意两个横截面只是作相对平移(图4-10(b));

②若将各纵向线看作是杆件由许多纤维组成,根据平面假设,任意两横截面之间的所有纤维的伸长都相同,即杆件横截面上各点处的变形都相同。

由于前面已假设材料是均匀连续的,而杆件的分布内力集度又与杆件的变形程度有关,因而从上述均匀变形的推理可知,轴向拉杆横截面上的内力是均匀分布的,也就是横截面上各点的应力相等。由于拉压杆的轴力是垂直于横截面的,故与它相应的分布内力也必然垂直于横截面;由此可知,轴向拉杆横截面上只有正应力,而没有剪应力。由此可得结论:**轴向拉伸时,杆件横截面上各点处只产生正应力,且大小相等**(图4-10(c))。即

$$\sigma = \frac{N}{A} \qquad\qquad (4-1)$$

式中:N 为杆件横截面上的轴力;A 为杆件的横截面面积。

当杆件受轴向压缩时,上式同样适用。由于前面已规定了轴力的正负号,由式(4-1)可知,正应力也随轴力 N 而有正负之分,即**拉应力为正,压应力为负**。

【例4-6】如图4-11(a)所示的等直杆,当截面为 50 mm×50 mm 正方形时,试求杆中各段横截面上的应力。

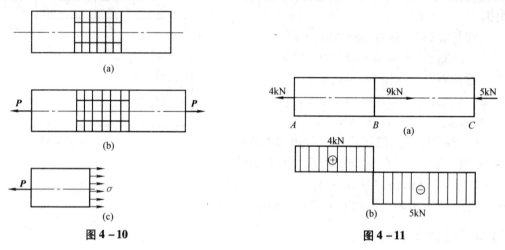

图4-10　　　　　　　　　　　　图4-11

【解】杆的横截面面积:

$$A = 50 \times 50 \ \text{mm}^2 = 25 \times 10^2 \ \text{mm}^2$$

绘出杆的轴力图如图4-11(b)所示,由正应力计算公式可得:
AB 段内任一横截面上的应力

$$\sigma_{AB} = \frac{N_1}{A} = \frac{4 \times 10^3}{25 \times 10^2}\text{MPa} = 1.6 \ \text{MPa}(拉应力)$$

BC 段内任一横截面上的应力

$$\sigma_{BC} = \frac{N_2}{A} = \frac{-5 \times 10^3}{25 \times 10^{-4}}\text{MPa} = -2 \ \text{MPa}(压应力)$$

4.2　轴向拉(压)杆的变形和虎克定律

4.2.1　轴向拉(压)杆的变形

当杆件受到轴向力作用时,使杆件沿轴线方向产生伸长(或缩短)的变形,称为纵向变形;同时杆在垂直于轴线方向的横向尺寸将产生减小(或增大)的变形,称为横向变形。下

面结合轴向受拉杆件的变形情况,介绍一些有关的基本概念。

1. 纵向变形

如图 4 − 12 所示,设有一原长为 l 的杆件,受到一对轴向拉力 P 的作用后,其长度为 l_1,则杆的纵向变形

$$\Delta l = l_1 - l$$

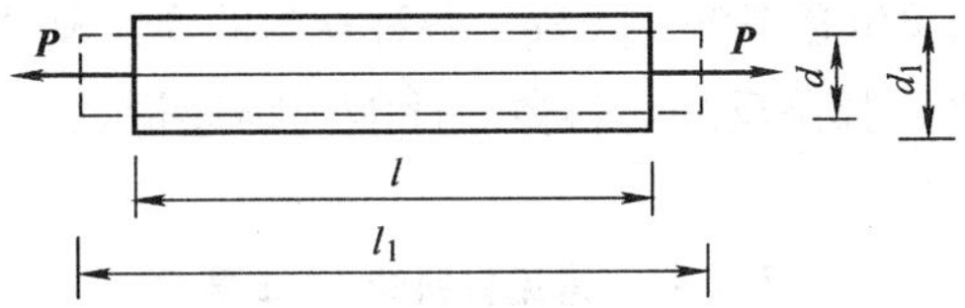

图 4 − 12

它只反映杆件的总变形量,而无法说明杆的变形程度。由于杆的各段是均匀伸长的,所以可用单位长度的变形量来反映杆件的变形程度。将单位长度的纵向变形量称为纵向线应变,用 ε 表示,即

$$\varepsilon = \frac{\Delta l}{l} \tag{4-2}$$

2. 横向变形

设拉杆原横向尺寸为 d,受力后缩小到 d_1,则其横向变形

$$\Delta d = d_1 - d$$

与之相应的横向线应变

$$\varepsilon' = \frac{\Delta d}{d} \tag{4-3}$$

显然,ε 和 ε' 都是无量纲的量,其正负号分别与 Δl 和 Δd 的正负号一致。在拉伸时,ε 为正,ε' 为负;在压缩时,ε 为负,ε' 为正。

4.2.2　横向变形系数

实验结果表明,当杆件应力不超过比例极限时,横向线应变 ε' 与纵向线应变 ε 的绝对值之比为一常数,此比值称为横向变形系数或泊松比,用 μ 表示,即

$$\mu = \left| \frac{\varepsilon'}{\varepsilon} \right|$$

μ 为无量纲的量,其数值随材料而异,可通过实验测定。考虑到应变 ε' 和 ε 的正负号总是相反,故有

$$\varepsilon' = -\mu\varepsilon \tag{4-4}$$

4.2.3　虎克定律

对于工程上常用的材料,如低碳钢、合金钢等所制成的轴向拉(压)杆,由实验证明:当杆的应力不超过材料的比例极限时,纵向变形 Δl 与轴力 N、杆长 l 成正比,与杆的横截面面积 A 成反比,即

$$\Delta l \propto \frac{Nl}{A}$$

引入比例常数 E,则有

$$\Delta l = \frac{Nl}{EA} \qquad\qquad (4-5)$$

这一结论是 1678 年由英国科学家虎克提出,故称为虎克定律。虎克定律是力学中最为重要的定律之一,它最先揭示了材料力学的两大研究方向之一的力与变形的定量联系。比例系数 E 称为材料的弹性模量,其值大小代表材料抵抗拉伸与压缩弹性变形的能力大小,是材料重要的刚度指标,E 的量纲和单位是 MPa 或 GPa。各种材料的弹性模量可通过实验测得。

弹性模量 E 和泊松比 μ 都是反映材料弹性性能的物理量。表 4 - 1 列出了几种材料的 E 和 μ 值。

表 4 - 1　常见材料的 E、μ 值

材料名称	E/GPa	μ
低碳钢	196 ~ 216	0.23 ~ 0.28
中碳钢	205	0.24 ~ 0.28
合金钢	186 ~ 216	0.25 ~ 0.30
16 锰钢	196 ~ 216	0.25 ~ 0.30
铸铁	113 ~ 157	0.23 ~ 0.27
铜及其合金	72 ~ 127	0.31 ~ 0.36
铝及其硬铝合金	71	0.32 ~ 0.36
混凝土	15.2 ~ 35.8	0.16 ~ 0.18
橡胶	0.007 85	0.461
木材(顺纹)	9.8 ~ 11.8	
木材(横纹)	0.49 ~ 0.98	

将应力及线应变代入式(4 - 5)中,虎克定律可化为另一种表示形式,即

$$\sigma = E\varepsilon \qquad\qquad (4-6)$$

它表明当应力不超过材料的比例极限时,应力与应变成正比,揭示了应力与应变的定量联系。

虎克定律在应用时需要注意以下几点:

①应力不超过材料的比例极限是虎克定律的适用范围;

②应力与应变、轴力与变形必须在同一方向上;

③在长度 l 内,须保证 N、E、A 均为常量,所以经常用分段计算的方法以保证上述各量为常量。

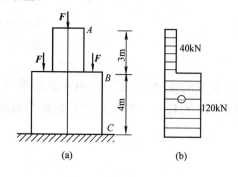

图 4 - 13

【例 4 - 7】如图 4 - 13(a)所示为一方形截面砖柱,上段柱边长为 240 mm,$l_{AB} = 3$ m,下段柱边长为 370 mm,$l_{BC} = 4$ m,荷载 $F = 40$ kN,不计自重,材料的弹性模量 $E = 0.03 \times 10^5$ MPa,试求砖柱顶面 A 的位移。

【解】绘出砖柱的轴力图,如图 4 - 13(b)所示,设砖柱顶面 A 下降的位移为 Δl,显然它的位移就等于全柱的总缩短量。由于上、下两段柱的截面面积及轴力都不相等,故应分别求出两段柱

的变形,然后求其总和,即

$$\Delta l = \Delta l_{AB} + \Delta l_{BC} = \frac{N_{AB} \cdot l_{AB}}{E \cdot A_{AB}} + \frac{N_{BC} \cdot l_{BC}}{E \cdot A_{AC}}$$

$$= \left(\frac{-40 \times 10^3 \times 3}{0.03 \times 10^5 \times 10^6 \times 0.24^2} + \frac{-120 \times 10^3 \times 4}{0.03 \times 10^5 \times 10^6 \times 0.37^2} \right) \text{m}$$

$$= -0.001\ 86\ \text{m}$$

$$= -1.86\ \text{mm}(\downarrow)$$

4.3　轴向拉(压)杆的强度条件及其应用

4.3.1　材料的极限应力

任何一种材料制成的构件都存在一个能承受荷载的固有极限,这个固有极限称为极限应力,用 σ^0 表示。当构件内的工作应力到达此值时,就会破坏。通过材料的拉伸(或压缩)实验,可以找出材料在拉伸和压缩时的极限应力。对于塑性材料,当应力达到屈服极限时,将出现显著的塑性变形,会影响构件的使用;对于脆性材料,破坏前变形很小,当构件达到强度极限时,会引起断裂,所以

对塑性材料　$\sigma^0 = \sigma_s$

对脆性材料　$\sigma^0 = \sigma_b$

4.3.2　容许应力和安全系数

在理想情况下,为了保证构件能正常工作,必须使构件在工作时产生的工作应力不超过材料的极限应力。由于在实际设计时有许多因素无法预计,例如实际荷载有可能超出在计算中所采用的标准荷载,实际结构取用的计算简图往往会忽略一些次要因素,如个别构件在经过加工后有可能比规格上的尺寸小或材料并不是绝对均匀的等。这些因素都会造成构件偏于不安全的后果。此外考虑到构件在使用过程中可能遇到的意外事故或其他不利的工作条件、构件的重要性等的影响,因此在设计时,必须使构件有必要的安全储备。即构件中的最大工作应力不超过某一限值,将极限应力 σ^0 缩小为原来的 $1/K$,作为衡量材料承载能力的依据,称为容许应力(或许用应力),用 $[\sigma]$ 表示,即

$$[\sigma] = \frac{\sigma^0}{K}$$

式中,K 为一个大于 1 的系数,称为安全系数。

安全系数 K 的确定相当重要又比较复杂。选用过大,设计的构件过于安全,用料增多;选用过小,安全储备减少,构件偏于危险。

在静载作用下,脆性材料破坏时没有明显变形的"预告",破坏是突然的,所以所取的安全系数要比塑性材料大。一般工程中规定:

脆性材料　　　　　$[\sigma] = \frac{\sigma_b}{K_b}$　$K_b = 2.5 \sim 3.0$

塑性材料　　　　　$[\sigma] = \frac{\sigma_s}{K_s}$或$[\sigma] = \frac{\sigma_{0.2}}{K_s}$　$K_s = 1.4 \sim 1.7$

常用材料的许用应力见表4－2。

表4－2　常用材料的许用应力

材料名称	牌号	应力种类		
		$[\sigma]$	$[\sigma_y]$	$[\tau]$
普通碳钢	Q215	137～152	137～152	84～93
普通碳钢	Q235	152～167	152～167	93～98
优质碳钢	45	216～238	216～238	128～142
低碳合金钢	16Mn	211～238	211～238	127～142
灰铸铁		28～78	118～147	—
铜		29～118	29～118	—
铝		29～78	29～78	—
松木(顺纹)		6.9～9.8	8.8～12	0.98～127
混凝土		0.098～0.69	0.98～8.8	—

注:1. $[\sigma]$为许用拉应力,$[\sigma_y]$为许用压应力,$[\tau]$为许用剪应力。

2. 材料质量好,厚度或直径较小时取上限;材料质量较差,尺寸较大时取下限;其详细规定,可参阅有关设计规范或手册。

4.3.3　轴向拉(压)杆的强度条件和强度计算

由前面讨论可知,拉(压)杆的工作应力 $\sigma = \dfrac{N}{A}$,为了保证构件能安全正常地工作,则杆内最大的工作应力不得超过材料的许用应力,即

$$\sigma_{max} = \frac{N}{A} \leqslant [\sigma] \qquad (4-7)$$

式(4－7)称为拉(压)杆的强度条件。

在轴向拉(压)杆中,产生最大正应力的截面称为危险截面。对于轴向拉压的等直杆,其轴力最大的截面就是危险截面。

应用强度条件,按照求解方向的不同,实际强度问题可以分为以下三个方面的问题。

1. 强度校核

在已知杆的材料、尺寸(已知 E、$[\sigma]$ 和 A)和所受的荷载(已知 N)的情况下,可用式(4－7)检查和校核杆的强度。如 $\sigma_{max} = \dfrac{N}{A} \leqslant [\sigma]$ 表示杆件的强度是满足要求的,否则不满足强度条件。

根据既要保证安全又要节约材料的原则,构件的工作应力不应该小于材料的许用应力 $[\sigma]$ 太多,有时工作应力也允许稍微大于 $[\sigma]$,但是规定以不超过容许应力的5%为限。

2. 设计截面尺寸

已知所受的荷载、构件的材料,则构件所需的横截面面积 A,可用下式计算:

$$A \geqslant \frac{N}{[\sigma]}$$

3. 确定许用荷载

已知杆件的尺寸、材料,确定杆件能承受的最大轴力,并由此计算杆件能承受的许用荷载,可用下式计算:

$$N \leqslant A \cdot [\sigma]$$

【例4-8】汽车离合器踏板如图4-14所示。已知踏板受压力 $F_1 = 400$ N,拉杆直径 $d = 20$ mm,杠杆臂长 $l = 330$ mm, $h = 56$ mm,拉杆材料的容许应力 $[\sigma] = 40$ MPa,试校核拉杆的强度。

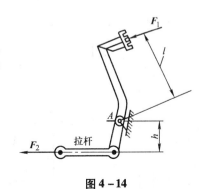

图 4-14

【解】①根据力矩平衡方程,求出拉杆所受拉力。

由力矩平衡方程 $\sum M(F) = 0$,列平衡方程:

$$F_1 \cdot l - F_2 \cdot h = 0$$

得　　　$F_2 = F_1 \cdot \dfrac{l}{h} = 400 \times \dfrac{330}{56}$N $= 2\ 357.1$ N

②校核拉杆的强度:

$$\sigma = \frac{N}{A} = \frac{F_2}{A} = \frac{4F_2}{\pi d^2} = \frac{4 \times 2\ 357.1}{3.14 \times 20^2} \times 10^6 \text{ MPa}$$

$$= 7.5 \text{ MPa} < [\sigma] = 40 \text{ MPa}$$

所以拉杆强度足够,满足要求。

【例4-9】如图4-15所示支架,①杆为直径 $d = 16$ mm 的钢圆截面杆,许用应力 $[\sigma]_1 = 160$ MPa,②杆为边长 $a = 12$ cm 的正方形截面杆, $[\sigma]_2 = 10$ MPa,在结点 B 处挂一重量为 P 重物,求许用荷载 $[P]$ 。

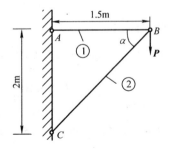
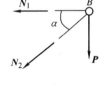

图 4-15

【解】①计算杆的轴力。取结点 B 为研究对象,列平衡方程:

$$\sum X = 0 \quad -N_1 - N_2\cos\alpha = 0$$

$$\sum Y = 0 \quad -P - N_2\sin\alpha = 0$$

由几何关系可知

$$\sin\alpha = 0.8 \quad \cos\alpha = 1.6$$

解方程得　　　$N_1 = 0.75P$(拉力)　$N_2 = -1.25P$(压力)

②计算许可荷载。

先根据①杆的强度条件计算①杆能承受的许用荷载 $[P]$:

$$\sigma_1 = \frac{N_1}{A_1} \doteq \frac{0.75P}{A_1} \leqslant [\sigma]_1$$

$$[P] \leqslant \frac{\dfrac{1}{4} \times 3.14 \times 16^2 \times 160}{0.75} \text{N} = 4.29 \times 10^4 \text{ N} = 42.9 \text{ kN}$$

再根据②杆的强度条件计算②杆承受的许可荷载 $[P]$:

$$\sigma_2 = \frac{N_2}{A_2} = \frac{1.25P}{A_2} \leqslant [\sigma]_2$$

$$[P] \leqslant \frac{A_2[\sigma]_2}{1.25} = \frac{120^2 \times 10}{1.25} \text{N} = 11.52 \times 10^4 \text{N} = 115.2 \text{ kN}$$

比较两杆的许可荷载,取其较小值,则整个支架的许可荷载 $P \leqslant 42.9$ kN。

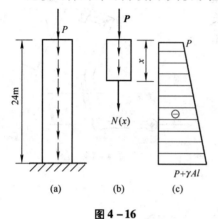

图 4 - 16

【例 4 - 10】一方形截面等直石柱如图 4 - 16 (a)所示,其顶部作用有轴向荷载 $P = 1\,000$ kN,已知材料的容重 $\gamma = 23$ kN/m³,容许应力 $[\sigma] = 1$ MPa,试设计该柱所需截面尺寸。

【解】①计算最大工作应力。

用一假想的平面在距柱顶为 x 处将柱切开,取出脱离体如图 4 - 16(b)所示,设切开截面上的轴力为 $N(x)$,由静力平衡条件

$$N(x) + P + \gamma Ax = 0$$

得　　　　　　$N(x) = -(P + \gamma Ax)$

式中,γAx 为 x 段石柱的自重。由于 γ、A 均为常量,故轴力图为一梯形,如图 4 - 16(c)所示,最大轴力发生在柱底截面,其值 $N_{\max} = -(P + \gamma Al)$。

②设计截面尺寸。

由强度条件确定柱的截面面积

$$\sigma_{\max} = \frac{N_{\max}}{A} = \frac{P + \gamma Al}{A} \leqslant [\sigma]$$

$$A \geqslant \frac{P}{[\sigma] - \gamma l} = \frac{1\,000 \times 10^3}{1 \times 10^6 - 23 \times 10^3 \times 24} \text{m}^2 = 2.23 \text{ m}^2$$

则柱的边长 $a = \sqrt{A} = \sqrt{2.23}$ m $= 1.49$ m,取 $a = 1.5$ m 可满足强度要求。

4.4　轴向荷载作用下材料的力学性能

前面在讨论轴向拉压杆的内力、应力和变形问题时,曾涉及材料在轴向拉压时的一些力学性能,例如弹性模量、极限应力等。此外,在后面的有关强度、刚度和稳定性的研究中,还涉及材料的另外一些力学性质。它们都要通过材料的力学性能实验来测定,在这一节只研究材料在常温静载条件下的力学性质,侧重两个方面:一是强度特征,即材料发生破坏强度的应力情况;二是变形特征,即材料在受力过程中的变形情况。研究材料的力学性质,就是要确定应力和变形这两方面的一些特征值,以作为选择材料和进行杆件强度、刚度和稳定性计算的依据。

4.4.1　轴向拉伸时材料的力学性能

1. 应力 - 应变曲线

为了得到材料的力学性能,世界各国都制定了相应的标准规范实验过程,以获得统一

的、公认的材料性能参数,供设计构件和科学研究应用。

　　按照我国标准,将被实验材料制成标准试样,然后在经过国家计量部门标定合格的实验机上进行单向拉伸实验,实验过程中同时记录试样所受的荷载及相应的变形,直至试样被拉断,最后得到实验全过程的荷载 – 变形曲线。通过轴向荷载作用下的应力公式可换算出应力 σ_x 和应变 ε_x ,从而可绘制出全过程的**应力 – 应变($\sigma - \varepsilon$)曲线**。不同的应力 – 应变曲线表征着不同材料的特定的力学性能。

2. 低碳钢的应力 – 应变曲线

　　如图 4 – 17 所示为低碳钢的 $\sigma - \varepsilon$ 曲线。从图中可以看出,低碳钢的 $\sigma - \varepsilon$ 曲线可以分为以下四个阶段。

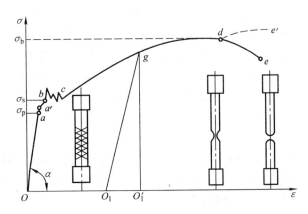

图 4 – 17　低碳钢的应力 – 应变曲线

　　(1)弹性阶段(Oa'段)

　　应力逐渐由 O 点增至 a' 点,当应力不超过 a' 点所对应的应力以前,如果卸掉荷载,则应力 – 应变曲线将沿 $a'O$ 退回到原点,试件的变形可以完全消失。外力除去后试件能恢复原有的形状和尺寸的特性称为弹性性质,Oa'段称为弹性阶段,与该段曲线的最高点对应的应力称为材料的弹性极限。在弹性阶段内的 Oa 段是一条直线,它表示应力与应变成正比,材料服从胡克定律。a 点对应的应力 σ_p 即应力与应变成正比关系的最高值,称为比例极限。过 a 点后应力 – 应变曲线开始微弯,表示应力与应变不再成正比关系。弹性极限与比例极限两者的意义虽然不同,但两者的实验数据非常接近。因此,工程上常将二者混同。一般低碳钢的比例极限在 200 MPa 左右。

　　(2)屈服阶段(bc 段)

　　应力超过弹性极限后,$\sigma - \varepsilon$ 曲线变弯,到达 b 点后,应变迅速增加,$\sigma - \varepsilon$ 曲线呈现水平的锯齿波,说明应力在很小的范围内波动,而应变急剧增加,此时材料好像对外力失去了抵抗能力,因此该段称为屈服阶段。

　　在屈服阶段,最高点对应的应力称为屈服上限,最低点对应的应力称为屈服下限。实验表明,屈服上限不稳定,屈服下限较为稳定,它代表材料抗屈服的能力,称为屈服极限,用 σ_s 表示。低碳钢的屈服极限在 240 MPa 左右。

　　屈服时,材料的应力几乎不增加,但应变迅速增加,实验表明,低碳钢在屈服阶段内产生的变形可达比例极限以前所有变形的 10 ~ 15 倍。在应力达到屈服极限后,若将试件荷载卸除,试件的变形将不能完全消除。这种外力除去后试件不能恢复原有形状和尺寸的变形,称为塑性变形。由于工程中一般不允许出现塑性变形,所以通常规定构件的最大工作应力不能达到材料的屈服极限 σ_s。

（3）强化阶段（cd 段）

经过屈服阶段后,材料内部的晶体结构得到了调整,抵抗变形的能力有所增加,故 $\sigma - \varepsilon$ 曲线又继续上升,到达最高点 d,cd 段称为强化阶段,强化阶段的最高点 d 点所对应的应力是材料所能承受的最大应力,称为强度极限,用 σ_b 表示。低碳钢的强度极限在 400 MPa 左右。

如果在强化阶段内任一点 g 处卸载,应力 - 应变曲线将沿着与 Oa 近似平行的直线回到 O_1 点,图中 O_1O_1' 代表恢复了的弹性变形,而 OO_1 代表残留的塑性变形。若对残留有塑性变形的试件再重新加载,应力 - 应变曲线将沿着 O_1gde 曲线变化。比较 $Oabcgde$ 和 O_1gde 代表的应力 - 应变曲线,可见若预先将杆件拉伸到强化阶段,使材料产生塑性变形,然后卸载,当重新加载时,其比例极限将得到提高。但断裂后的残余变形比原来拉伸时减少了一段 OO_1,说明材料的塑性降低了。这一现象称为冷作硬化。

工程中常利用冷作硬化来提高材料的承载能力,如冷拉钢筋、冷拔钢丝等。

（4）颈缩断裂阶段（de 段）

材料达到强度极限 σ_b 后,应力不再增加,试件不断增长,横截面不断缩小,在某一较弱截面显著变细,出现颈缩现象。由于试件颈缩部急剧缩小和伸长,同时荷载急剧下降,试件很快断裂于 e 点。de 段称为颈缩断裂阶段。

3. 强度及塑性指标

从低碳钢的应力 - 应变曲线分析可知,屈服极限 σ_s 表示材料出现了显著的塑性变形;而强度极限 σ_b 则表示材料将失去承载力。因此 σ_s、σ_b 是衡量材料强度的两个重要指标。

试件拉断后,一部分弹性变形消失,但塑性变形被保留下来。把拉断的试件拼合起来,量出断裂后的标距长 l_b 和断裂处的最小截面面积 A_b。材料力学中,将延伸率和截面伸缩率分别定义为

$$\delta = \frac{l_b - l_0}{l_0} \times 100\%$$

$$\psi = \frac{A_b - A_0}{A_0} \times 100\%$$

式中:l_0 为实验前试件上的标距;A_0 为实验前试件上的横截面面积。

延伸率和截面伸缩率是度量材料塑性变形能力的两个重要指标。但在实验测量 A_b 时,容易产生较大的误差,因而钢材标准中往往采用延伸率这个指标。

工程上通常把 $\delta \geqslant 5\%$ 的材料（例如低碳钢、黄铜、铝合金等）称为塑性材料;而把 $\delta < 5\%$ 的材料（例如铸铁、玻璃、陶瓷等）称为脆性材料。

4. 其他塑性材料在拉伸时的力学性质

如图 4 - 18 所示为几种塑性材料的 $\sigma - \varepsilon$ 曲线,从图中可以看出,其共同的特点是延伸率都比较大。有些金属材料如黄铜、铝合金的 $\sigma - \varepsilon$ 曲线上没有明显的屈服点,对于这些塑性材料,通常规定产生 0.2% 塑性应变所对应的应力作为屈服应力,称为名义屈服极限,用 $\sigma_{0.2}$ 表示,如图 4 - 19 所示。确定的方法是:在 ε 轴上取 0.2% 的点 O_1,过此点作平行于 $\sigma -$

ε 曲线的直线段的直线 O_1S(斜率亦为 E),与 $\sigma - \varepsilon$ 曲线相交点 S 对应的应力即为 $\sigma_{0.2}$。

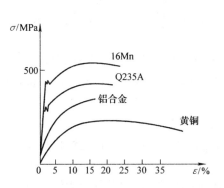

图 4 - 18　几种塑性材料拉伸时的应力 - 应变曲线

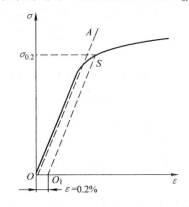

图 4 - 19　名义屈服极限

5. 铸铁在拉伸时的力学性质

如图 4 - 20 所示为铸铁拉伸时的应力 - 应变曲线。它的特点是在很小的应力下就不是直线了,且无屈服和颈缩阶段,没有明显的塑性变形就断裂了,且端口齐平。铸铁拉伸实验时只能测得其强度极限。各种牌号的灰铸铁的强度极限 $\sigma_b = 100 \sim 400$ MPa。

4.4.2　轴向压缩时材料的力学性质

1. 低碳钢压缩时的力学性质

图 4 - 21 中的实线为低碳钢压缩时的 $\sigma - \varepsilon$

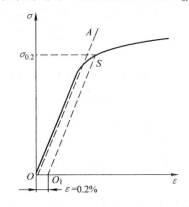

图 4 - 20　铸铁拉伸时的应力 - 应变曲线

曲线,虚线表示拉伸时的 $\sigma - \varepsilon$ 曲线,两条曲线的主要部分基本重合。低碳钢压缩时的比例极限、弹性模量、屈服极限都与拉伸时相同。

当应力达到屈服极限后,压缩时由于横截面面积不断增加,试件横截面上的真实应力很难达到材料的强度极限,因而不会发生颈缩断裂。

2. 铸铁压缩时的力学性质

图 4 - 22 为铸铁压缩时的 $\sigma - \varepsilon$ 曲线。压缩时 $\sigma - \varepsilon$ 仍然是条曲线,外形与拉伸时相似,但压缩时的延伸率要比拉伸时大,压缩时的强度极限约为拉伸时的 4 ~ 5 倍。

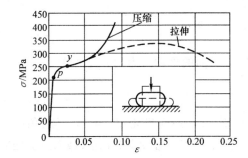

图 4 - 21　低碳钢压缩时的 $\sigma - \varepsilon$ 曲线

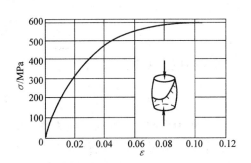

图 4 - 22　铸铁压缩时的 $\sigma - \varepsilon$ 曲线

对于脆性材料,如铸铁、陶瓷,由于压缩时试件内部微裂纹不是像拉伸时那样被张开而是被闭合,断裂不易发生,因而脆性材料的抗压强度极限比抗拉强度极限高得多。通常还会出现较明显的塑性变形,其破坏也不再是脆性断裂。如灰口铸铁试件压缩后会变成鼓形,最后沿着与轴线约成45°角的斜面剪断。

其他脆性材料(如混凝土、石料等非金属材料)的抗压强度也远高于抗拉强度。

木材的力学性能具有方向性。顺纹方向的抗拉、抗压强度比横纹方向的抗拉、抗压强度高得多,并且抗压强度高于抗拉强度。

综上所述,塑性材料和脆性材料力学性能的主要区别如下。

①塑性材料断裂前有显著的塑性变形,还有比较明显的屈服现象;而脆性材料在变形很小时突然断裂,无屈服现象。

②塑性材料拉伸和压缩时的比例极限、屈服极限和弹性模量均相同,因为塑性材料一般不允许达到屈服极限,所以其抵抗拉伸和抗压缩的能力相同;脆性材料抵抗拉伸的能力远低于其抵抗压缩的能力。

4.4.3 应力集中现象

等截面直杆轴向拉压时,横截面上的应力是均匀分布的,但由于实际工程的需要,有些构件有切口、开槽、螺纹、油孔、台肩等,造成截面尺寸发生突然变化,实验结果和理论分析表明,在构件尺寸改变处的截面上,应力并不是均匀分布的。如图4-23所示,构件开有圆孔或带有切口,当其受轴向拉伸时,在圆孔和切口附近区域内,应力急剧增大,而在离开这一区域稍远的地方,应力迅速降低而趋于均匀。这种因杆件外形突然变化而引起的应力急剧增大的现象,称为应力集中。

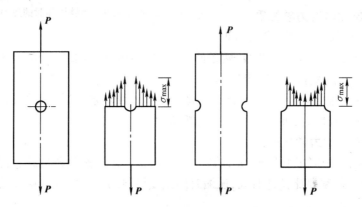

图4-23

设发生应力集中截面上的最大应力为$\sigma_{\max}$,同一截面的平均应力为σ_0,比值

$$\alpha = \frac{\sigma_{\max}}{\sigma_0}$$

称为应力集中系数。它反映了应力集中的程度。实验表明,截面尺寸改变的越急剧、角越尖锐、孔越小,应力集中的程度就越严重。因此,构件上应尽量避免带尖角的孔槽,截面改变处应用圆弧过渡,且在结构允许的情况下应尽可能使圆弧半径大一些,以减小应力集中的影响。

4.5　剪切与挤压的实用计算

剪切变形是工程实际中连接件的常见变形,如铆钉连接、销钉连接、键连接、焊接等都是剪切变形的工程实例。连接件以及被连接的构件在连接处都存在局部应力,连接的局部区域在一般杆件的应力分析与强度计算中是不予考虑的。

由于应力的局部性质,连接件横截面上或被连接件在连接处的应力分布是很复杂的,很难作出精确的理论分析。因此在工程设计中大都采取假定的计算方法:一是假定应力分布规律,由此计算应力;二是根据实物或模拟实验,由应力公式计算得到连接件破坏时的应力值,然后再根据上述两方面得到的结果,建立强度条件。

4.5.1　剪切实用计算

当作为连接件的铆钉、销钉、键等零件承受一对大小相等、方向相反、作用线互相平行且相距很近的力作用时,主要失效形式之一是沿剪切面发生剪切破坏,如图 4 - 24 所示,这时剪切面上的主要内力是剪力 Q,利用平衡方程可求得剪切面上的剪力。

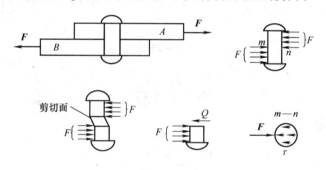

图 4 - 24

这种情形下,剪切面上的剪应力分布是比较复杂的。工程实用计算中,假定剪应力在截面上均匀分布。于是有

$$\tau = \frac{Q}{A} \tag{4-8}$$

式中:A 为剪切面面积;Q 为作用在剪切面上的剪力。

为保证连接件工作时的安全可靠,要求剪应力不超过材料的容许剪应力,由此得

$$\tau = \frac{Q}{A} \leqslant [\tau] \tag{4-9}$$

式中:$[\tau]$ 为连接件的容许剪应力,有 $[\tau] = \dfrac{\tau_b}{n_b}$。

τ_b 是根据连接件实物或模拟剪切破坏实验得到的 Q_b 值,再由式(4 - 8)算得的。常用材料的 $[\tau]$ 值可从有关手册中查得。

剪切实用计算中的容许剪应力 $[\tau]$ 与拉伸容许应力有关,对于钢材有

$$[\tau] = (0.75 \sim 0.80)[\sigma]$$

4.5.2　挤压实用计算

在承载的情形下,连接件与其所连接的构件相互接触并产生挤压,因而在二者的接触面的局部区域产生较大的接触应力,称为挤压应力,用符号 σ_c 表示。挤压应力是垂直于接触面的正应力。这种挤压应力过大时,将在二者接触的局部区域产生过量的塑性变形,从而导致二者失效。

挤压接触面上的应力分布同样也是比较复杂的,因此在工程计算中,也是采用简化方法,即假定挤压应力在有效挤压面上均匀分布。有效挤压面简称挤压面,它是指挤压面面积在垂直于总挤压力作用线平面上的投影,如图 4 – 25 所示,若连接件直径为 d,连接板厚度为 δ,则有效挤压面面积为 δd。于是挤压应力

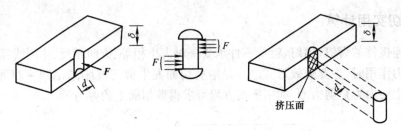

图 4 – 25

$$\sigma_c = \frac{F_{jy}}{A} = \frac{F_{jy}}{\delta d} \tag{4 – 10}$$

挤压强度条件为

$$\sigma_c = \frac{F_{jy}}{\delta d} \leqslant [\sigma_c] \tag{4 – 11}$$

式中: F_{jy} 为作用在连接件上的总挤压力; $[\sigma_c]$ 为挤压容许应力。对于钢材有

$$[\sigma_c] = (1.7 \sim 2.0)[\sigma]$$

式中: $[\sigma]$ 为拉伸容许应力。

【例 4 – 11】 如图 4 – 26 所示的钢板铆接件中,已知钢板的拉伸容许应力 $[\sigma] = 98$ MPa,挤压容许应力 $[\sigma_c] = 196$ MPa,钢板厚度 $\delta = 10$ mm,宽度 $b = 100$ mm;铆钉直径 $d = 17$ mm,铆钉容许剪应力 $[\tau] = 137$ MPa,挤压容许应力 $[\sigma_c] = 314$ MPa。若铆接件承受的荷载 $P = 23.5$ kN,试校核钢板与铆钉的强度。

【解】 对于钢板,由于自铆钉孔边缘线至板端部的距离比较大,该处钢板纵向承受剪切的面积较大,因而具有较高抗剪切强度。因此本例中只需校核钢板的拉伸强度和挤压强度、铆钉的挤压强度和剪切强度。现分别计算如下。

①校核钢板的强度。

拉伸强度:考虑到铆钉孔对钢板的削弱,有

$$\sigma = \frac{N}{A} = \frac{P}{(b-d)\delta} = \frac{23.5 \times 10^3}{(100-17) \times 10^{-3} \times 10 \times 10^{-3}} \text{Pa} = 28.3 \times 10^6 \text{ Pa}$$

$$= 28.3 \text{ MPa} < [\sigma] = 98 \text{ MPa}$$

因此,钢板的拉伸强度是安全的。

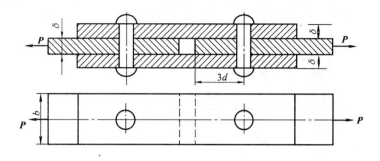

图 4 – 26

挤压强度:在图 4 – 26 所示的受力情形下,钢板所受的总挤压力为 P,有效挤压面面积为 δd,于是有

$$\sigma_c = \frac{F_{jy}}{A} = \frac{P}{\delta d} = \frac{23.5 \times 10^3}{17 \times 10^{-3} \times 10 \times 10^{-3}} \text{Pa}$$

$$= 138 \times 10^6 \text{ Pa} = 138 \text{ MPa} < [\sigma_c] = 196 \text{ MPa}$$

因此,钢板的挤压强度也是安全的。

②校核铆钉的强度。

剪切强度:在图 4 – 26 所示情形下,铆钉有两个剪切面,每个剪切面上的剪力 $Q = \dfrac{P}{2}$,于是有

$$\tau = \frac{Q}{A} = \frac{\dfrac{Q}{2}}{\dfrac{\pi d^2}{4}} = \frac{2Q}{\pi d^2} = \frac{2 \times 23.5 \times 10^3}{\pi \times 17^2 \times 10^{-6}} \text{Pa}$$

$$= 51.8 \times 10^6 \text{ Pa} = 51.8 \text{ MPa} < [\tau] = 137 \text{ MPa}$$

因此,铆钉的剪切强度也是安全的。

挤压强度:铆钉的总挤压力与有效挤压面的面积均与钢板相同,而且挤压容许应力较钢板高,因钢板的挤压强度已校核是安全的,故无须重复计算。

由此可见,整个连接结构的强度都是安全的。

【例 4 – 12】如图 4 – 27 所示冲床冲头,$P_{max} = 400$ kN,冲头 $[\sigma] = 400$ MPa,冲剪钢板的抗剪强度极限 $\tau_b = 360$ MPa,计算冲头的最小直径 d 及钢板的最大厚度 t。

【解】①按冲头的轴向压缩强度条件确定冲头的最小直径 d。

用截面法求得最大轴力

$$N_{max} = P_{max}$$

根据强度条件

$$\sigma_{max} = \frac{N_{max}}{A} = \frac{P_{max}}{\dfrac{1}{4}\pi d^2} \leqslant [\sigma]$$

得

$$d \geqslant \sqrt{\frac{4P_{max}}{\pi[\sigma]}} = 36 \text{ mm}$$

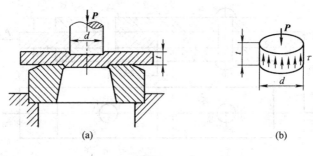

图 4 − 27

②按钢板抗剪强度计算钢板的最大厚度。

计算最大剪力

$$Q_{\max} = P_{\max}$$

根据剪切强度要求计算钢板最大厚度

$$\tau_{\max} = \frac{Q_{\max}}{A} = \frac{P_{\max}}{\pi dt} \geqslant \tau_{\mathrm{b}}$$

得

$$t \leqslant \frac{P_{\max}}{\pi d \tau_{\mathrm{b}}} = 9.83 \ \mathrm{mm}$$

本 章 小 结

本章主要介绍轴向拉伸与压缩变形及剪切和挤压这四种基本变形。轴向拉伸和压缩是四种基本变形中最常见也是最简单的一种。剪切和挤压则是常发生在连接件上的变形形式。作为第一种基本变形,希望通过这一章把材料力学中基本变形研究方法的精髓介绍给大家。

材料力学的内容体系形式上按四种基本变形来划分,四种基本变形构成了材料力学的横向线。而对每一种基本变形,受力研究采用的是由表及里、由外向内的方法,这种外力—内力—应力的研究方法构成了材料力学的纵向线。两条线纵横交错,把材料力学的内容有机地联系在一起。

1. 轴向拉伸与压缩

①受力特点:所有外力或外力的合力沿杆轴线作用。

变形特点:杆沿轴向伸长或缩短。

②轴力:轴向拉伸或压缩杆件任意截面上的内力都是沿杆轴线作用,称为轴力。

③轴向拉压杆横截面上的应力:只有正应力,没有剪应力,且正应力沿截面均匀分布,截面上任意一点的正应力

$$\sigma = \frac{N}{A}$$

④危险截面:构件内部最大正应力所在的截面。

⑤变形:有绝对变形和线应变两种衡量变形的量。

绝对变形:杆件的伸长量或缩短量,即

$$\Delta l = l_1 - l$$

线应变:单位长度上的伸长量或缩短量,即

$$\varepsilon = \frac{\Delta l}{l}$$

⑥虎克定律:建立了内力与变形、应力与应变之间的定量联系。材料力学中变形的研究主要不是通过测量得到,而是由虎克定律通过受力计算而来。

绝对变形　　　　　　　　　$$\Delta l = \frac{Nl}{EA}$$

线应变　　　　　　　　　　$$\sigma = E\varepsilon$$

⑦轴向拉压时材料的力学性能是通过实验测定的,要清楚理解应力 – 应变曲线的意义,并注意塑性材料和脆性材料的区别。塑性材料在整个拉伸过程中经历了弹性、屈服、强化、颈缩四个阶段,并存在三个特征点,其相应的应力依次为比例极限、屈服极限、强度极限,且同一塑性材料拉伸和压缩时具有相同的力学性能。而脆性材料拉伸和压缩的应力 – 应变曲线没有屈服阶段,破坏很突然;并且同一脆性材料拉伸和压缩时,具有不同的力学性能。

2. 解决拉伸与压缩强度问题需要注意的问题

原则上解决强度问题应分为以下四个步骤进行。

(1)外力分析

分析结构的受力,取要解决强度问题的构件或与其受力相关的构件为研究对象,画出受力图,通过静力平衡方程求出要解决强度问题的构件所受的外力。

(2)内力分析

轴力要进行分段研究,分段只与外力有关,与截面形状、尺寸无关。相邻外力之间为一段,用截面法或轴力计算法则计算出每一段上的轴力,分段为两段以上的,要与结构计算简图——对应作出轴力图。

(3)应力分析

应力也要分段研究,分段除了与外力有关,也与截面面积有关。在计算之前,要学会分析危险截面。

(4)强度计算

根据强度条件 $\sigma_{\max} = \dfrac{N}{A} \leqslant [\sigma]$ 进行强度计算。

3. 剪切与挤压

剪切与挤压是连接件中常发生的变形形式,学习时要掌握剪切与挤压变形的受力特点和变形特点,内力特点及内力计算方法,剪切面的确定及其面积的计算,挤压面的确定及面积的计算,剪应力和挤压应力的实用计算公式及强度条件。

(1)剪应力实用计算公式

$$\tau = \frac{Q}{A}$$

(2)剪切强度条件

$$\tau = \frac{Q}{A} \leqslant [\tau]$$

（3）挤压应力实用计算公式

$$\sigma_c = \frac{F_{jy}}{A} = \frac{F_{jy}}{\delta d}$$

（4）挤压强度条件

$$\sigma_c = \frac{F_{jy}}{\delta d} \leqslant [\sigma_c]$$

最后，应用剪切和挤压强度条件进行强度计算。

思 考 题

4－1　如思考题 4－1 图所示，A、B 是两根材料相同、横截面相等的直杆，$l_A > l_B$，承受相等的轴向拉力，问 A、B 两杆的绝对变形是否相等？相对变形是否相等？为什么？

4－2　如思考题 4－2 图所示，C、D 是两根材料相同、长度相等的直杆，C 杆为等截面，D 杆为阶梯形截面，承受相等的轴向拉力。试说明：

①两杆的绝对变形和相对变形是否相等；

②两杆各段横截面的应力是否相等。

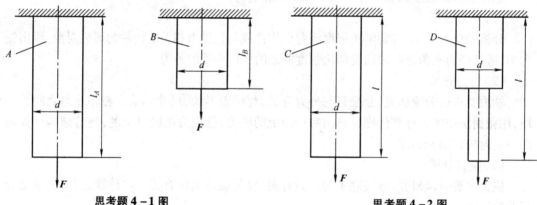

思考题 4－1 图　　　　　　　　　　　　　　思考题 4－2 图

4－3　两根不同材料的等直杆，其截面与长度均相等，承受相等的轴向拉力，试说明：

①两杆的绝对变形和相对变形是否相等；

②两杆横截面上的应力是否相等；

③两杆的强度是否相等。

4－4　塑性材料和脆性材料的力学性能有哪些主要区别？

4－5　说出下列概念的区别：

①剪切面与挤压面；②挤压应力与剪应力；③剪应力与正应力。

4－6　同样粗细的钢柱置于铝柱上，受压力作用如思考题 4－6 图所示，此时需要考虑的破坏可能是（　　）。

A. 铝柱压缩破坏　　　　B. 铝柱挤压破坏　　　　C. 铝柱压缩破坏和挤压破坏

D. 铝柱压缩破坏和挤压破坏，钢柱挤压破坏　　　E. 铝柱压缩破坏，钢柱挤压破坏

4－7　指出思考题 4－7 图中构件的剪切面和挤压面，并计算出它们的面积。

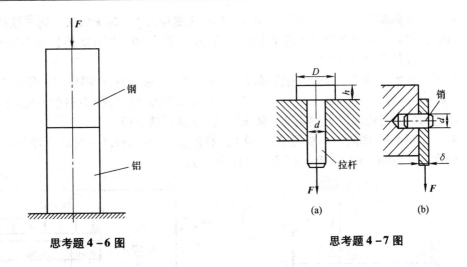

思考题 4-6 图　　　　　　思考题 4-7 图

习　题

4-1　求题 4-1 图所示杆各段横截面上的轴力,并作杆的轴力图。

题 4-1 图

4-2　作题 4-2 图所示直杆的轴力图,若 $A = 400 \text{ mm}^2$,求各段横截面上的应力。

4-3　作题 4-3 图所示阶梯状直杆的轴力图,如横截面的面积 $A_1 = 400 \text{ mm}^2$, $A_2 = 300 \text{ mm}^2$, $A_3 = 200 \text{ mm}^2$,求各段横截面上的应力。

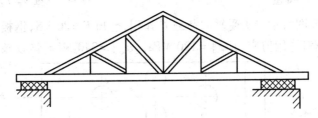

图 4-2 图　　　　　　　　　　　图 4-3 图

4-4　一根等直杆受力如题 4-4 图所示,已知杆的横截面的面积 A 和材料的弹性模量 E,试作轴力图,并求杆自由端的水平位移。

题 4-4 图

4-5　飞机操纵系统有一钢索,长度 $l = 3$ m,承受拉力 $F = 24$ kN,材料的弹性模量 $E = 200$ GPa,钢索必须同时满足以下两个条件:①应力不超过 140 MPa;②伸长量不超过2 mm,问此钢索的直径至少应有多大?

4-6　题 4-6 图所示 ACB 刚性梁,用一圆钢杆 CD 悬挂着,B 端作用一集中力 $P = 25$ kN,已知 CD 杆的直径 $d = 20$ mm,许用应力 $[\sigma] = 160$ MPa,试校核 CD 杆的强度,并求:

①结构的许可荷载 $[P]$;②若 $P = 60$ kN,设计 CD 杆的直径。

4-7　题 4-7 图所示一双层吊架,设 1、2 杆的直径为 8 mm,3、4 杆的直径为 12 mm,杆材料的许用应力 $[\sigma] = 170$ MPa,试验算各杆的强度。

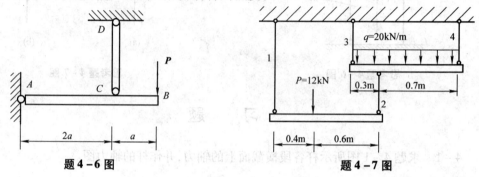

题 4-6 图　　　　　　　　　　　　题 4-7 图

4-8　题 4-8 图所示接头受轴向荷载 F 作用,已知 $F = 80$ kN,钢板厚 $t = 12$ mm,铆钉直径 $d = 16$ mm,铆钉许用剪应力 $[\tau] = 120$ MPa,$[\sigma_c] = 340$ MPa,试校核铆钉的强度。

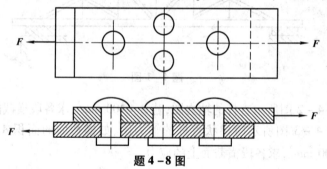

题 4-8 图

4-9　生产实践中经常会利用剪切破坏来加工形成零件,如冲孔、剪切钢板等,此时要求工作剪应力 τ 与抗剪强度 τ_{bs} 有何关系?

4-10　试校核题 4-10 图所示连接销钉的抗剪强度。已知 $F = 100$ kN,销钉直径 $d = 30$ mm,材料的许用剪应力 $[\tau] = 60$ MPa。若强度不够,至少改用多大直径的销钉?

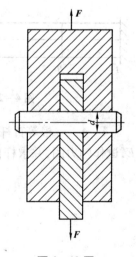

题 4-10 图

第5章 扭 转

5.1 扭转的概念及实例

扭转变形是杆件的基本变形之一。当杆件受到作业面垂直于杆件轴线的、等值的、反向的两力偶作用时,杆件发生扭转变形(图5-1)。此时,截面 B 相对于截面 A 转了一个角度 φ,φ 称为扭转角;同时,杆件表面上的纵向线也旋转了一个角度 γ。

使杆件产生扭转变形的力偶矩 M_T 称为外扭矩。有时外扭矩 M_T 不是直接给出的,如传动轴所受扭矩,通常是根据已知的传递功率 T 和轴的转速 n 给出。即

$$M_T = 9.55 \times \frac{T}{n} \quad (kN \cdot m) \tag{5-1}$$

式中: T 为功率(kN); n 为转速(r/min)。

在工程中,尤其在机械工程中,受扭杆件是很多的,如各种机械的传动轴(图5-2)等。这种圆轴扭转时的强度及刚度问题是本章要讨论的主要问题。

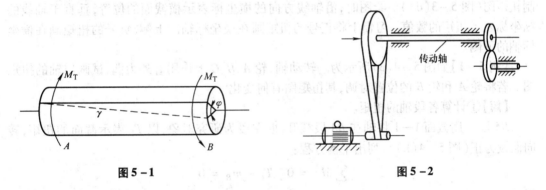

图 5-1   图 5-2

5.2 扭转的计算和扭矩图

当杆受到外扭矩作用发生扭转变形时,在杆的横截面上产生相应的内力,称为扭矩,用符号 M_n 表示。扭矩的常用单位是牛顿·米(N·m)或千牛顿·米(kN·m)。扭矩 M_n 可用截面法求出。

如图5-3(a)所示圆轴 AB 受外扭矩 M_T 作用,若求任意截面 m—m 上的内力,可假想将杆沿截面 m—m 切开,任取一段(例如左段)为分离体(图5-3(b)、(c)),根据平衡条件,所有力对杆件轴线 x 之矩的代数和等于零。即

$$\sum M_x = 0$$

求得

$$M_n - M_T = 0 \quad M_n = M_T$$

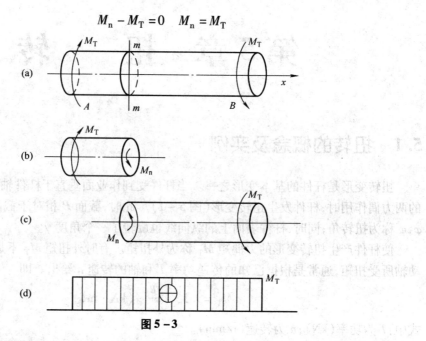

图 5 - 3

扭矩的符号一般规定为:从截面的外法线向截面看,逆时针转为正号,顺时针转为负号。

为了形象地表示扭矩沿杆轴线的变化情况,可仿照第 4 章介绍过的作轴力图的方法,绘制扭矩图(图 5 - 3(d))。绘图时,沿轴线方向的横坐标表示横截面的位置,垂直于轴线的纵坐标表示扭矩的数值。习惯上将正号的扭矩画在横坐标轴的上侧,负号的扭矩画在横坐标轴的下侧。

【例 5 - 1】如图 5 - 4(a)所示为一转动轴,轮 A、B、C 上作用着外力偶,试画出轴的扭矩图。若将轮 A 和轮 B 的位置对调,其扭矩图有何变化?

【解】①计算各段轴的扭矩。

BA 段　用截面 1—1 将轴在 BA 段截开,取左段为研究对象,以 T_1 表示截面的扭矩,转向假设为正(图 5 - 4(b)),列出平衡方程:

$$\sum M_\alpha = 0 \quad T_1 - m_B = 0$$

得

$$T_1 = m_B = 1.8 \text{ kN} \cdot \text{m}$$

结果为正值,表示实际转向与假设一致,为正扭矩。

AC 段　用截面 2—2 将轴在 AC 段截开,取左段为研究对象(图 5 - 4(c)),列出平衡方程:

$$\sum M_\alpha = 0 \quad T_2 + m_A - m_B = 0$$

得

$$T_2 = m_B - m_A = -1.2 \text{ kN} \cdot \text{m}$$

结果为负值,表示实际转向与假设相反,为负扭矩。

若取右段为研究对象(图 5 - 4(d)),列出平衡方程:

$$\sum M_\alpha = 0 \quad -T_2 - m_C = 0$$

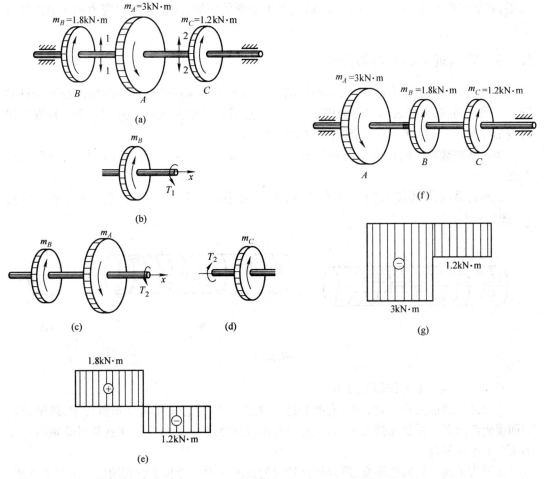

图 5 - 4

得

$$T_2 = -m_C = -1.2 \text{ kN} \cdot \text{m}$$

结果与取左段为研究对象所得的相同。

②画扭矩图。由于各段内扭矩的数值不变,所以扭矩由两段水平线组成。将各段带正负号扭矩按比例画出如图 5 - 4(e)所示,即为扭矩图。

若将原题目中的轮 A 和轮 B 的位置对调,就如图 5 - 4(f)所示。作其扭矩图如图 5 - 4(g)所示。

比较图 5 - 4(e)和图 5 - 4(g)扭矩图。当轮的位置改变时,轴的扭矩最大值(绝对值)发生了变化,图 5 - 4(e)中 $|T|_{\max} = 1.8$ kN · m,而图 5 - 4(g)中 $|T|_{\max} = 3$ kN · m。轴的强度和刚度与扭矩绝对值的最大值有关。因此,在布置轮子的位置时,要尽可能降低轴内的最大扭矩值。

5.3 圆轴扭转时的应力和变形

推导扭转时的应力计算公式与推导拉(压)杆正应力计算公式的方式类似,也是从实验入手,观测实验现象,找出变形规律,提出关于变形的假设,并据此导出应力和变形的计算公式。

5.3.1　实验现象的观察与分析

如图 5 - 5(a)所示实心圆杆,在圆杆的表面画上一些与杆轴线平行的纵向线和与杆轴线垂直的圆周线,将杆表面划分为许多小矩形。然后在杆的两端施加外扭矩 M_T,杆发生扭转变形如图 5 - 5(b)所示。观测到下列实验现象:

①各圆周线都不同程度地绕杆轴转了一个角度,且大小、形状均没有改变,间距也没有变;

②所有纵向线都倾斜同一个角度 γ,所有的小矩形都发生了歪斜,变成平行四边形(图 5 - 5(c))。

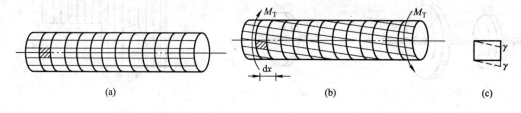

(a)　　　　　　　　　　　　　(b)　　　　　　　　　(c)

图 5 - 5

对上述实验现象可作如下分析。

①由圆周线的大小、形状均没有改变这一现象,可以设想在扭转变形过程中,圆轴的横截面像刚性圆盘一样仍保持为平面,只是绕杆轴线转动了一个角度。这就是对圆轴扭转变形所作的平面假设。

②因为圆周线的间距不变,所以杆件轴线的长度既没有伸长也没有缩短。由此可推断,圆轴扭转时横截面上没有正应力。

③由于纵向线的倾斜,所有的小矩形都发生了歪斜而变成了平行四边形,其左、右两个横截面间产生相对的平行错动,即产生剪应变 γ(图 5 - 5(c))。这说明横截面上有剪应力 τ 存在。

④剪应变 γ 反映两横截面间的相对旋转错动,所以剪应力的方向垂直于半径。

根据对上述实验现象的观察和分析,就可以综合考虑变形的几何关系和物理关系,从而得到横截面上的剪应力分布规律。然后再结合静力学关系来建立圆轴扭转时的应力和变形的计算公式。

5.3.2　圆轴扭转时的应力计算

1. 几何方面

从图 5 - 5(a)所示的圆轴中取一微段 dx,并从中切取一楔形体 O_1O_2ABCD(图 5 - 6(a)),则其变形如图 5 - 6(b)所示,圆轴表层的矩形 $ABCD$ 变为平行四边形 $ABC'D'$;与轴线相距 ρ 的矩形 $abcd$ 变为平行四边形 $abc'd'$,即产生剪切变形。

此楔形体左、右两端面间的相对扭转角为 $d\varphi$,矩形 $abcd$ 的剪应力变用 γ_ρ 表示,则由图中可以看出

$$\gamma_\rho \approx \tan \gamma_\rho = \frac{\overline{dd'}}{\overline{ad}} = \frac{\rho d\varphi}{dx}$$

即

$$\gamma_\rho = \rho \frac{d\varphi}{dx} \qquad (5-2)$$

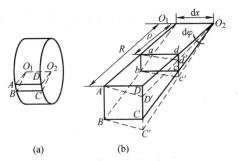

图 5-6

式中：$\dfrac{d\varphi}{dx}$ 是扭转角 φ 沿杆长的变化率，即单位

长度的扭转角，通常用 θ 表示，即 $\theta = \dfrac{d\varphi}{dx}$。于是

$$\gamma_\rho = \theta \cdot \rho \qquad (5-3)$$

对于同一横截面，θ 为一常数，可见剪应变 γ_ρ 与 ρ 成正比，沿圆轴的半径按直线规律变化。

2. 物理方面

由剪切虎克定律可知，在弹性范围内剪应力

$$\tau = G\gamma \qquad (5-4)$$

将式(5-3)代入式(5-4)，得到横截面上与轴线相距 ρ 处的剪应力

$$\tau_\rho = G\rho\theta \qquad (5-5)$$

式(5-5)表明，圆轴横截面上的扭转剪应力 τ_ρ 与 ρ 成正比，即剪应力沿半径方向按直线规律变化。在与圆心等距离的各点处，剪应力值均相同。据此可绘出实心圆截面轴剪应力沿半径方向的分布图(图 5-7)。

3. 静力学方面

上面已解决了横截面上剪应力的变化规律，但还不能直接按式(5-4)来确定剪应力的大小，这是因为式(5-2)中的 $\dfrac{d\varphi}{dx}$ 与扭矩 M_n 间的关系尚不知道。这可从静力学方面来解决。

如图 5-8 所示，在与圆心相距 ρ 的微面积 dA 上，作用有微剪力 $\tau_\rho dA$，它对圆心 O 的微力矩为 $\rho \cdot \tau_\rho dA$。在整个横截面上，所有这些微力矩之和应等于该截面的扭矩 M_n，因此

$$\int_A \rho \cdot \tau_\rho dA = M_n$$

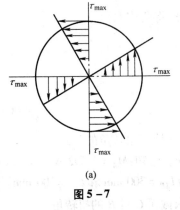

(a)

图 5-7

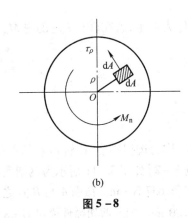

(b)

图 5-8

将式(5-5)代入得

$$\int_A G\theta\rho^2 dA = G\theta\int_A \rho^2 dA = M_n \qquad (5-6)$$

式中的积分 $\int_A \rho^2 \mathrm{d}A$ 是只与圆截面形状、尺寸有关的一个几何量,称为横截面的极惯性矩,用 I_n 表示,即

$$I_\mathrm{n} = \int_A \rho^2 \mathrm{d}A$$

于是式(5-6)可以写为

$$\theta = \frac{M_\mathrm{n}}{GI_\mathrm{n}} \tag{5-7}$$

将式(5-7)代入式(5-5)得

$$\tau_\rho = \frac{M_\mathrm{n}}{I_\mathrm{n}} \cdot \rho \tag{5-8}$$

式中:M_n 为横截面上的扭矩;I_n 为圆截面对圆心的极惯性矩;ρ 为所求应力点至圆心的距离。这就是圆轴扭转时横截面上的剪应力计算公式。

实践证明,以上就实心圆轴扭转得到的应力计算公式对空心圆轴也适用。只是空心圆轴的极惯性矩 I_n 与实心圆轴的不同。

实心圆轴和空心圆轴(图5-9)的极惯性矩分别为

实心圆轴　　　　　　　　　　　　　$I_\mathrm{n} = \dfrac{\pi d^4}{32}$

空心圆轴　　　　　　$I_\mathrm{n} = \dfrac{\pi D^4}{32} - \dfrac{\pi d^4}{32} = \dfrac{\pi}{32}(D^4 - d^4)$

5.3.3　圆轴扭转时的变形计算

由式(5-7)知道,单位长度的扭转角

$$\theta = \frac{\mathrm{d}\varphi}{\mathrm{d}x} = \frac{M_\mathrm{n}}{GI_\mathrm{n}}$$

则

$$\mathrm{d}\varphi = \frac{M_\mathrm{n}}{GI_\mathrm{n}}\mathrm{d}x$$

式中,GI_n 为常量,若在杆长 l 范围内 M_n 不变(图5-10),将两边取积分

$$\int_0^\varphi \mathrm{d}\varphi = \frac{M_\mathrm{n}}{GI_\mathrm{n}}\int_0^l \mathrm{d}x$$

得

$$\varphi = \frac{M_\mathrm{n} l}{GI_\mathrm{n}} \tag{5-9}$$

式中:GI_n 称为抗扭刚度,扭转角 φ 的单位为弧度。这就是计算扭转角的公式。

【例5-2】如图5-11所示为钢制实心圆截面传动轴。已知:$M_A = 1\,592$ N·m,$M_B = 955$ N·m,$M_C = 637$ N·m。截面 A 与 B、C 之间的距离分别为 $l_{AB} = 300$ mm 和 $l_{AC} = 500$ mm。轴的直径 $D = 70$ mm,钢的剪切弹性模量 $G = 8 \times 10^4$ MPa。试求截面 C 对 B 的扭转角。

【解】由截面法求得此轴 Ⅰ、Ⅱ 两段内的扭矩数值分别为 $M_{\alpha\mathrm{I}} = 955$ N·m,$M_{\alpha\mathrm{II}} = 637$ N·m。两段轴扭矩不同,扭转角的计算应利用公式分段进行。

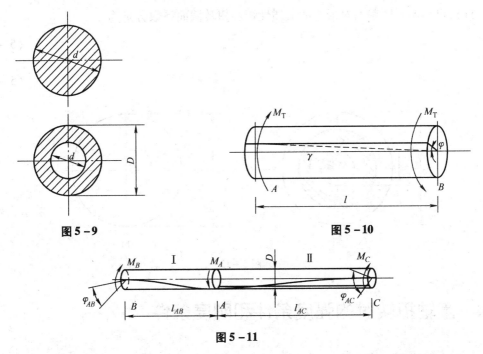

图 5－9　　　　　　　　　　　　　　　　图 5－10

图 5－11

现分别计算截面 B、C 相对于截面 A 的扭转角 φ_{AB}、φ_{AC}。为此，可假想截面 A 固定不动。从而有

$$\varphi_{AB} = \frac{M_{\alpha I} l_{AC}}{GI_n} = \frac{955 \times 0.3}{80 \times 10^9 \times \frac{\pi}{32} \times 7^4 \times 10^{-8}} \text{rad} = 1.52 \times 10^{-3} \text{rad}$$

$$\varphi_{AC} = \frac{M_{\alpha II} l_{AC}}{GI_n} = \frac{637 \times 0.5}{80 \times 10^9 \times \frac{\pi}{32} \times 7^4 \times 10^{-8}} \text{rad} = 1.69 \times 10^{-3} \text{rad}$$

由此假想截面 A 固定不动，故截面 B、C 相对于截面 A 的相对转动应分别与扭转力偶矩 M_B、M_C 的转向相同，从而 φ_{AB} 和 φ_{AC} 的转向相同。由此，截面 C 对 B 的扭转角 φ_{BC} 应是（图 5－11）

$$\varphi_{BC} = \varphi_{AC} - \varphi_{AB} = (1.69 - 1.52) \times 10^{-3} \text{rad} = 1.7 \times 10^{-4} \text{rad}$$

5.3.4　极惯性矩和扭转截面系数

1. 空心圆截面

如图 5－12(a)所示，在半径 ρ 处，取宽度为 $d\rho$ 的环形微面积 $dA = 2\pi\rho d\rho$，按横截面对形心的极惯性矩定义

$$I_n = \int_A \rho^2 dA = \int_{d/2}^{D/2} \rho^2 2\pi\rho d\rho = \frac{\pi(D^4 - d^4)}{32} = \frac{\pi D^4}{32}(1 - \alpha^4) \qquad (5-10)$$

式中：$\alpha = d/D$ 为横截面内外径之比。

空心圆截面的扭转截面系数

$$W_p = \frac{I_p}{R} = \frac{2I_p}{D} = \frac{\pi D^4}{16}(1 - \alpha^4) \qquad (5-11)$$

2. 实心圆截面

如图 5－12(b)所示，实心圆截面的内径 $d = 0$，将内外径之比 $\alpha = 0$ 代入式(5－10)和式

（5－11），可得实心圆截面对形心的极惯性矩和扭转截面系数分别为

$$I_n = \frac{\pi D^4}{32} \tag{5－12}$$

$$W_n = \frac{\pi D^3}{16} \tag{5－13}$$

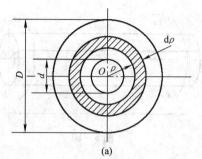 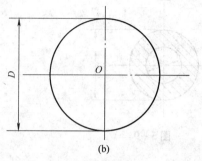

图 5－12

5.4　圆轴扭转时的强度条件和刚度条件

5.4.1　强度条件

为了保证圆轴受扭时不致因强度不够而破坏，必须使危险截面上的最大剪应力不超过材料的容许剪应力。根据剪应力的分布规律可知，最大剪应力发生在距轴心最远处，即

$$\tau_{max} = \frac{M_{nmax}}{I_n} \cdot \rho_{max} = \frac{M_{nmax}}{I_n/\rho_{max}} = \frac{M_{nmax}}{W_n}$$

要保证不破坏应有

$$\frac{M_{nmax}}{W_n} \leqslant [\tau] \tag{5－14}$$

式中：W_n 称为抗扭截面模量，容许剪应力 $[\tau]$ 根据材料扭转时的力学实验来确定。这就是圆轴扭转时的强度条件。

【例 5－3】一钢制阶梯轴如图 5－13 所示，AB 段直径 $D = 100\,mm$，BC 段直径 $d = 60\,mm$，若材料的许用应剪力 $[\tau] = 60\,MPa$，试校核轴的强度。

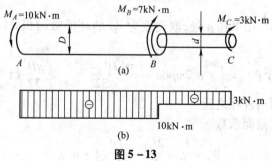

图 5－13

【解】①作扭矩图。用截面法可求得轴的 AB 段和 BC 段内任一横截面上的扭矩分别为

$$M_{\alpha AB} = -10\,kN \cdot m$$

$$M_{\alpha BC} = -3 \text{ kN} \cdot \text{m}$$

据此可作轴的扭矩图,如图 5 - 13(b)所示。

②最大剪应力。由图 5 - 13(b)可见,最大扭矩值在 AB 段内,但该段内各横截面的直径也大。BC 段扭矩值虽小,但横截面直径也小。因此必须分别计算两段轴横截面上的最大剪应力,再求出全轴的最大剪应力作为强度校核的依据。

对于 AB 段各横截面,有

$$W_{\alpha AB} = \frac{\pi D^3}{16} = \frac{\pi \times 100^3}{16} \times 10^{-9} \text{ m}^3 = 1.963 \times 10^{-4} \text{ m}^3$$

于是得

$$\tau'_{\max} = \frac{M_{\alpha AB}}{W_{\alpha AB}} = \frac{10 \times 10^3}{1.963 \times 10^{-4}} \text{MPa} = 50.9 \text{ MPa}$$

对于 BC 段各横截面,有

$$W_{\alpha BC} = \frac{\pi d^3}{16} = \frac{\pi \times 60^3}{16} \times 10^{-9} \text{ m}^3 = 0.424 \times 10^{-4} \text{ m}^3$$

于是得

$$\tau''_{\max} = \frac{M_{\alpha BC}}{W_{\alpha BC}} = \frac{3 \times 10^3}{0.424 \times 10^{-4}} \text{MPa} = 70.7 \text{ MPa}$$

由以上结果可见,全轴的最大剪应力发生在 BC 段内,其值

$$\tau_{\max} = \tau''_{\max} = 70.7 \text{ MPa}$$

③强度校核:由于 $\tau_{\max} > [\tau] = 60$ MPa,故轴 AC 不满足强度条件。

5.4.2 刚度条件

在研究圆轴扭转问题时,除考虑强度条件外,有时还需要对扭转变形加以限制,使其不超过允许的范围,即

$$\theta_{\max} = \frac{M_{\text{nmax}}}{GI_{\text{n}}} \leqslant [\theta] \qquad (5-15)$$

式中,$[\theta]$ 是单位长度的容许扭转角,其单位为弧度/米(rad/m),具体数值可从有关设计手册中查到。这就是圆轴扭转时的刚度条件。

【例 5 - 4】某桁架中一拉杆的结点及受力情况如图 5 - 14 所示。拉杆由两个∠90 × 90 × 10 的等边角钢组成,中间连接板厚度 t = 12 mm,共用四个铆钉,P = 300 kN,铆钉材料的允许挤压应力 $[\sigma_c] = 340$ MPa,许用扭转剪应力 $[\tau] = 145$ MPa,角钢的 $[\sigma] = 170$ MPa。求所需铆钉直径,并校核拉杆强度。(铆钉的标准直径可取 14、17、23、26 mm)

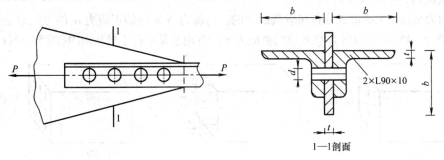

1—1 剖面

图 5 - 14

【解】本结构有四个铆钉,双剪 $Q = \dfrac{P}{8}$、角钢 $\angle 90 \times 90 \times 10$ 的有关数据从附表 1 中查到,边长 $b = 90$ mm,边厚 $t = 10$ mm,横截面面积 $A = 17.167$ cm^2。

①由剪切强度条件选择铆钉直径 d。

$$\tau = \frac{Q}{A} = \frac{\dfrac{1}{8}P}{\dfrac{\pi}{4}d^2} \leqslant [\tau]$$

$$d \geqslant \sqrt{\frac{P}{2\pi[\tau]}} = \sqrt{\frac{300 \times 10^3}{2\pi \times 145}} \text{mm} = 18.1 \text{ mm}$$

由挤压强度条件选择铆钉直径 d。

由于连接板的宽度 t 小于两个角钢边厚之和,因此最大挤压应力出现在铆钉与连接板的接触面上,且 $P_c = \dfrac{P}{4}$,$A_c = dt$,则

$$\sigma_c = \frac{P_c}{A_c} = \frac{P/4}{dt} \leqslant [\sigma_c]$$

$$d \geqslant \sqrt{\frac{P}{4t[\sigma_c]}} = \sqrt{\frac{300 \times 10^3}{4 \times 12 \times 340}} = 4.28 \text{ mm}$$

②由拉杆的抗拉强度选择铆钉直径 d。

每个角钢的最大轴力 $N = \dfrac{P}{2}$,最弱横截面面积 $A = (1\,716.7 - 10d)$ mm^2,有

$$\sigma = \frac{N}{A} = \frac{150 \times 10^3}{1\,716.7 - 10d} \leqslant 170$$

$$d \leqslant 83.4 \text{ mm}$$

由上面三个计算结果可知,铆钉直径 d 选 200 mm 为宜。

本 章 小 结

1. 剪切变形是杆件的基本变形之一

在研究受剪杆件时,应注意剪切变形杆件的内力,应力与轴向拉(压)杆件的内力、应力的区别。

①轴向拉(压)时的内力 N 的方向总是垂直于横截面;而剪切时的内力 Q 的方向总是作用于横截面内(图 5 - 15(a))。

②内力是以应力的形式分布在横截面上的。与轴力 N 对应的正应力 σ 的方向总是垂直于横截面(图 5 - 15(b));与剪力 Q 对应的剪应力 τ 的方向总是平行于横截面内(图 5 - 15(c))

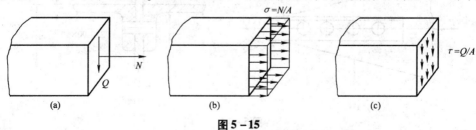

图 5 - 15

2. 要熟练掌握铆接和螺栓连接构件的实用计算

为保证其正常工作,要满足以下三个条件。

①铆钉的剪切强度条件:

$$\tau = \frac{Q}{A} \leqslant [\tau]$$

②铆钉或连接板钉孔壁的挤压强度条件:

$$\sigma_c = \frac{P_c}{A_c} \leqslant [\sigma_c]$$

③连接板的抗拉强度条件:

$$\sigma = \frac{N}{A} \leqslant [\sigma]$$

在求解此类问题的过程中,关键在于确定剪切面和挤压面。

3. 扭转变形也是杆件的基本变形之一

扭转时的内力是扭矩 M_n;应力是剪应力 τ;变形是扭转角 φ。

4. 要熟练掌握和运用圆轴扭转时的剪应力计算公式、强度条件、扭转角计算公式、刚度条件

①任一截面上,任一点的剪应力为 $\tau = \frac{M_n}{I_n}\rho$。

②强度条件为 $\tau_{max} = \frac{M_{nmax}}{W_n} \leqslant [\tau]$。

③某一截面相对另一截面的扭转角为 $\varphi = \frac{M_n l}{GI_n}$。要注意到,扭转角 φ 的计算式在形式上与轴向拉(压)变形的计算式 $\Delta l = \frac{Nl}{EA}$ 相似。

④刚度条件为 $\theta_{max} = \frac{M_n}{EA} \leqslant [\theta]$。

⑤极惯性矩 I_n 和抗扭截面模量 W_n 是两个十分重要的截面几何性质。对常用的实心圆截面和空心圆截面的 I_n、W_n 的计算式应记住。它们分别是

实心圆截面 $\qquad\qquad I_n = \frac{\pi d^4}{32} \qquad W_n = \frac{\pi d^3}{16}$

空心圆截面 $\qquad I_n = \frac{\pi}{32}(D^4 - d^4) \qquad W_n = \frac{\pi}{16D}(D^4 - d^4)$

思 考 题

5-1 何谓扭矩,其符号如何规定? 在思考题 5-1 图示圆轴受三个外力偶矩的作用,则在截面 A 上的扭矩为 $T_A = m_A$,截面 B 上的扭矩为 $T_n = m_n$,截面 C 上的扭矩为 $T_C = m_C$,是否正确?

5-2 在思考题 5-2 图示(a)(b)两正方形单元体,虚线表示变形后的情况。则图(a)的剪应变是多少? 图(b)的剪应变是多少?

5-3 在思考题 5-3 图示轴扭转时横截面上各点剪应力的方向与截面扭矩有什么关

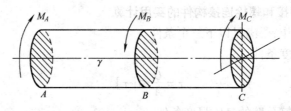

思考题 5－1 图

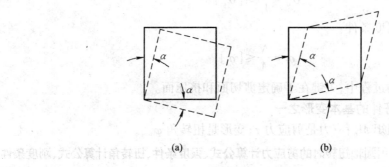

(a)　　　　　　　　(b)

思考题 5－2 图

系？各点剪应力的方向与各点和圆心的连线成什么关系？图示为空心圆轴横截面上的剪应力分布图，哪一个是正确的？

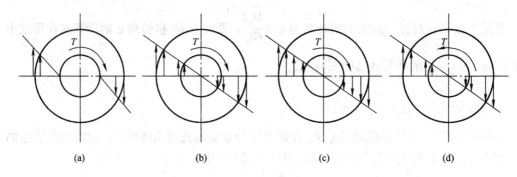

(a)　　　　　(b)　　　　　(c)　　　　　(d)

思考题 5－3 图

5－4　推导圆轴扭转时横截面上剪应力的计算公式，并说明在什么地方用了平面假设，它起什么作用？

5－5　在圆轴和薄壁圆管扭转剪应力公式的推导过程中所作的假设有何区别，两者剪应力计算公式有何关系，适用范围有何异同？

5－6　若将圆轴的直径增大一倍，其他条件不变，则 τ_{max} 和 φ_{max} 各有何变化？

5－7　若两个直径和长度都相同而材料不同的轴，当承受相同的扭矩时，它们的最大剪应力是否相同，扭转角是否一样？

5－8　在强度条件相同的情况下，空心轴为什么比实心轴省料？

5－9　设空心轴的内外径分别为 d 和 D，则下面两个表达式哪一个是正确的？

$$I_{n} = I_{n外} - I_{n内} = \frac{\pi D^{4}}{32} - \frac{\pi d^{4}}{32}$$

$$W_n = W_{n外} - I_{n内} = \frac{\pi D^3}{16} - \frac{\pi d^3}{16}$$

习　题

5-1　题 5-1 图所示传动轴每分钟转动 180 转,轴上装有五个轮子,主动轮 4 的输入功率为 50 kW,从动轮 1、3、5 输出功率为 12 kW,从动轮 2 输出功率为 14 W。试作该轴的扭矩图。

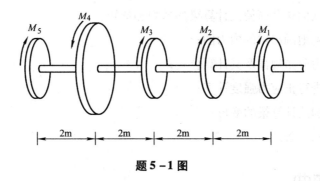

题 5-1 图

5-2　一直径 $d = 100$ mm 的等截面圆轴,转速 $n = 120$ r/min,材料的剪切弹性模量 $G = 80$ GPa,设由实验测得该轴 1 m 长内的扭转角 $\varphi = 0.02$ rad,试计算该轴所传递的功率。

5-3　一钢轴如题 5-3 图所示,$M_1 = 2$ kN·m,$M_2 = 1.5$ kN·m,$G = 80$ GPa。试求:①AB 段及 BC 段单位长度扭转角;②C 截面相对 A 截面的扭转角。

5-4　如题 5-4 图所示,一手摇绞车的主动轴 AB 的直径为 25 mm。绞车工作时,用两人摇动,每人加在手柄上的力 $P = 250$ N。若许用扭转剪应力 $[\tau] = 40$ MPa,试校核 AB 轴的扭转强度。

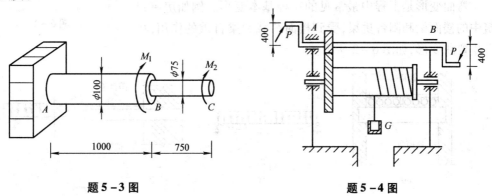

题 5-3 图　　　　　　　　　题 5-4 图

5-5　若题 5-1 图中轴的直径等于 80 mm,材料的 $[\tau] = 40$ MPa,$G = 80$ GPa,$[\theta] = 0.3°$/m。试校核轴的强度和刚度。

5-6　钢质实心轴和铝质空心轴(内外径比值 $\alpha = 0.6$)的长度及横截面面积均相等,而 $[\tau]_钢 = 80$ MPa,$[\tau]_铝 = 50$ MPa。若仅从强度条件考虑,问哪一根轴能承受较大的扭矩?

5-7　一个圆轴以 300m/min 的转速传递 450 马力的功率。如 $[\tau] = 40$ MPa,$[\theta] = 0.5°$/m,$G = 80$ GPa,求轴的直径。

第6章　梁的弯曲

【学习重点】

> ➤ 能熟练用截面法和简便法计算梁的剪力和弯矩；
>
> ➤ 能熟练准确地画出梁的内力图；
>
> ➤ 掌握正应力分布规律及其计算公式；
>
> ➤ 熟练对梁进行正应力强度计算；
>
> ➤ 掌握用叠加法计算梁的变形；
>
> ➤ 了解梁的刚度条件。

6.1　平面弯曲

6.1.1　平面弯曲概念

当杆件受到垂直于杆轴的外力作用或在纵向平面内受到力偶作用（图6-1）时，杆轴由直线弯成曲线，这种变形称为弯曲。以弯曲变形为主的杆件称为梁。

弯曲变形是工程中最常见的一种基本变形。例如房屋建筑中的楼面梁和阳台挑梁，受到楼面荷载和梁自重的作用，将发生弯曲变形，如图6-2所示。

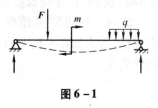

图6-1

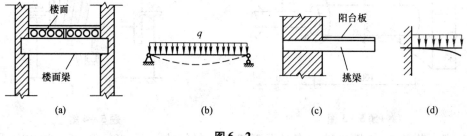

图6-2

工程中常见的梁，其横截面往往有一根对称轴，如图6-3所示。这根对称轴与梁轴线所组成的平面，称为纵向对称平面，如图6-4所示。如果作用在梁上的外力（包括荷载和支座反力）和外力偶都位于纵向对称平面内，梁变形后，轴线将在此纵向对称平面内弯曲。这种梁的弯曲平面与外力作用平面相重合的弯曲，称为平面弯曲。平面弯曲是一种最简单，也是最常见的弯曲变形,本章将主要讨论等截面直梁的平面弯曲问题。

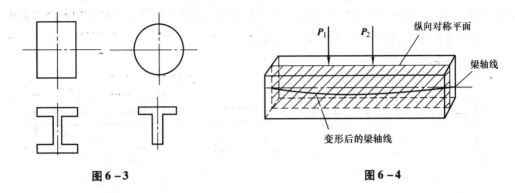

图 6 - 3　　　　　　　　　　　　　　图 6 - 4

6.1.2　单跨静定梁的几种形式

工程中对于单跨静定梁按其支座情况分为下列三种形式:

①悬臂梁——梁的一端为固定端,另一端为自由端(图 6 - 5(a));

②简支梁——梁的一端为固定铰支座,另一端为可动铰支座(图 6 - 5(b));

③外伸梁——梁的一端或两端伸出支座的简支梁(图 6 - 5(c)、(d))。

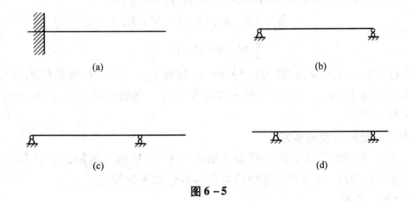

(a)　　　　　　　　　　　　　　　　(b)

(c)　　　　　　　　　　　　　　　　(d)

图 6 - 5

6.2　梁的弯曲内力

为了计算梁的强度和刚度问题,当作用在梁上的外力(荷载及支座反力)已知时,就必须计算梁的内力。下面将着重讨论梁的内力的计算方法。

6.2.1　截面法求内力

1. 剪力和弯矩

如图 6 - 6(a)所示为一简支梁,荷载 F 和支座反力 R_A、R_B 是作用在梁的纵向对称平面内的平衡力系。现用截面法分析任一截面 m—m 上的内力。假想用截面 m—m 将梁分为左、右两段,由于整个梁是平衡的,所以它的各部分也应处于平衡状态。现取左段为研究对象,从图 6 - 6(b)可见,因有支座反力 R_A 作用,为使左段满足 $\sum Y = 0$,截面 m—m 上必然有与 R_A 等值、

平行且反向的内力 Q 存在;同时因 R_A 对截面 m—m 的形心 O 点有一个力矩 $R_A \cdot a$ 的作用,为满足 $\sum M_O = 0$,截面 m—m 上也必然有一个与力矩 $R_A \cdot a$ 大小相等且转向相反的内力偶矩 M 存在。可见梁弯曲时,横截面上存在着两个内力:

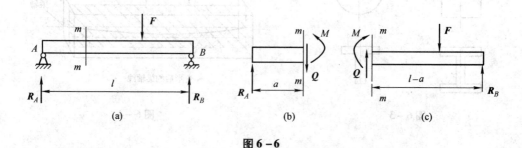

图 6-6

①相切于截面的内力 Q,称为剪力;

②作用面与横截面相垂直的内力偶 M,称为弯矩。

剪力的常用单位为牛顿(N)或千牛(kN),弯矩的常用单位为牛顿·米(N·m)或千牛顿·米(kN·m)

m—m 截面的剪力和弯矩值,可由左段的平衡方程求得,即

$$\sum Y = 0 \quad R_A - Q = 0 \quad Q = R_A$$

$$\sum M = 0 \quad M = R_A \cdot a$$

如果取右段为研究对象,同样可求得 m—m 截面上的 Q 和 M,根据作用力与反作用力的关系,右段梁在截面 m—m 上的 Q、M 与左段梁在同一截面上的 Q、M 应大小相等、方向相反,如图 6-6(c)所示。

2. 剪力和弯矩的正负号规定

为了使从左、右两段梁求得同一截面上的内力 Q 与 M 具有相同的正负号,并由它们的正负号反映变形的情况,对剪力和弯矩的正负号特作如下的规定。

(1)剪力的正负号

当截面上的剪力 Q 使所考虑的脱离体有顺时针方向转动趋势时为正(图 6-7(a));反之,为负(图 6-7(b))。

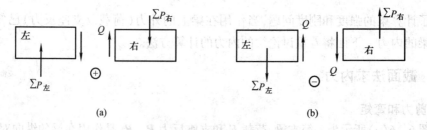

图 6-7

(2)弯矩的正负号

当截面上的弯矩使所考虑的脱离体产生向下凸的变形时(即下部受拉,上部受压)为正(图 6-8(a));反之,为负(图 6-8(b))。

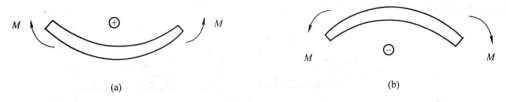

图 6 – 8

3. 用截面法计算指定截面上的剪力和弯矩

用截面法计算指定截面上的剪力和弯矩的步骤如下:

① 计算支座反力;

② 用假想的截面在需要求内力处将梁截成两段,取其中一段为研究对象;

③ 画出研究对象的受力图(截面上的剪力和弯矩都先假设为正号方向);

④ 建立平衡方程,解出内力。

【例 6 – 1】简支梁如图 6 – 9(a)所示,已知 $F_1 = 30$ kN, $F_2 = 30$ kN,试求截面 1—1 上的剪力和弯矩。

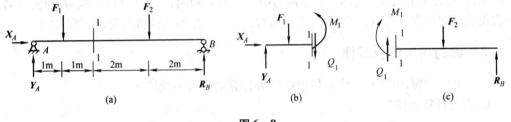

图 6 – 9

【解】① 求支座反力,取全梁为研究对象,列静力平衡方程:

$$\sum M_B = 0 \quad F_1 \times 5 + F_2 \times 2 - Y_A \times 6 = 0$$

$$\sum M_A = 0 \quad -F_1 \times 1 - F_2 \times 4 + R_B \times 6 = 0$$

得

$$Y_A = 35 \text{ kN} \quad R_B = 25 \text{ kN}$$

② 求截面 1—1 上的内力。

在截面 1—1 处将梁截开,取左段梁为研究对象,画出其受力图,内力 Q_1 和 M_1 均先假设为正的方向(图 6 – 9(b)),列平衡方程:

$$\sum Y = 0 \quad Y_A - F_1 - Q_1 = 0$$

$$\sum M_1 = 0 \quad -Y_A \times 2 + F_1 \times 1 + M_1 = 0$$

得

$$Q_1 = Y_A - F_1 = (35 - 30) \text{kN} = 5 \text{ kN}$$

$$M_1 = Y_A \times 2 - F_1 \times 1 = (35 \times 2 - 30 \times 1) \text{kN} \cdot \text{m} = 40 \text{ kN} \cdot \text{m}$$

求得 Q_1 和 M_1 均为正值,表示截面 1—1 上的内力的实际方向与假设的方向相同;按内力的符号规定,剪力和弯矩都是正的。所以,画受力图时一定要先假设内力为正的方向,由平衡方程求得结果的正负号,就能直接代表内力本身的正负号。

【例 6 – 2】一悬臂梁的尺寸及梁上的荷载如图 6 – 10(a)所示,求截面 1—1 上的剪力和弯矩。

【解】对于悬臂梁,可以不求支座反力,取右段梁为研究对象,其受力图如图 6 – 10(b)

所示。列平衡方程：

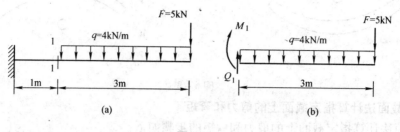

图 6-10

$$\sum Y = 0 \qquad Q_1 - 3q - F = 0$$

$$\sum M_1 = 0 \qquad - F \times 3 - 3q \times 1.5 - M_1 = 0$$

得

$$Q_1 = 17 \text{ kN}$$

$$M_1 = -33 \text{ kN} \cdot \text{m}$$

求得 Q_1 为正值，表示 Q_1 的实际方向与假设的方向相同；M_1 为负值，表示 M_1 的实际转向与假设的转向相反。所以，按梁内力的符号规定，1—1 截面上的剪力为正，弯矩为负。

6.2.2 梁的内力计算规律

通过上述例题，可以总结出直接根据外力计算梁内力的规律。

1. 内力计算规律

$$Q = \sum Y_{左} \quad 或 \quad Q = \sum Y_{右}$$

上两式说明：梁内任一截面上的剪力在数值上等于截面一侧（左侧或右侧）所有外力在垂直于轴线方向投影的代数和。若取左段梁为研究对象时，则此段梁上所有向上的外力会使所求截面产生顺时针转动趋势，等式右方取正号；向下的外力会使截面产生逆时针转动趋势，等式右方取负号。对于右段梁，则符号相反。此规律可记为**"顺转剪力正"**。

2. 弯矩计算规律

$$M = \sum M_{C左} \quad 或 \quad M = \sum M_{C右}$$

上两式说明：梁内任一截面上的弯矩在数值上等于该截面一侧（左侧或右侧）所有外力（包括外力偶）对截面形心的力矩的代数和。无论取左段梁还是取右段梁为研究对象，梁上所有向上的外力会使梁段产生下凸的变形，等式右方取正号；而所有向下的外力会使梁段产生上凸的变形，等式右方取负号。左段梁上所有顺时针转向的外力偶会使该梁段产生下凸的变形，等式右方取正号，而所有逆时针转向的外力偶会使该段梁产生上凸的变形，等式右方取负号；取右段梁，则符号相反。此规律可记为**"下凸弯矩正"**。

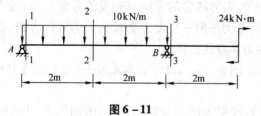

图 6-11

用上述内力计算规则求内力可以省去画受力图和列平衡方程，从而简化了计算过程。现举例说明。

【例 6-3】用内力计算规则求图 6-11 所示梁 $A_{右}$（1—1）、2—2、$B_{右}$（3—3）截面上的剪力和弯矩

【解】①求支座反力。取整个梁为研究对象,设 Y_A、R_B 方向向上。由

$$\sum M_A = 0 \quad -24 - 10 \times 4 \times 2 + 4 \times R_B = 0$$

$$\sum Y = 0 \quad Y_A + R_B - 4 \times 10 = 0$$

得

$$Y_A = 14 \text{ kN} \quad R_B = 26 \text{ kN}$$

②计算 A 点的右侧截面(1—1 截面)的剪力和弯矩。由 1—1 截面以左部分的外力来计算内力,得

$$Q_1 = Y_A = 14 \text{ kN}$$

$$M_1 = Y_A \times 0 = 0$$

③计算 2—2 截面的剪力和弯矩。由 2—2 截面以左部分的外力来计算内力,得

$$Q_2 = Y_A - 2q = (14 - 2 \times 10) \text{kN} = -6 \text{ kN}$$

$$M_2 = (Y_A \times 2 - 10 \times 2) \text{kN} \cdot \text{m} = 8 \text{ kN} \cdot \text{m}$$

④计算 B 点的右侧截面(3—3 截面)的内力。由 3—3 截面以右部分的外力来计算内力,得

$$Q_3 = 0$$

$$M_3 = -24 \text{ kN} \cdot \text{m}$$

【例 6 - 4】用内力计算规则求图 6 - 12 所示梁 $A_右$(1—1)、2—2、$B_右$(3—3)截面上的剪力和弯矩。

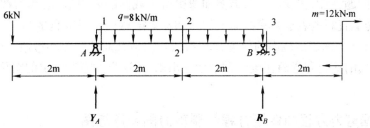

图 6 - 12

【解】①求支座反力。取整个梁为研究对象,设 Y_A、R_B 方向向上。由

$$\sum M_A = 0 \quad -m - q \times 4 \times 2 + 6 \times 2 + R_B \times 4 = 0$$

$$\sum Y = 0 \quad Y_A + R_B - 6 - 4q = 0$$

得

$$Y_A = 22 \text{ kN} \quad R_B = 16 \text{ kN}$$

②计算 A 点的右侧截面(1—1 截面)的剪力和弯矩。由 1—1 截面以左部分的外力来计算内力,得

$$Q_1 = (-6 + 22) \text{kN} = 16 \text{ kN}$$

$$M_1 = -12 \text{ kN} \cdot \text{m}$$

由 1—1 截面以右部分的外力来计算该截面的内力,得

$$Q_1 = 4q - R_B = 16 \text{ kN}$$

$$M_1 = -m - 8 \times 4 \times 2 + R_B \times 4 = -12 \text{ kN} \cdot \text{m}$$

③计算 2—2 截面的剪力和弯矩。由 2—2 截面以左部分的外力来计算内力,得

$$Q_2 = -6 + Y_A - 2q = -6 + 22 - 2 \times 8 = 0$$

$$M_2 = -6 \times 4 - 2q \times 1 + Y_A \times 2 = 4 \text{ kN} \cdot \text{m}$$

由 2—2 截面以右部分的外力来计算该截面的内力,得

$$Q_2 = 2q - R_B = 2 \times 8 - 16 = 0$$

$$M_2 = -12 - 2q \times 1 + R_B \times 2 = 4 \text{ kN} \cdot \text{m}$$

④计算 B 点的右侧截面(3—3 截面)的内力。由 3—3 截面以左部分的外力来计算内力,得

$$Q_3 = -6 - 4q + Y_A + R_B = -6 - 4 \times 8 + 22 + 16 = 0$$

$$M_3 = -6 \times 6 - 4q \times 2 + Y_A \times 4 = -12 \text{ kN} \cdot \text{m}$$

由 3—3 截面以右部分的外力来计算内力,得

$$Q_3 = 0$$

$$M_3 = -12 \text{ kN} \cdot \text{m}$$

通过本例可以看出,在具体计算时,只需要根据实际受力情况,选择受力简单的一侧进行计算。

6.3　剪力图和弯矩图

一根梁有无穷多个截面,通常这些截面上的内力是不一样的,梁上任何一个截面发生破坏,都会出现问题,所以在设计梁时需要知道梁所有截面的内力情况,然后按最危险的截面进行设计。为了直观地表示梁横截面上剪力和弯矩随截面位置变化的情况,可以用杆件的轴线作为 x 轴,x 坐标表示截面的位置,y 坐标表示对应截面的剪力和弯矩。然后,按一定的比例,将各截面的剪力和弯矩在坐标系中标注出来,用这样的方法画出的图称为剪力图和弯矩图。

6.3.1　根据剪力方程和弯矩方程绘制剪力图和弯矩图

由上节的讨论可以看出,梁内各截面的剪力和弯矩一般随截面的位置而变化。若梁横截面的位置用沿梁轴线的坐标 x 来表示,则各横截面上的剪力和弯矩都可以表示为坐标 x 的函数,即

$$Q = Q(x) \quad M = M(x)$$

以上两个函数式表示梁内剪力和弯矩沿梁轴线 x 的变化规律,分别称为剪力方程和弯矩方程。

根据剪力方程和弯矩方程分别绘制剪力图和弯矩图。在土建工程中,习惯上把正剪力画在 x 轴的上方,负剪力画在 x 轴的下方;而把弯矩图画在受拉的一侧,即正弯矩画在 x 轴的下方,负弯矩画在 x 轴的上方,如图 6—13 所示。

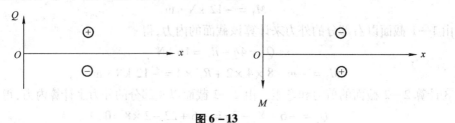

图 6—13

剪力图和弯矩图可以用来确定梁上的最大剪力和最大弯矩以及最大剪力和最大弯矩所在的截面位置。此外,在计算梁的位移时,也要利用弯矩方程和弯矩图。所以它们都是梁的强度计算和刚度计算的重要依据。

下面通过例题来说明剪力图和弯矩图的绘制方法。

【例 6 – 5】悬臂梁受集中力作用如图 6 – 14(a)所示,试画出此梁的剪力图和弯矩图。

【解】①列剪力方程和弯矩方程。

取与梁轴线平行的直线为 x 轴,并将坐标原点设在梁左端 A 点上。取距原点为 x 的截面以左来研究,在 x 截面以左只有外力 P,根据剪力和弯矩的计算方法和符号的规则,求得 x 截面的剪力和弯矩分别为

$$Q(x) = -P \quad (0 < x < l)$$
$$M(x) = -Px \quad (0 \leqslant x < l)$$

②绘制剪力图和弯矩图。

剪力方程表明,梁内各横截面的剪力都相同,其值都是 $-P$。所以剪力图是一条平行于 x 轴的直线且位于 x 轴的下方,如图 6 – 14(b)所示。

弯矩方程表明,$M(x)$ 是 x 的一次函数,所以弯矩图是一条斜直线,故只需要确定任意两个截面的弯矩,便可画出弯矩图。

由弯矩方程知:

$x = 0$ 时　　　　　　　　　　$M_A = 0$

$x = l$ 时　　　　　　　　　　$M_B = -Pl$

画出弯矩图如图 6 – 14(c)所示。

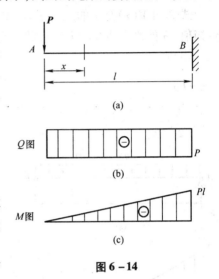

图 6 – 14

从剪力图和弯矩图中可以看到,在梁的固定端截面上有绝对值最大的弯矩,剪力则全梁各截面都相等,其值分别为

$$|Q|_{\max} = P$$
$$|M|_{\max} = Pl$$

【例 6 – 6】悬臂梁受均布荷载作用如图 6 – 15(a)所示,试画出此梁的剪力图和弯矩图。

【解】①列剪力方程和弯矩方程。

取 B 点为坐标原点,取距原点为 x 的截面以右来研究,根据剪力和弯矩的计算规则,求得 x 截面的剪力和弯矩分别为

$$Q(x) = qx \quad (0 < x < l) \qquad ①$$
$$M(x) = -\frac{1}{2}qx^2 \quad (0 \leqslant x < l) \qquad ②$$

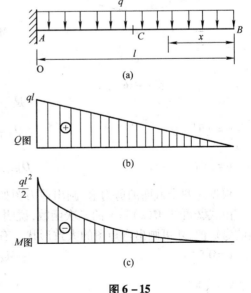

图 6 – 15

②绘制剪力图和弯矩图。

由式①知 $Q(x)$ 是 x 的一次函数,则剪力图是一条斜直线,且有

$x = 0$ 时　　　　　　　　　　$Q_B = 0$

$x = l$ 时　　　　　　　　　　$Q_A = ql$

根据这两个截面的剪力值,画出剪力图如图 6 – 15(b)所示。

由式②知 $M(x)$ 是 x 的二次函数,说明弯矩图是一条二次抛物线,应至少计算三个截面的弯矩值,才能绘出曲线的大致形状。有

$x = 0$ 时　　　　　　　　　　$M_B = 0$

$x = l$ 时　　　　　　　　　　$M_A = -\dfrac{ql^2}{8}$

$x = \dfrac{l}{2}$ 时　　　　　　　　$M_C = -\dfrac{ql^2}{8}$

根据以上计算结果,画出弯矩图如图 6 – 15(c)所示。

【例 6 – 7】简支梁受均布荷载作用如图 6 – 16(a)所示,试画出梁的剪力图和弯矩图。

【解】①求支座反力。

由对称关系可得

$$R_A = R_B = \frac{1}{2}ql\;(\uparrow)$$

②列剪力方程和弯矩方程。

以梁的左端点 A 为坐标原点,取距原点为 x 的任意截面 x 以左为研究对象,根据剪力和弯矩计算方法和符号规则,求得 x 截面的剪力和弯矩分别为

$$Q(x) = R_A - qx = \frac{1}{2}ql - qx \quad (0 < x < l) \quad ①$$

$$M(x) = R_A x - \frac{1}{2}qx^2 = \frac{1}{2}qlx - \frac{1}{2}qx^2 \quad (0 \leqslant x \leqslant l) \; ②$$

③作剪力图和弯矩图。

由式①可知 $Q(x)$ 是 x 的一次函数,即剪力图是一条斜直线,且有

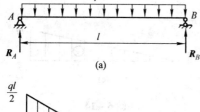
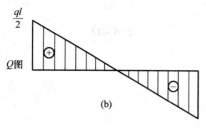
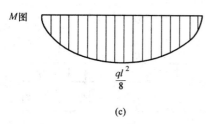

图 6 – 16

$x = 0$ 时　　　　　　　　　　$Q_{A右} = \dfrac{ql}{2}$

$x = l$ 时　　　　　　　　　　$Q_{B右} = -\dfrac{ql}{2}$

根据这两个截面的剪力值,画出剪力图如图 6 – 16(b)所示。

由式②可知 $M(x)$ 是 x 的二次函数,说明弯矩图是一条二次抛物线,至少应计算三个截面的弯矩值,才可画出弯矩图的大致形状。有

$x = 0$ 时　　　　　　　　　　$M_A = 0$

$x = \dfrac{l}{2}$ 时　　　　　　　　$M_C = \dfrac{ql^2}{8}$

$x = l$ 时　　　　　　　　　　　$M_B = 0$

根据计算结果,画出弯矩图如图 6 – 16(c)所示。

从剪力图和弯矩图中可得结论:**在均布荷载作用的梁段,剪力图为斜直线,弯矩图为二次抛物线,在剪力等于零的截面上弯矩有极值。**

【例 6 – 8】简支梁受集中力 P 作用如图 6 – 17(a)所示,画出梁的剪力图和弯矩图。

【解】①求支座反力。

由梁的整体平衡条件,列平衡方程:

$$\sum M_B = 0 \quad Y_A = \frac{Pb}{l}(\uparrow)$$

$$\sum M_A = 0 \quad R_B = \frac{Pa}{l}(\uparrow)$$

②列剪力方程和弯矩方程。

梁在 C 处有集中力作用,故 AC 段和 CB 段的剪力方程和弯矩方程不相同,要分段列出。

AC 段　　以梁的左端点为坐标原点,在 AC 段内取距坐标原点为 x_1 的任意截面,截面以左只有外力 Y_A,根据剪力和弯矩的计算法则和符号规则,写出该段的剪力和弯矩方程分别为

$$Q(x_1) = Y_A = \frac{Pb}{l} \quad (0 < x_1 < a) \qquad ①$$

$$M(x_1) = Y_A x_1 = \frac{Pb}{l} x_1 \quad (0 \leqslant x_1 \leqslant a) \qquad ②$$

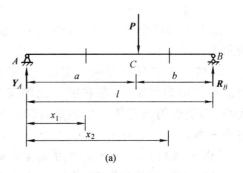

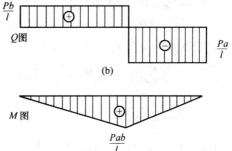

图 6 – 17

CB 段　　在 CB 段内取距坐标原点为 x_2 的任意截面,并考虑左段的平衡,列出剪力方程和弯矩方程分别为

$$Q(x_2) = Y_A - P = \frac{Pb}{l} - P = -\frac{Pa}{l} \quad (a < x_2 < l) \qquad ③$$

$$M(x_2) = Y_A x_2 - P(x_2 - a) = \frac{Pa}{l}(l - x_2) \quad (a \leqslant x_2 \leqslant l) \qquad ④$$

③画剪力图和弯矩图。

根据剪力方程和弯矩方程的性质,先判断内力图的形状,然后描点作图。

Q 图　　AC 段剪力方程为常数,其剪力值为 $\frac{Pb}{l}$,剪力图为一条平行于 x 轴的直线,且在 x 轴的上方;CB 段剪力方程也是常数,其值为 $-\frac{Pa}{l}$,剪力图也是一条平行于 x 轴的直线,但在 x 轴的下方,画出梁的剪力图如图 6 – 17(b)所示。

M 图　　AC 段弯矩方程是 x 的一次函数,弯矩图是一条斜直线,只要计算两个截面的弯矩值,就可以画出 AC 段的弯矩图。

$x_1 = 0$ 时　　　　　　　　　　　$M_A = 0$

$x_1 = a$ 时　　　　　　　　　　　$M_C = \frac{Pab}{l}$

根据计算结果,即可画出 AC 段的弯矩图。

CB 段的弯矩方程也是 x 的一次函数,弯矩图也是一条斜直线。

$x_2 = a$ 时 $\qquad\qquad M_C = \dfrac{Pab}{l}$

$x_2 = l$ 时 $\qquad\qquad M_B = 0$

由上面的两个弯矩值,可画出 CB 段的弯矩图。全梁的弯矩图如图 6－17(c) 所示。

从剪力图和弯矩图中可得结论:**在无荷载梁段剪力图为平行线,弯矩图为斜直线。在集中力作用处,左右截面上的剪力值发生突变,其突变的值等于该集中力的大小,突变的方向与该集中力的方向一致;而弯矩图出现转折,尖点方向与该集中力方向一致。**

【例6－9】如图 6－18(a)所示简支梁受集中力偶作用,试画出梁的剪力图和弯矩图。

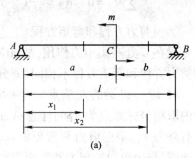

【解】①求支座反力。

由梁的整体平衡条件,列平衡方程:

$$\sum M_B = 0 \quad R_A = \frac{m}{l}(\uparrow)$$

$$\sum M_A = 0 \quad R_B = -\frac{m}{l}(\uparrow)$$

校核 $\sum Y = 0 \quad R_A + R_B = \dfrac{m}{l} - \dfrac{m}{l} = 0$

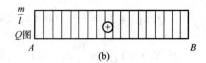

说明计算无误。

②列剪力方程和弯矩方程。

梁在 C 截面有集中力偶作用,应分两段列剪力方程和弯矩方程。

AC 段 以 A 点为坐标原点,在距 A 点为 x_1 的截面处假想将梁截开,考虑左段梁的平衡,列出剪力方程和弯矩方程分别为

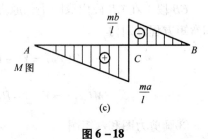

图 6－18

$$Q(x_1) = R_A = \frac{m}{l} \quad (0 < x_1 \leqslant a) \qquad ①$$

$$M(x_1) = R_A \cdot x_1 = \frac{m}{l}x_1 \quad (0 \leqslant x_1 < a) \qquad ②$$

CB 段 在距 A 点为 x_2 的截面处假想将梁截开,考虑左段梁的平衡,列出剪力方程和弯矩方程分别为

$$Q(x_2) = R_A = \frac{m}{l} \quad (a \leqslant x_2 < l) \qquad ③$$

$$M(x_2) = R_A \cdot x_2 - m = -\frac{m}{l}(l - x_2) \quad (a \leqslant x_2 < l) \qquad ④$$

③画剪力图和弯矩图。

Q 图 由式①、式③可知,梁在 AC 段和 CB 段内剪力都是常数,其值为 $\dfrac{m}{l}$,故剪力图是

一条在 x 轴上方且平行于 x 轴的直线。画出剪力图如图 6-18(b) 所示。

M 图 由式②、式④可知,梁在 AC 段和 CB 段内弯矩都是 x 的一次函数,故弯矩图是两段斜直线。

AC 段:

$x_1 = 0$ 时 $\qquad\qquad\qquad M_A = 0$

$x_1 = a$ 时 $\qquad\qquad\qquad M_{C左} = \dfrac{ma}{l}$

CB 段:

$x_2 = a$ 时 $\qquad\qquad\qquad M_{C右} = -\dfrac{mb}{l}$

$x_2 = l$ 时 $\qquad\qquad\qquad M_B = 0$

画出弯矩图如图 6-18(c) 所示。

由内力图可得结论:**梁在集中力偶作用处,左右截面上的剪力无变化,而弯矩出现突变,其突变值等于该集中力偶。**

6.3.2 用内力变化规律绘制剪力图和弯矩图

1. 剪力、弯矩和荷载集度之间的微分关系

由前节例 6-6 可见,将弯矩方程 $M(x)$ 对 x 求导数,即得剪力方程 $Q(x)$;将剪力方程 $Q(x)$ 对 x 求导数,则得均布荷载的集度 $-q$($-q$ 表示均布荷载是向下的)。事实上这些关系在直梁中是普遍存在的,即

$$\frac{\mathrm{d}M(x)}{\mathrm{d}x} = Q(x)$$

$$\frac{\mathrm{d}^2 M(x)}{\mathrm{d}x^2} = \frac{\mathrm{d}Q(x)}{\mathrm{d}x} = q(x)$$

上述微分关系的几何意义是:剪力图上某点的切线斜率等于相应截面处的分布荷载集度;弯矩图上某一点处切线的斜率等于相应截面的剪力,弯矩图上某一点处的曲率等于相应截面处的分布荷载的集度。

2. 根据 $M(x)$、$Q(x)$、$q(x)$ 之间的微分关系说明梁的内力图的规律

应用 $M(x)$、$Q(x)$、$q(x)$ 之间的微分关系及几何意义,可以总结出下列一些规律,利用这些规律可校核和绘制梁的剪力图和弯矩图。

①**在无分布荷载的梁段:剪力图是一条平行于 x 轴的直线;弯矩图是一条斜直线。**

②**在均布荷载作用的梁段:剪力图是一条斜直线;弯矩图为二次抛物线。**

③**弯矩的极值:在剪力 $Q(x) = 0$ 的截面处,$M(x)$ 有极值。**

利用上述规律,可简捷地绘制梁的剪力图和弯矩图,其步骤如下:

①分段,即根据梁上外力及支承等情况将梁分成若干段;

②根据各段梁上的荷载情况,判断其剪力图和弯矩图的大致形状;

③利用计算内力的简捷方法,求出若干控制截面上的剪力和弯矩;

④逐段直接绘出梁的剪力图和弯矩图。

【例 6 – 10】一外伸梁上荷载如图 6 – 19(a)所示,利用微分关系绘出其剪力图和弯矩图。

【解】①求支座反力。

$$R_B = 20 \text{ kN}(\uparrow)$$

$$R_D = 8 \text{ kN}(\uparrow)$$

②根据梁上的外力情况将梁分为 AB、BC、CD 三段。

③计算控制截面剪力,画剪力图。

AB 段梁上有均布荷载,该段梁的剪力图为斜直线,其控制截面的剪力

$$Q_A = 0$$

$$Q_{B左} = -2 \times 4 = -8 \text{ kN}$$

BC 段和 CD 段均为无荷载区段,剪力图均为水平线,其控制截面的剪力

$$Q_{B右} = -2q + R_B = (-8 + 20)\text{kN} = 12 \text{ kN}$$

$$Q_{D左} = -R_D = -8 \text{ kN}$$

画出剪力图如图 6 – 19(b)所示。

④计算控制截面弯矩,画弯矩图。

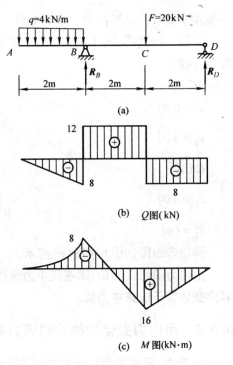

图 6 – 19

AB 段梁上有均布荷载,该段梁的弯矩图为二次抛物线,因 q 向下($q < 0$),所以曲线向下凸,其控制截面的弯矩

$$M_A = 0$$

$$M_B = -2q \times 1 = -8 \text{ kN} \cdot \text{m}$$

BC 段与 CD 段均为无荷载区段,弯矩图均为斜直线,其控制截面的弯矩

$$M_B = -8 \text{ kN} \cdot \text{m}$$

$$M_C = R_D \times 2 = 16 \text{ kN} \cdot \text{m}$$

$$M_D = 0$$

画出弯矩图如图 6 – 19(c)所示。

【例 6 – 11】一简支梁的尺寸及梁上荷载如图 6 – 20(a)所示,利用微分关系绘出此梁的剪力图和弯矩图。

【解】①求支座反力。

$$R_A = 6 \text{ kN}(\uparrow)$$

$$R_B = 18 \text{ kN}(\uparrow)$$

②根据梁上的荷载情况,将梁分为 AC、CB 两段,逐段画出内力图。

③计算控制截面的剪力,画剪力图。

AC 段为无荷载区段,剪力图为水平线,其控制截面的剪力

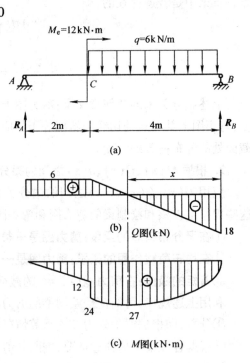

图 6 – 20

$$Q_A = R_A = 6 \text{ kN}$$

CB 段作用有均布荷载,剪力图为斜直线,其控制截面的剪力

$$Q_C = R_A = 6 \text{ kN}$$

$$Q_B = -R_B = -18 \text{ kN}$$

画出剪力图如图 6-20(b)所示。

④计算控制截面的弯矩,画弯矩图。

AC 段为无荷载区段,弯矩图为斜直线,其控制截面的弯矩

$$M_A = 0$$

$$M_{C左} = R_A \times 2 = 12 \text{ kN} \cdot \text{m}$$

CB 段作用有均布荷载,由于 q 向下,弯矩图为下凸的二次抛物线,其控制截面的弯矩

$$M_B = 0$$

$$M_{C右} = R_A \times 2 + M_e = 6 \times 2 + 12 = 24 \text{ kN} \cdot \text{m}$$

从剪力图可知,此段弯矩图中存在着极值,应该求出极值所在的截面位置及其大小。

设弯矩具有极值的截面距右段的距离为 x,由该截面上剪力等于零的条件可求得 x 值,即

$$Q(x) = -R_B + qx = 0$$

$$x = 3 \text{ m}$$

弯矩的极值

$$M_{\max} = R_B \cdot x - \frac{qx^2}{2} = \left(18 \times 3 - \frac{6 \times 3^2}{2}\right) \text{kN} \cdot \text{m} = 27 \text{ kN} \cdot \text{m}$$

画出弯矩图如图 6-20(c)所示。

【例 6-12】利用内力图的规律,作图 6-21(a)所示梁的 Q、M 图。

【解】①求支座反力。

$$R_A = 30 \text{ kN}(\uparrow) \quad R_B = 30 \text{ kN}(\uparrow)$$

②根据梁上的荷载情况,将梁分为 AC、CD、DB 三段,逐段画出内力图。

③计算控制截面的剪力,画剪力图。

AC 段为无荷载区段,剪力图为水平线,其控制截面的剪力

$$Q_A = R_A = 30 \text{ kN}$$

CD 段为无荷载区段,剪力图为水平线,其控制截面的剪力

$$Q_{C右} = R_A - P = 10 \text{ kN}$$

DB 段作用有均布荷载,由于 q 向下,剪力图为下斜的直线,其控制截面的剪力

$$Q_D = Q_{C右} = R_A - P = 10 \text{ kN}$$

$$Q_{B左} = -R_B = -30 \text{ kN}$$

由以上控制截面的 Q 值,画出剪力图如图 6-21(b)所示。

由 Q 图可见在 E 截面处 $Q = 0$,此截面的位置可由三角形的比例关系求出,即

$$\frac{10}{30} = \frac{(4 - EB)}{EB}$$

得

$$EB = 3 \text{ m}$$

④计算控制截面的弯矩,画弯矩图。

AC、CD 两段为无荷载区段,弯矩图均为斜直线,由于两段的 Q 值不同,故在 C 处有转折。在 D 截面处有集中力偶,弯矩图要发生突变。DB 段有向下的均布荷载,故弯矩图为一向下凸的二次抛物线,各控制截面的弯矩

$$M_A = 0 \qquad M_B = 0$$

$$M_C = R_A \times 2 = 60 \text{ kN} \cdot \text{m}$$

$$M_{D左} = R_A \times 4 - P \times 2 = 30 \times 4 - 20 \times 2 = 80 \text{ kN} \cdot \text{m}$$

$$M_{D右} = R_A \times 4 - P \times 2 - m = 30 \times 4 - 20 \times 2 - 40 = 40 \text{ kN} \cdot \text{m}$$

$$M_E = R_A \times 5 - P \times 3 - m - q \times 1 \times \frac{1}{2}$$

$$= 30 \times 5 - 20 \times 3 - 40 - 10 \times \frac{1}{2} \times 1 = 45 \text{ kN} \cdot \text{m}$$

由以上各弯矩控制值作弯矩图如图 6 – 21(c)所示。

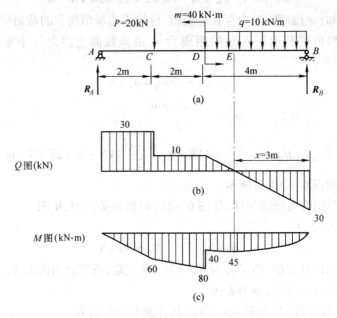

图 6 – 21

【例 6 –13】作图 6 – 22 所示外伸梁的剪力图和弯矩图,已知 $P = 20$ kN,$q = 20$ kN/m。

【解】①求支座反力。

$$R_A = 56 \text{ kN}(\uparrow) \qquad R_B = 164 \text{ kN}(\uparrow)$$

②根据梁上的荷载情况,将梁分为 AC、CB、BD 三段,逐段画出内力图。

③计算控制截面的剪力,画剪力图。

AC 段为无荷载区段,剪力图为水平线,其控制截面的剪力

$$Q_A = R_A = 56 \text{ kN}$$

CB 段作用有均布荷载,剪力图为斜直线,其控制截面的剪力

$$Q_C = R_A = 56 \text{ kN}$$

$$Q_{B左} = R_A - 8q = 56 - 8 \times 20 = 104 \text{ kN}$$

BD 段作用有均布荷载,由于 q 向下,剪力图为下斜的直线,其控制截面的剪力

$$Q_{B右} = P + 2q = 20 + 2 \times 20 = 60 \text{ kN}$$

$$Q_{D左} = P = 20 \text{ kN}$$

由以上控制截面的 Q 值,画出剪力图如图 6 – 22(b)所示。

由 Q 图可见在 E 截面处 $Q=0$,此截面的位置可由三角形的比例关系求出,即

$$\frac{56}{104} = \frac{CE}{8 - CE}$$

得

$$CE = 2.8 \text{ m}$$

④计算控制截面的弯矩,画弯矩图。

AC 段为无荷载区段,弯矩图为斜直线;CB、BD 段有向下的均布荷载,故弯矩图均为向下凸的二次抛物线。各控制截面的弯矩

$$M_A = 0$$

$$M_C = R_A \times 2 = 112 \text{ kN} \cdot \text{m}$$

$$M_B = R_A \times 10 - q \times 8 \times 4 = (56 \times 10 - 20 \times 8 \times 4) \text{kN} \cdot \text{m} = -80 \text{ kN} \cdot \text{m}$$

$$M_E = R_A \times 4.8 - q \times 2.8^2 \times \frac{1}{2} = (56 \times 4.8 - 20 \times 2.8^2 \times \frac{1}{2}) \text{kN} \cdot \text{m} = 190.4 \text{ kN} \cdot \text{m}$$

$$M_D = 0$$

由以上各弯矩控制值作弯矩图如图 6 – 22(c)所示。

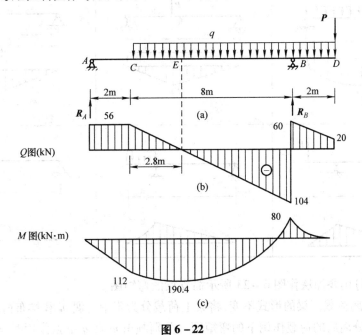

图 6 – 22

6.3.3 用叠加法画弯矩图

1. 叠加原理

当梁在荷载作用下的变形很微小时,其跨长的改变可忽略不计,因而在求梁的支座反力和内力时,均可按原始尺寸进行计算,所得结果均与梁上荷载呈线性关系。在这种情况下,

当梁上有多项荷载作用时,每一项荷载所引起的支座反力和内力不受其他荷载的影响。所以,梁在多个荷载共同作用时所引起的某一参数(内力、支座反力、应力和变形等),等于梁在各个荷载单独作用时所引起的同一参数的代数和,这种关系称为叠加原理。

2. 叠加法画弯矩图

由于弯矩可以叠加,故表达弯矩沿梁长度变化情况的弯矩图也可以按叠加原理作出,即分别作出各单项荷载单独作用下的弯矩图,然后将其相应的纵坐标代数相加,即得梁在所有荷载共同作用下的弯矩图。当对梁在简单荷载作用下的弯矩图很熟悉时,用这一方法作梁在多项荷载作用下的弯矩图是很方便的。

单跨梁在简单荷载作用下的弯矩图见表6-1。

表6-1　单跨梁在简单荷载作用下的弯矩图

【例6-14】用叠加法作图6-23所示简支梁的弯矩图。

【解】①分离荷载。梁的形式不变,将梁上荷载分为集中力偶 m 和均布荷载 q 两组。

②作梁在分离后的荷载作用下的弯矩图。分别画出 m 和 q 单独作用时梁的弯矩图(图6-23(b)、(c))。

③用叠加原理计算控制截面的弯矩值:

$$M_A = -m + 0 = -m$$

$$M_B = 0 + 0 = 0$$

$$M_C = \frac{ql^2}{8} - \frac{m}{2}$$

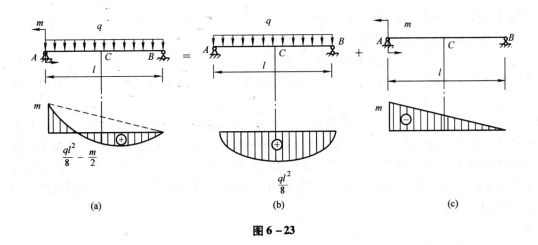

图 6 – 23

④作总的弯矩图。叠加时宜先画直线形的弯矩图,再叠加曲线形或折线形的弯矩图,如图 6 – 23(a)所示。

由本例可知,用叠加法作弯矩图,一般不能直接求出最大弯矩的精确值,若需要确定最大弯矩的精确值,应找出剪力 $Q=0$ 的截面位置,求出该截面的弯矩,即得到最大弯矩的精确值。

【例 6 – 15】用叠加法画出图 6 – 24 所示简支梁的弯矩图。

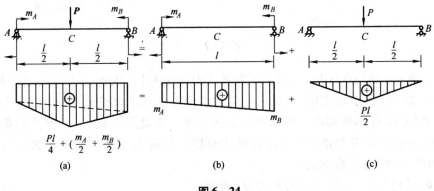

图 6 – 24

【解】①分离荷载。将梁上荷载分为两组,其中集中力偶 m_A 和 m_B 为一组,集中力 P 为一组。

②作梁在分离后的荷载作用下的弯矩图。分别画出两组荷载单独作用下的弯矩图(图 6 – 24(b)、(c))。

③用叠加原理计算控制截面的弯矩值:

$$M_A = m_A + 0 = m_A$$
$$M_B = m_B + 0 = m_B$$
$$M_C = \frac{m_A + m_B}{2} + \frac{Pl}{4}$$

④将这两个弯矩图相叠加,叠加方法如图 6 – 24(a)所示。先作出直线形的弯矩图(用虚线画出),再以虚线为基准线作出折线形的弯矩图。这样,将两个弯矩图相应纵坐标代数

相加后,就得到两组荷载共同作用下的最后弯矩图(图6-24(a))。

3. 用区段叠加法画弯矩图

上面介绍了利用叠加法画全梁的弯矩图。现在进一步把叠加法推广到画某一段梁的弯矩图,这对画复杂荷载作用下梁的弯矩图和今后画刚架、超静定梁的弯矩图是十分有用的。

图6-25(a)所示为一梁承受荷载 F、q 作用,如果已求出该梁截面 A 的弯矩 M_A 和截面 B 的弯矩 M_B,则可取出 AB 段为脱离体(图6-25(b)),然后根据脱离体的平衡条件分别求出截面 A、B 的剪力 Q_A、Q_B。将此脱离体与图6-25(c)的简支梁相比较,由于简支梁受相同的集中力 F 及杆端力偶 M_A、M_B 作用,因此由简支梁的平衡条件可求得支座反力 $Y_A = Q_A$,$Y_B = Q_B$。

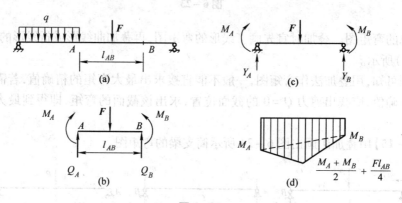

图 6-25

可见,图6-25(b)与图6-25(c)两者受力完全相同,因此两者弯矩也必然相同,对于图6-25(c)所示简支梁,可以用上面讲的叠加法作出其弯矩图如图6-25(d)所示,因此可知 AB 段的弯矩图也可以用叠加法作出。由此得出结论:**任意梁段都可以看作简支梁,并可以用叠加法来作该段梁的弯矩图。这种利用叠加法来作某一段梁的弯矩图的方法称为"区段叠加法"。**

【**例6-16**】作图6-26所示外伸梁的弯矩图。

【**解**】①分段。将梁分为 AB、BD 两个区段。

②计算控制截面弯矩。

$$M_A = 0$$

$$M_B = -3 \times 2 \times 1 \text{ kN} \cdot \text{m} = -6 \text{ kN} \cdot \text{m}$$

$$M_D = 0$$

AB 区段 C 点处的弯矩叠加值

$$M_C = \frac{Fab}{a+b} - \frac{2}{3}M_B = \left(\frac{6 \times 4 \times 2}{6} - \frac{2}{3} \times 6\right) \text{kN} \cdot \text{m}$$

$$= 4 \text{ kN} \cdot \text{m}$$

BD 区段中点 E 的弯矩叠加值

$$M_E = \frac{M_B}{2} - \frac{qc^2}{8} = \left(\frac{6}{2} - \frac{3 \times 2^2}{8}\right) \text{kN} \cdot \text{m} = 1.5 \text{ kN} \cdot \text{m}$$

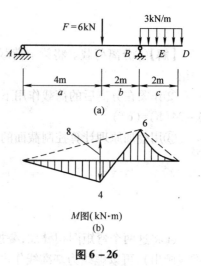

M 图(kN·m)
(b)

图 6-26

③作弯矩图,如图 6 – 26(b)所示。

由本例可以看出,用区段叠加法作外伸梁的弯矩图时,可以不求支座反力就可以画出其弯矩图。所以,用区段叠加法作弯矩图是非常方便的。

6.4　梁弯曲时的应力及强度条件

为了解决梁的强度计算问题,在求得梁的内力后,必须进一步研究梁横截面上的应力分布规律。

通常梁受外力弯曲时,其横截面上同时有剪力和弯矩,于是在梁的横截面上将同时存在剪应力和正应力,由于大部分梁的强度受正应力的控制,故主要研究正应力的分布规律及其计算。

6.4.1　梁横截面上的正应力

1. 正应力分布规律

为了解正应力在横截面上的分布情况,可先观察梁的变形,取一弹性较好的矩形截面梁如图 6 – 27(a)所示,在其表面上画上与轴线平行的纵向线 ab、cd 及与轴线垂直的横向线 ac、bd,构成一小矩形,然后在梁的两端施加一对外力偶 M,使梁发生纯弯曲变形,如图 6 – 27(b)所示,这时可观察到下列现象:

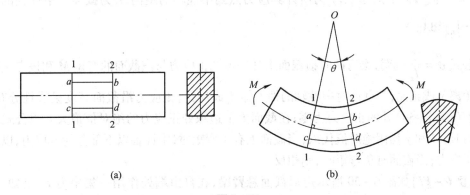

(a)　　　　　　　　　　(b)

图 6 – 27

①各横向线仍为直线,但倾斜了一个角度;
②各纵向线弯成曲线,但仍与横向线保持垂直;
③矩形截面的上部变宽,下部变窄。

根据上面所观察到的现象,推测梁的内部变形,可作出如下的假设和判断。

①平面假设:横向线代表横截面,变形前后都是直线,表明横截面变形后仍保持平面,且仍垂直于弯曲后的梁轴线。

②单向受力假设:将梁看成由无数根纵向纤维组成,各纤维只受到轴向拉伸或压缩,不存在相互挤压。

上部的纵线缩短,截面变宽,表示上部各根纤维受压缩;下部的纵线伸长,截面变窄,表示下部的各根纤维受拉伸。从上部各层纤维缩短到下部各层纤维伸长的连续变化中,必有一层纤维既不伸长,也不缩短,这层纤维称为中性层。中性层与横截面的交线称为中性轴,如图 6 – 28 所示,中性轴将横截面分为受拉和受压两个区域。通过进一步的分析可知,各层纵向纤维的线应变沿截面高度为线性变化规律,从而由虎克定律可推出,梁弯曲时横截面上的应力沿截面高度呈线性规律变化,如图 6 – 28 所示。

2. 正应力计算公式

如图 6 – 29 所示,根据理论推导(推导从略),梁弯曲时横截面上任意一点 K 的正应力的计算公式为

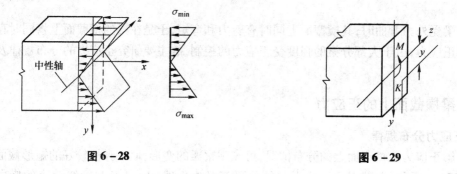

图 6 – 28　　　　　　　　　　　　图 6 – 29

$$\sigma = \frac{My}{I_z} \tag{6-1}$$

式中:M 为横截面上的弯矩;y 为所计算应力点到中性轴的距离;I_z 为截面对中性轴的惯性矩,$I_z = \int_A y^2 \mathrm{d}A$。

公式 $\sigma = \dfrac{My}{I_z}$ 说明,梁弯曲时横截面上任一点的正应力与该截面的弯矩 M 和该点到中性轴的距离 y 成正比,与截面对中性轴的惯性矩 I_z 成反比,正应力沿截面高度呈线性分布;中性轴上($y=0$)各点处的正应力为零;在截面上下边缘处正应力的绝对值最大。用公式计算正应力时,M 和 y 均用绝对值代入,当截面上有正弯矩时,中性轴以下部分为拉应力,以上部分为压应力;当截面有负弯矩时,则相反。

【**例 6 – 17**】如图 6 – 30 所示矩形截面悬臂梁,在自由端处作用一集中力 F,已知 $F = 3$ kN,$h = 180$ mm,$b = 120$ mm,$y = 60$ mm,$l = 3$ m,$a = 2$ m,求 C 截面上 K 点的正应力。

【**解**】①计算 C 截面的弯矩:

$$M_C = -Fa = -6 \text{ kN} \cdot \text{m}$$

②计算截面对中性轴的惯性矩:

$$I_z = \frac{bh^3}{12} = \frac{120 \times 180^3}{12} \text{ mm}^4 = 58.32 \times 10^6 \text{ mm}^4$$

③计算 C 截面上 K 点的正应力:

$$\sigma_K = \frac{M_C y}{I_z} = \frac{6 \times 10^6 \times 60}{58.32 \times 10^6} \text{ MPa} = 6.17 \text{ MPa}$$

由于 C 截面的弯矩为负,K 点位于中性轴上方,所以 K 点的应力为拉应力。

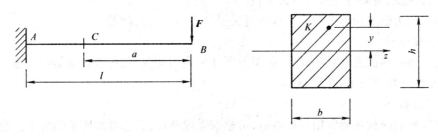

图 6 – 30

6.4.2　梁的正应力强度条件

1. 最大正应力

在强度计算时必须算出梁的最大正应力。产生最大正应力的截面称为危险截面。对于等直梁,最大弯矩所在的截面就是危险截面。危险截面上的最大应力点称为危险点。它发生在距中性轴最远的上、下边缘处。对于中性轴为截面对称轴的梁,其最大正应力值

$$\sigma_{max} = \frac{M_{max} y_{max}}{I_z}$$

令 $W_z = \dfrac{I_z}{y_{max}}$,则

$$\sigma_{max} = \frac{M_{max}}{W_z} \qquad\qquad (6-2)$$

式中:W_z 为抗弯截面系数(或模量),它是一个与截面形状和尺寸有关的几何量,其常用单位为 m^3 或 mm^3,对高为 h、宽为 b 的矩形截面,其抗弯截面系数

$$W_z = \frac{I_z}{y_{max}} = \frac{bh^3/12}{h/2} = \frac{bh^2}{6}$$

对直径为 D 的圆形截面,其抗弯截面系数

$$W_z = \frac{I_z}{y_{max}} = \frac{\pi D^4/64}{D/2} = \frac{\pi D^3}{32}$$

对工字钢、槽钢、角钢等型钢截面的抗弯截面系数 W_z,可以从附录型钢表中查得。

2. 正应力强度条件

为了保证梁具有足够的强度,必须使梁危险截面上的最大正应力不超过材料的许用应力,即

$$\sigma_{max} = \frac{M_{max}}{W_z} \leqslant [\sigma] \qquad\qquad (6-3)$$

式(6-3)为梁的正应力强度条件。

在一般情况下,梁的强度大多是由正应力强度条件来控制的。因此,梁的强度计算可按正应力强度条件进行计算,再按剪应力强度条件进行校核。一般情况下,剪应力强度都能满足,但在少数特殊情况下,有可能剪应力强度条件成为控制条件,需校核剪应力。例如对一些长度较短,横截面高度较大的梁;或梁的横截面积虽小,但多分布在远离直线轴位置(如工字型截面)的梁;或当梁有较大的横向力时,需计算梁的剪切强度。在这里暂不讨论剪应

力及剪应力强度,需要时可参阅有关资料。

根据正应力强度条件可解决工程中有关强度方面的三类问题。

(1)强度校核

在已知梁的横截面形状和尺寸、材料及所受荷载的情况下,可校核梁是否满足正应力强度条件,即校核是否满足式(6－3)。

(2)设计截面

当已知梁的荷载和梁所用的材料时,可根据强度条件,先计算出所需的最小抗弯截面系数,即

$$W_z \geq \frac{M_{\max}}{[\sigma]} \qquad\qquad (6-4)$$

然后根据梁的截面形状,再由 W_z 值确定截面的具体尺寸或型钢号。

(3)确定许用荷载

已知梁的材料、横截面形状和尺寸,根据强度条件先算出梁所能承受的最大弯矩,即

$$M_{\max} \leq W_z[\sigma] \qquad\qquad (6-5)$$

然后由 $M_{\max}$ 与荷载的关系,算出梁所能承受的最大荷载。

【例6－18】如图6－31所示,一悬臂梁长 $l = 1.5$ m,自由端受集中力 $F = 32$ kN 作用,梁由 No22a 工字钢制成,自重按 $q = 0.33$ kN/m 计算,$[\sigma] = 170$ MPa。试校核梁的正应力强度。

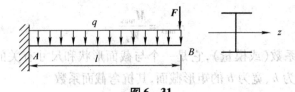

图6－31

【解】①求最大弯矩的绝对值。

$$|M_{\max}| = Fl + \frac{ql^2}{2} = (32 \times 1.5 + \frac{1}{2} \times 0.33 \times 1.5^2)\,\text{kN} = 48.4\,\text{kN}$$

②查型钢表,得 No22a 的抗弯截面系数

$$W_z = 309\ \text{cm}^3$$

③校核正应力强度:

$$\sigma_{\max} = \frac{M_{\max}}{W_z} = \frac{48.4 \times 10^6}{309 \times 10^3} = 157\ \text{MPa} < [\sigma] = 170\ \text{MPa}$$

满足正应力强度条件。

【例6－19】一热轧普通工字钢截面简支梁如图6－32所示,已知 $l = 6$ m,$F_1 = 15$ kN,$F_2 = 21$ kN,钢材的许用应力 $[\sigma] = 170$ MPa,试选择工字钢的型号。

【解】①画弯矩图,确定 $M_{\max}$(图6－32):

$$M_{\max} = 38\ \text{kN} \cdot \text{m}$$

②计算工字钢梁所需的抗弯截面系数:

$$W_z \geq \frac{M_{\max}}{[\sigma]} = \frac{38 \times 10^6}{170}\ \text{mm}^3 = 223.5 \times 10^3\ \text{mm}^3 = 223.5\ \text{cm}^3$$

③选择工字钢的型号:由附录查型钢表得 No20a 工字钢的 W_z 值为 237 cm³,略大于所需的抗弯截面系数,故采用 No20a 号工字钢。

【例 6-20】如图 6-33 所示为 No40a 号工字钢简支梁,跨度 $l=8$ m,跨中点受集中力 $\boldsymbol{F}$ 作用,已知 $[\sigma]=140$ MPa,考虑自重,求许用荷载 $[F]$。

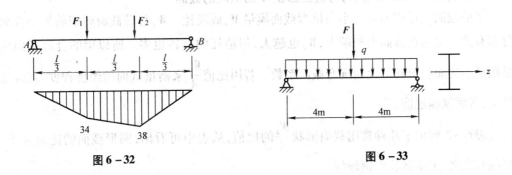

图 6-32　　　　　　　　　　　　　图 6-33

【解】①由型钢表查有关数据:

工字钢每米自重 $q=67.6$ kgf/m ≈ 676 N/m;

抗弯截面系数 $W_z=1\,090$ cm³。

②按强度条件求许用荷载 $[F]$:

$$M_{max}=\frac{ql^2}{8}+\frac{Fl}{4}=(\frac{1}{8}\times676\times8^2+\frac{1}{4}\times F\times8)\text{N}\cdot\text{m}=(5\,408+2F)\text{N}\cdot\text{m}$$

根据强度条件 $|M_{max}|\leqslant W_z[\sigma]$,有

$$5\,408+2F\leqslant1\,090\times10^{-3}\times140\times10^6$$

解得

$$[F]=73\,600\text{ N}=73.6\text{ kN}$$

6.5　提高梁弯曲强度的措施

提高梁的弯曲强度,就是在材料消耗最低的前提下,提高梁的承载能力,从而使设计满足既安全又经济的要求。

如前所述,一般控制弯曲强度的主要因素是弯曲应力,由等截面梁的正应力强度条件 $\sigma_{max}=\dfrac{M_{max}}{W_z}\leqslant[\sigma]$ 可以看出,危险点的弯曲正应力与危险截面上的弯矩成正比,与抗弯截面模量成反比。因此,提高梁的弯曲强度(即降低危险点的正应力),主要从降低最大弯矩值和增大抗弯截面模量这两方面进行。

6.5.1　降低最大弯矩值的措施

1. 合理安排梁的受力情况

最大弯矩值不仅与荷载的大小有关,而且与荷载的作用位置和作用方式有关。如果工程条件允许,应尽量将荷载分散或将荷载靠近支座。

2. 合理布置支座位置

由于梁的最大弯矩与梁的跨度有关,如果可能,尽量减小梁的跨度或适当增加支座,从

而降低最大弯矩值,例如均布荷载作用的简支梁,把梁两端外伸或在梁中间增加一个支座,均可减小最大弯矩值。

6.5.2　选择合理的截面形状

1. 选择抗弯截面模量 W_z 与截面面积 A 比值高的截面

梁的截面上正应力的大小与抗弯截面模量 W_z 成反比。W_z 与横截面面积的大小及面积分布有关。梁的横截面面积越大,W_z 也越大,但消耗的材料也多。所以梁的合理截面应该是用最小的面积得到最大的抗弯截面系数。若用比值 $\dfrac{W_z}{A}$ 来衡量截面的经济程度,则该比值越大,截面就越经济。

表 6-2 列出了几种常用截面形状 $\dfrac{W_z}{A}$ 的比值,从表中可看出,圆形截面的比值最小,矩形截面次之,工字钢及槽钢较好。

表 6-2　几种常用截面 W_z/A 的比值

截面形状			d=0.8D		
$\dfrac{W_z}{A}$	0.167h	0.125d	0.205D	(0.27~0.31)h	(0.27~0.31)h

截面形状的合理性,也可以从正应力分布来说明,弯曲正应力沿截面高度呈线性规律分布,在中性轴附近正应力很小,这部分材料强度没有得到充分的利用,如果将这部分材料移到距中性轴较远处,便可使它得到充分的利用,形成合理截面,因此工程中常采用工字形、槽形、箱形截面梁。

2. 根据材料的特性选择截面

对于抗拉和抗压强度相等的塑性材料,可采用对称于中性轴的截面,如矩形、圆形、工字形等截面。对脆性材料来说,由于其抗拉强度远低于抗压强度,应采用不对称于中性轴的截面,即使梁的形心靠近受拉的一侧,就会使梁的截面上的最大拉应力小于最大压应力,以充分发挥脆性材料的作用,从而提高梁的承载能力。

3. 采用变截面梁

等截面梁的截面尺寸是根据危险截面上的最大弯矩值确定的,所以只有在最大弯矩值所在的截面,最大应力才有可能接近容许应力,其他截面由于弯矩值小,最大应力都未达到容许应力值,材料未得到充分利用,因此若根据弯矩图的形状,沿梁轴线在弯矩值大的部位,相应采用较大的截面;在弯矩值小的部位,相应采用较小的截面。这种截面沿梁轴线变化的梁称为变截面梁。

最理想的变截面梁是等强度梁,即使梁的各截面的最大工作应力相等,且接近材料的容许应力,但因截面变化,这种梁的施工较困难,因此在工程上常采用形状简单的变截面梁来代替理论上的等强度梁。

6.6　梁的变形

为了保证梁在荷载作用下的正常工作,除满足强度要求外,同时还需满足刚度要求。刚度要求就是控制梁在荷载作用下产生的变形在一定限度内,否则会影响结构的正常使用。例如,楼面梁变形过大时,会使下面的抹灰层开裂、脱落;吊车梁的变形过大时,将影响吊车的正常运行等。

6.6.1　挠度和转角

梁在荷载作用下产生弯曲变形后,其轴线为一条光滑的平面曲线,此曲线称为梁的挠曲线或梁的弹性曲线。如图 6 - 34 所示的悬臂梁,*AB* 表示梁变形前的轴线,*AB'* 表示梁变形后的挠曲线。

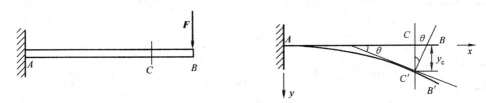

图 6 - 34

1. 挠度

梁任一横截面形心在垂直于梁轴线方向的竖向位移 *CC'* 称为挠度,用 y 表示,单位为 mm,并规定向下为正。

2. 转角

梁任一横截面相对于原来位置所转动的角度,称为该截面的转角,用 θ 表示,单位为 rad(弧度),并规定顺时针转动为正。

6.6.2　用叠加法求梁的变形

由于梁的变形与荷载呈线性关系,所以可以用叠加法计算梁的变形。即先分别计算每一种荷载单独作用时所引起梁的挠度或转角,然后再将它们代数相加,就得到梁在几种荷载共同作用下的挠度或转角。

梁在简单荷载作用下的挠度和转角可从表 6 - 3 中查得。

【例 6 - 21】使用叠加法计算图 6 - 35 所示梁的跨中挠度 y_c 与 A 截面的转角 θ_A。

【解】可先分别计算 q 与 F 单独作用下的跨中挠度 y_{c1} 和 y_{c2},由表 6 - 3 查得:

$$y_{c1} = \frac{5ql^4}{384EI} \qquad y_{c2} = \frac{Fl^3}{48EI}$$

q、F 共同作用下的跨中挠度则为

$$y_c = y_{c1} + y_{c2} = \frac{5ql^4}{384EI} + \frac{Fl^3}{48EI}$$

表 6 – 3　梁在简单荷载作用下的挠度和转角

梁的简图	梁端转角	最大挠度	挠曲线方程
	$\theta_B = \dfrac{Fl^2}{2EI_z}$	$y_{max} = \dfrac{Fl^3}{3EI_z}$	$y = \dfrac{Fx^2}{6EI_z}(3l-x)$
	$\theta_B = \dfrac{Fa^2}{2EI_z}$	$y_{max} = \dfrac{Fa^2}{6EI_z}(3l-a)$	$y = \dfrac{Fx^2}{6EI_z}(3a-x)\,,0 \leqslant x \leqslant a$ $y = \dfrac{Fa^2}{6EI_z}(3x-a)\,,a \leqslant x \leqslant l$
	$\theta_B = \dfrac{ql^3}{6EI_z}$	$y_{max} = \dfrac{ql^4}{8EI_z}$	$y = \dfrac{qx^2}{24EI_z}(x^2+6l^2-4lx)$
	$\theta_B = \dfrac{M_c l}{EI_z}$	$y_{max} = \dfrac{M_c l^2}{2EI_z}$	$y_{max} = \dfrac{M_c x^2}{2EI_z}$
	$\theta_A = -\theta_B = \dfrac{Fl^2}{16EI_z}$	$y_{max} = \dfrac{Fl^3}{48EI_z}$	$y_{max} = \dfrac{Fx}{48EI_z}(3l^2-4x^2)\,,0 \leqslant x \dfrac{l}{2}$
	$\theta_A = -\theta_B = \dfrac{ql^3}{24EI_z}$	$y_{max} = \dfrac{5ql^4}{384EI_z}$	$y = \dfrac{qx^2}{24EI_z}(l^2-2lx^2+x^3)$
	$\theta_A = \dfrac{Fab(l+b)}{6lEI_z}$ $\theta_B = \dfrac{-Fab(l+a)}{6lEI_z}$	$y_{max} = \dfrac{Fb\,(l^2-b^2)^{1.5}}{9\sqrt{3}lEI_z}$ $x = \sqrt{\dfrac{l^2-b^2}{3}}$	$y = \dfrac{Fbx}{6lEI_z}(l^2-b^2-x^2)$ $0 \leqslant x \leqslant a$ $y = \dfrac{F}{EI_z}\left[\dfrac{b}{6l}(l^2-b^2-x^2)x+\dfrac{1}{6}(x-a)^3\right]$ $a \leqslant x \leqslant l$
	$\theta_A = \dfrac{M_c l}{6EI_z}$ $\theta_B = -\dfrac{M_c l}{3EI_z}$	$y_{max} = \dfrac{M_c l^2}{9\sqrt{3}EI_z}$ $x = \dfrac{l}{\sqrt{3}}$	$y_{max} = \dfrac{M_c x}{6lEI_z}(l^2-x^2)$

同样,也可求得 A 截面的转角

$$\theta_A = \theta_{A1} + \theta_{A2} = \frac{ql^3}{24EI} + \frac{Fl^2}{16EI}$$

【例 6 – 22】用叠加法求图 6 – 36(a)所示悬臂梁自由端 C 点的挠度 y_C 与 C 截面的转角 θ_C。

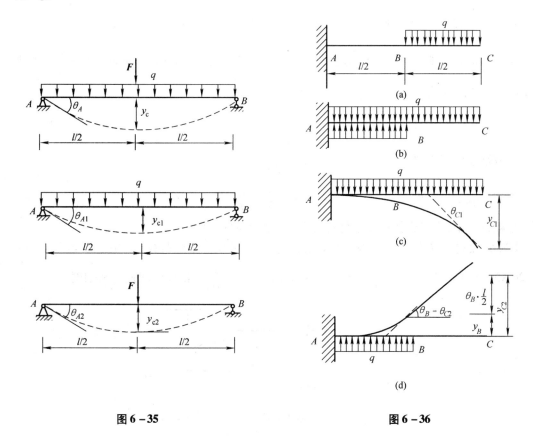

图 6 – 35　　　　　　　　　　　　图 6 – 36

【解】①为了应用叠加法,将均布荷载向左延长至 A 段,为了与原梁的受力等效,在延长部分加上等值反向的均布荷载,如图 6 – 36(b)所示。

②将梁上荷载分解为图 6 – 36(c)和图 6 – 36(d)所示两种简单受力情况。由表 6 – 3查得:

图(c)梁　　　　　　　　　　$y_{C1} = \dfrac{ql^4}{8EI}$　$\theta_{C1} = \dfrac{ql^3}{6EI}$

图(d)梁　　　$y_B = \dfrac{q(l/2)^4}{8EI} = -\dfrac{ql^4}{128EI}$　$\theta_B = \dfrac{q(l/2)^3}{6EI} = -\dfrac{ql^3}{48EI}$

由于 $\theta_{C2} = \theta_B$,所以

$$y_{C2} = y_B + \theta_B \times \frac{l}{2} = -\frac{7ql^4}{384EI}$$

③叠加求梁自由端 C 截面的挠度和转角:

C 截面的挠度　　　　　$y_C = y_{C1} + y_{C2} = \dfrac{ql^4}{8EI} - \dfrac{7ql^4}{384EI} = \dfrac{41ql^4}{384EI}$

C 截面的转角　　　　　$\theta_C = \theta_{C1} + \theta_{C2} = \dfrac{ql^3}{6EI} - \dfrac{ql^3}{48EI} = \dfrac{7ql^3}{48EI}$

6.6.3　梁的刚度条件

在建筑工程中,通常只校核梁的最大挠度。一般是以挠度的容许值与跨长的比值 $[\frac{f}{l}]$ 作为校核的标准。即梁在荷载作用下产生的最大挠度与跨长的比值不能超过 $[\frac{f}{l}]$。则梁的刚度条件可表示为

$$\frac{y_{\max}}{l} \leqslant [\frac{f}{l}] \tag{6-6}$$

一般钢筋混凝土梁　　　　　$[\frac{f}{l}] = \frac{1}{300} \sim \frac{1}{200}$

钢筋混凝土吊车梁　　　　　$[\frac{f}{l}] = \frac{1}{600} \sim \frac{1}{500}$

工程设计中,一般先按强度条件设计,再用刚度条件校核。

【例6-23】一简支梁由No28b工字钢制成,跨中承受一集中荷载如图6-37所示,已知 $F = 20$ kN,$l = 9$ m,$E = 210$ GPa,$[\sigma] = 170$ MPa,$[\frac{f}{l}] = \frac{1}{500}$。校核梁的强度和刚度。

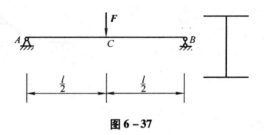

图6-37

【解】①计算最大弯矩:

$$M_{\max} = \frac{Fl}{4} = \frac{20 \times 9}{4} \text{kN} \cdot \text{m} = 45 \text{ kN} \cdot \text{m}$$

②查型钢表得No28b工字钢的有关数据:

$$W_z = 534.286 \text{ cm}^3$$

$$I_z = 7480.006 \text{ cm}^4$$

③强度校核:

$$\sigma_{\max} = \frac{45 \times 10^6}{534.268 \times 10^3} \text{MPa} = 84.2 \text{ MPa} < [\sigma] = 170 \text{ MPa}$$

梁满足强度条件。

④刚度校核:

$$\frac{f}{l} = \frac{Fl^2}{48EI} = \frac{20 \times 10^3 \times (9 \times 10^3)^2}{48 \times 210 \times 10^3 \times 7480.006 \times 10^4} = \frac{1}{465} > [\frac{f}{l}] = \frac{1}{500}$$

梁不满足刚度条件,需增大截面,试改用No32a工字钢,其 $I_z = 11075.525$ cm^4,则

$$\frac{f}{l} = \frac{Fl^2}{48EI} = \frac{20 \times 10^3 \times (9 \times 10^3)^2}{48 \times 210 \times 10^3 \times 11075.525 \times 10^4} = \frac{1}{689} < [\frac{f}{l}] = \frac{1}{500}$$

改用 No32a 工字钢,满足刚度要求。

6.6.4　提高梁弯曲刚度的措施

从表 6-3 可知,梁的最大挠度与梁的荷载、跨度、抗弯刚度 EI 等情况有关,因此要提高梁的刚度,需从以下几方面考虑。

1. 提高梁的抗弯刚度 EI

梁的变形与 EI 成反比,增大梁的 EI 将使梁的变形减小。由于同类材料的 E 值不变,因而只能设法增大梁横截面的惯性矩 I。在面积不变的情况下,采用合理的截面形状,例如采用工字形、箱形及圆环形等截面,可提高惯性矩 I,从而也就提高了 EI。

2. 减小梁的跨度

梁的变形与梁的跨长 l 的 n 次幂成正比。设法减小梁的跨度,将会有效地减小梁的变形。例如将简支梁的支座向中间适当移动变成外伸梁,或在梁的中间增加支座,都是减小梁的变形的有效措施。

3. 改善荷载的分布情况

在结构允许的条件下,合理地调整荷载的作用位置及分布情况,以降低最大弯矩,从而减小梁的变形。例如将集中力分散作用或改为分布荷载,都可起到降低弯矩、减小变形的作用。

本　章　小　结

1. 弯曲与平面弯曲

梁产生弯曲变形的特点是:构件所受荷载为横向荷载(或以横向荷载为主);构件的轴线由直线变成光滑的连续曲线。

作用在梁上的所有荷载均位于纵向对称平面内,梁的轴线弯成一平面曲线且在纵向对称平面内。平面弯曲是工程实际中最常见的弯曲现象。

2. 弯曲内力

梁弯曲时横截面上存在两种内力——弯矩 M 和剪力 Q。

内力与梁上所作用的外力的关系是:

$$剪力\ Q = 截面一侧所有外力在\ y\ 轴上投影的代数和$$

$$弯矩\ M = 截面一侧所有外力对截面形心的力矩的代数和$$

内力图是表示梁各截面内力变化规律的图线。作内力图的主要方法有:

①根据内力方程作内力图;

②利用 M、Q、q 之间的微分关系作内力图;

③应用叠加原理作内力图。

作内力图的步骤一般为:

①求支座反力;

②对梁进行分段(以荷载变化点为分界点);

③列内力方程(或根据 M、Q、q 之间的微分关系确定各段内力图的特征);

④计算控制截面的内力值,作内力图;

⑤确定最大内力的位置和内力值。

3. 弯曲应力

梁弯曲时其横截面上一般存在两种应力——正应力和剪应力。

通常,由弯矩引起的正应力是决定梁强度的主要因素。正应力的计算式为

$$\sigma = \frac{My}{I_z}$$

正应力沿截面高度方向呈线性分布,中性轴处正应力为零,离中性轴最远的边缘处,正应力最大。

中性轴通过截面形心,将截面分为受拉和受压两个区域,应力的方向可根据弯矩的方向来确定。

正应力强度条件为

$$\sigma = \frac{M_{max}}{W_z} \leqslant [\sigma]$$

4. 提高梁承载能力的措施

如何提高梁的承载能力是工程中最关心的问题,虽然途径较多,但降低最大弯矩、合理选择截面形状与尺寸是工程中最常用的方法。

5. 弯曲变形

挠度与转角是梁弯曲变形的两个基本概念。

变形计算的基本方法是积分法,但对一般荷载作用的梁,常用叠加法计算梁的变形。

梁的刚度条件为

$$\frac{y_{max}}{l} \leqslant \left[\frac{f}{l}\right]$$

6. 提高梁弯曲刚度的措施

①提高梁的抗弯刚度 EI。

②减小梁的跨度。

③改善荷载的分布情况。

思 考 题

6-1　梁的剪力与弯矩的正负号是如何规定的?

6-2　M、Q 与 q 间的微分关系是什么?

6-3　叠加法绘制弯矩图的步骤是什么?

6-4　梁弯曲时的强度条件是什么?

6-5　静矩和形心有何关系?

6-6　何谓梁的中性层、中性轴?

6-7　梁弯曲时横截面上的正应力按什么规律分布? 最大正应力和最小正应力发生在何处?

6-8   什么叫挠度、转角?

6-9   用叠加法计算梁的变形,其解题步骤如何?

习　题

6-1　如题 6-1 图所示,试用截面法求梁中 1—1、2—2 截面上的剪力和弯矩(要求画出研究对象的受力图,列出平衡方程求解)。

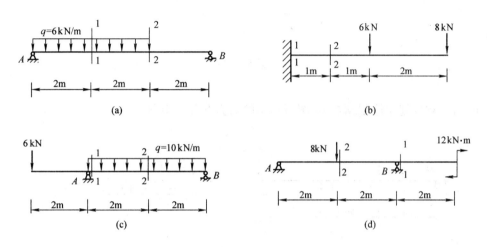

题 6-1 图

6-2　用计算剪力和弯矩的规律,直接求题 6-2 图所示梁指定截面的剪力和弯矩。

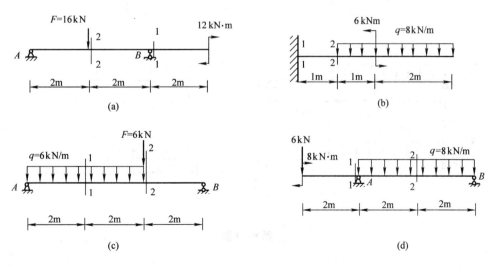

题 6-2 图

6-3　用内力方程绘制题 6-3 图所示各梁的剪力图和弯矩图。

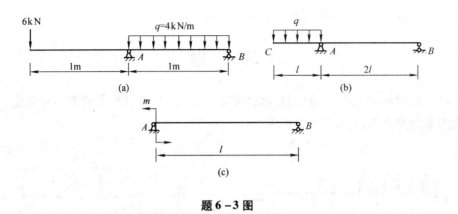

题 6-3 图

6-4 利用规律绘制题6-4图所示梁的剪力图和弯矩图

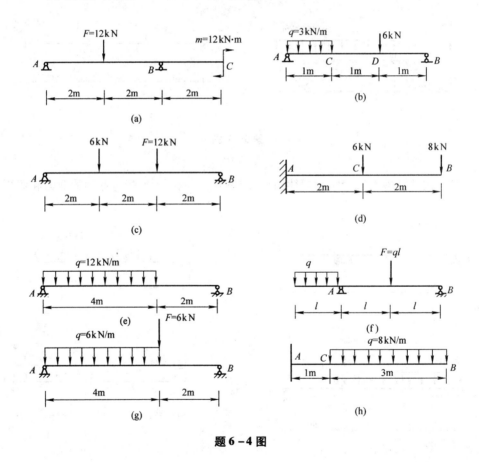

题 6-4 图

6-5 用叠加法作题6-5图所示各梁的弯矩图。

6-6 一工字型钢梁,在跨中作用有集中力 F,如题6-6图所示。已知 $l=6$ m,$F=20$ kN,工字钢的型号为 No20a,求梁中的最大正应力。

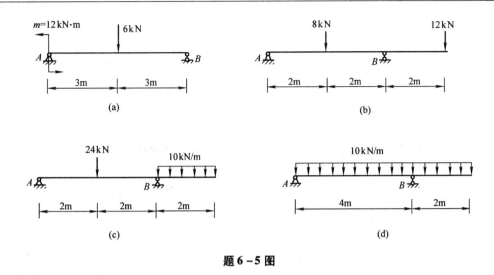

题 6 – 5 图

6 – 7　一矩形截面简支梁如题 6 – 7 图所示,截面宽度 $b = 120$ mm,长度 $h = 180$ mm,材料的许用应力 $[\sigma] = 10$ MPa,求梁能承受的最大荷载 F_{max}。

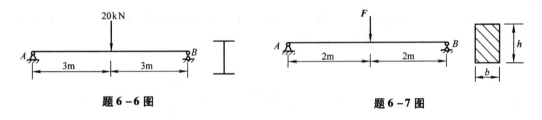

题 6 – 6 图　　　　　　　　　　　　　　　题 6 – 7 图

6 – 8　一圆形截面木梁承受荷载如题 6 – 8 图所示,木材的许用应力 $[\sigma] = 10$ MPa,试选择圆木的直径。

6 – 9　一工字钢简支梁承受荷载如题 6 – 9 图所示,已知型钢号为 No28a,钢材的许用应力 $[\sigma] = 170$ MPa,试校核梁的强度。

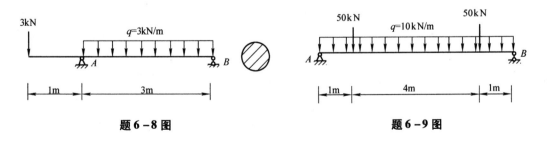

题 6 – 8 图　　　　　　　　　　　　　　　题 6 – 9 图

6 – 10　No20a 工字钢梁如题 6 – 10 图所示,若材料的许用应力 $[\sigma] = 160$ MPa,试求许可荷载 P。

6 – 11　一根由 No22b 工字钢制成的外伸梁,承受均布荷载如题 6 – 11 图所示,已知 $l = 6$ m。若要使梁在支座处和跨中截面上的最大正应力都为 170 MPa,问悬臂的长度 a 和荷载的集度 q 各等于多少?

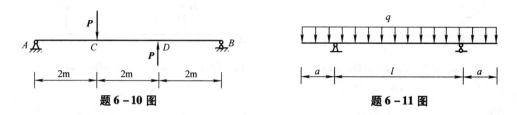

题 6 – 10 图　　　　　　　　　　题 6 – 11 图

6 – 12　试用叠加法求题 6 – 12 图所示梁自由端截面的挠度和转角,梁的抗弯刚度为 EI。

6 – 13　一用 No20b 工字钢制成简支梁如题 6 – 13 图所示,已知 $q = 4$ kN/m, $m = 4$ kN · m, $l = 6$ m, $E = 200$ GPa, $[\frac{f}{l}] = \frac{1}{400}$,校核梁的刚度。

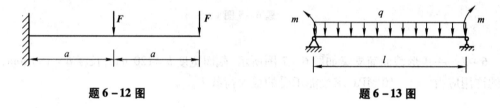

题 6 – 12 图　　　　　　　　　　题 6 – 13 图

6 – 14　题 6 – 14 图所示工字钢简支梁,已知 $q = 4$ kN/m, $P = 10$ kN, $l = 6$ m, $E = 200$ GPa, $[\sigma] = 160$ MPa,试选择工字钢型号。

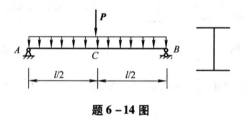

题 6 – 14 图

第7章 应力状态 强度理论 组合变形

【学习重点】

➤ 了解一点处应力状态的概念及研究方法;
➤ 掌握平面应力状态的应力分析及主应力和最大剪应力的计算;
➤ 了解构件破坏的概念及分类,理解强度理论及其设计表达式;
➤ 理解组合变形的分析和研究方法,掌握组合变形的强度计算。

7.1 应力状态的概念

7.1.1 一点处的应力状态

如前面两章分析的梁和轴,同一横截面上不同点的应力是不相同的;本章还将证明过同一点的不同方向面上的应力,一般情形下也是不相同的。因此,当提及应力时,必须指明"哪一个面上哪一点"的应力或者"哪一点哪一个方向面"上的应力。

所谓"应力状态"又称为一点处的应力状态,是指过一点不同方向面上应力的集合。

7.1.2 为什么要研究一点处的应力状态

前面研究了基本变形形式下构件横截面上的应力计算,并建立了相应的强度条件,这些强度条件只能对危险点处于简单的受力情况下进行强度计算,但是工程中很多构件的受力很复杂,危险点不易确定,并且危险点处同时承受较大的正应力和较大的剪应力,对这样的点进行强度分析,就必须研究该点处各个方向的应力情况,即研究一点处的应力状态。

7.1.3 一点处应力状态的研究方法及其分类

由于受力构件截面上的应力通常是不均匀的,故研究一点处的应力状态时,采用截取单元体的方法。即围绕一点截取一个微小的正六面体,当微六面体在三个方向的尺度趋于无穷小时,六面体便趋于所研究的点。这时的六面体称为单元体。由于单元体的尺寸是无限小的,因此可以认为其各个面上的应力是均匀分布的,且相平行的面上的应力相等。一旦确定了单元体各个面上的应力,过这一点任意方向面上的应力均可由平衡方法确定。进而,还可以确定这些应力中的最大值和最小值以及它们的作用面。因此,一点处的应力状态可用围绕该点的单元体及其各个面上的应力来描述。

图7-1所示为一般受力构件中任意点处的应力状态,它是应力状态中最一般的情形,称为空间应力状态或三向应力状态。

当单元体只有两对面上承受应力并且所有应力作用线均处于同一平面内时,这种应力状态称为二向应力状态或平面应力状态。如图 7 – 2 所示为平面应力状态的一般情形。

当图 7 – 2 所示的平面应力状态中的切应力 $\tau_{xy}=0$，且只有一个方向的正应力作用时，这种应力状态称为单向应力状态；当平面应力状态中 $\sigma_x=\sigma_y=0$ 时，这种应力状态称为纯剪应力状态或纯切应力状态。

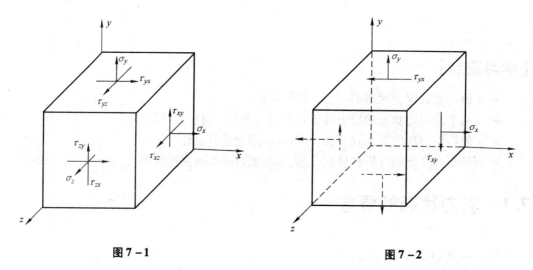

图 7 – 1　　　　　　　　　　　　　　　　　　　图 7 – 2

根据前面两章所述不难分析，横向荷载作用下的梁，在横截面上最大和最小正应力作用点处，均为单向应力状态；而在横截面上最大切应力作用点处，大多数情形下为纯切应力状态。同样对于受扭圆轴，其上各点均为纯切应力状态。

需要指出的是，平面应力状态实际上是三向应力状态的特例，而单项应力状态和纯切应力状态则是平面应力状态的特殊情形。一般工程中常见的是平面应力状态。本书中重点介绍平面应力状态分析。

7.2　平面应力状态的应力分析

7.2.1　单元体的局部平衡

为确定平面应力状态中任意方向面上的应力，将单元体从图 7 – 3(a) 所示的任意方向面处截为两部分，取其中任意一部分为研究对象，其受力如图 7 – 3(b) 所示，假定任意方向面上的正应力和切应力如图所示，并且 σ_x、τ_{xy}、σ_y、τ_{yx} 均为已知，任意方向面上的应力 σ_α、τ_α 为未知量。并规定正应力以拉应力为正，压应力为负，切应力以对单元体或其局部内任意一点产生顺时针方向转动趋势者为正；反之为负。α 角规定从 x 正向逆时针转至外法线 n 时为正；反之为负。

根据脱离体力的平衡条件，可以写出：

$$\sum n=0$$

$$\sigma_\alpha \mathrm{d}A+\tau_{xy}\mathrm{d}A\cos\alpha\sin\alpha-\sigma_x\mathrm{d}A\cos\alpha\cos\alpha+\tau_{yx}\mathrm{d}A\sin\alpha\cos\alpha-\sigma_y\mathrm{d}A\sin\alpha\sin\alpha=0$$

$$\sum t=0$$

$$\tau_\alpha dA - \tau_{xy} dA\cos\alpha\cos\alpha - \sigma_x dA\cos\alpha\sin\alpha + \tau_{yx} dA\sin\alpha\sin\alpha - \sigma_y dA\sin\alpha\cos\alpha = 0$$

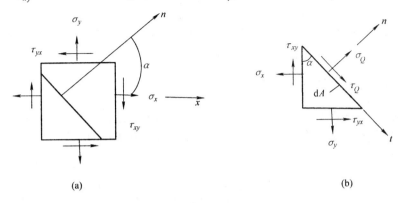

图 7 - 3

由切应力互等定理可知,τ_{xy} 和 τ_{yx} 数值相等,方向如图 7 - 3(b)所示,以 τ_{xy} 代替 τ_{yx} 并消去式中的 dA 得

$$\sigma_\alpha = \sigma_x\cos^2\alpha + \sigma_y\sin^2\alpha - 2\tau_{xy}\sin\alpha\cos\alpha = 0$$
$$\tau_\alpha = (\sigma_x - \sigma_y)\sin\alpha\cos\alpha + \tau_{xy}(\cos^2\alpha - \sin^2\alpha) = 0$$

再利用三角关系:

$$2\sin\alpha\cos\alpha = \sin 2\alpha$$
$$\cos^2\alpha = \frac{1 + \cos 2\alpha}{2}$$
$$\sin^2\alpha = \frac{1 - \cos 2\alpha}{2}$$

最后简化为

$$\sigma_\alpha = \frac{1}{2}(\sigma_x + \sigma_y) + \frac{1}{2}(\sigma_x - \sigma_y)\cos 2\alpha - \tau_{xy}\sin 2\alpha \tag{7-1}$$

$$\tau_\alpha = \frac{1}{2}(\sigma_x - \sigma_y)\sin 2\alpha + \tau_{xy}\cos 2\alpha \tag{7-2}$$

由上式可见,过一点不同方向面上的应力分量与方位角的取向有关。

7.2.2　主平面、主应力与主方向

由式(7 - 1)、式(7 - 2)可见,随方向角的不同,过一点不同方向面上的应力分量也不同,因而有可能存在某种方向面,其上的切应力为零,这种方向面称为主平面,其方向角用 α_p 表示,由上述平衡方程消去 dA 并令 $\tau_\alpha = 0$,即

$$\tau_\alpha = \tau_{xy}\cos\alpha\cos\alpha + \sigma_x\cos\alpha\sin\alpha - \tau_{yx}\sin\alpha\sin\alpha + \sigma_y\sin\alpha\cos\alpha = 0$$

得

$$\tan 2\alpha_p = -\frac{2\tau_{xy}}{\sigma_x - \sigma_y} \tag{7-3}$$

主平面上的正应力称为主应力。主平面法线方向即主应力作用线方向,称为主方向,主方向用方向角 α_p 表示。

若将式(7 - 1)对 α 求一次导数,并令其等于零,有

$$\frac{\mathrm{d}\sigma_\alpha}{\mathrm{d}\alpha} = -(\sigma_x - \sigma_y)\sin 2\alpha - 2\tau_{xy}\cos 2\alpha = 0$$

由此解出的角度与式(7-3)具有完全一致的形式。这表明,主应力具有极值的性质。主应力为过一点所有方向面中正应力的极值。

7.2.3　平面应力状态的三个主应力

将由式(7-3)解得的主应力方向角代入式(7-1)得到平面应力状态的两个不等于零的主应力。这两个不等于零的主应力以及上述平面应力状态固有的等于零的主应力分别用 σ'、σ''、σ''' 表示。有

$$\sigma' = \frac{1}{2}(\sigma_x + \sigma_y) + \frac{1}{2}\sqrt{(\sigma_x - \sigma_y)^2 + 4\tau_{xy}^2} \qquad (7-4)$$

$$\sigma'' = \frac{1}{2}(\sigma_x + \sigma_y) - \frac{1}{2}\sqrt{(\sigma_x - \sigma_y)^2 + 4\tau_{xy}^2} \qquad (7-5)$$

$$\sigma''' = 0 \qquad (7-6)$$

实际应用中,将按三个主应力 σ'、σ''、σ''' 的代数值由大到小顺序排列,分别用 σ_1、σ_2、σ_3 表示主应力,且 $\sigma_1 \geqslant \sigma_2 \geqslant \sigma_3$。

根据主应力的大小与方向可以确定材料何时发生失效或破坏,确定失效或破坏的形式。因此,可以说主应力是反映应力状态本质内涵的特征量。

7.2.4　用主应力表示的应力状态

根据上述方向结果,原来用 σ_x、τ_{xy}、σ_y 和 τ_{yx} 表示的应力状态,现在可以用主应力表示。显然用主应力表示的应力状态要比用一般应力分量表示的应力状态简单。用主应力表示一点处的应力状态可以说明某些应力状态虽然表面上不相同,但实质却是相同的,即具有相同的主应力和主方向。

7.2.5　面内最大剪应力

与正应力相似,不同方向面上的剪应力也随方向角的变化而变化,因而剪应力也可能存在极值。为求此极值,将式(7-2)对 α 求一次导数,并令其等于零,有

$$\frac{\mathrm{d}\tau_\alpha}{\mathrm{d}\alpha} = (\sigma_x - \sigma_y)\cos 2\alpha - 2\tau_{xy}\sin 2\alpha = 0$$

由此得出另一特征角,用 α_s 表示,即

$$\tan 2\alpha_s = -\frac{\sigma_x - \sigma_y}{2\tau_{xy}} \qquad (7-7)$$

从中解出 α_s,将其代入式(7-2),得到剪应力的极值。根据剪应力互等定律以及剪应力的正负号规定,可得剪应力极值

$$\tau' = \tau'' = \pm \frac{1}{2}\sqrt{(\sigma_x - \sigma_y)^2 + 4\tau_{xy}^2} \qquad (7-8)$$

需要特别指出的是,上述剪应力极值仅对垂直于 xOy 坐标面的方向面而言,因而称为面内最大剪应力与面内最小剪应力。二者不一定是过一点的所有方向面内剪应力的最大值和最小值。

7.3　强度理论

7.3.1　构件破坏概念与破坏分类

工程上,设计构件或元件时,都要根据设计要求,使之具有确定的功能。在某些条件下,例如过大的荷载或过高的温度,构件或元件有可能丧失它们应有的功能,此即构件的破坏。因此可以定义由于材料或构件的力学行为而使构件丧失正常功能的现象,称为破坏。

构件或元件在常温、静载作用下,主要表现为强度破坏、刚度破坏以及失稳破坏、疲劳破坏、蠕变和应力松弛破坏。

①构件由于材料屈服或断裂引起的失效,称为强度破坏。

②构件由于过量的弹性变形或位移引起的失效,称为刚度破坏。

③构件由于失去稳定性而引起的失效,称为失稳破坏。

④构件由于交变应力作用发生断裂而引起的失效,称为疲劳破坏。

⑤构件在一定的温度和应力作用下,变形或位移随着时间的增加而增加,最终导致构件失效,这种破坏称为蠕变破坏。

⑥构件在一定的温度作用下,应变保持不变,应力随着时间增加而降低,从而导致构件失效,这种破坏称为松弛破坏。

本节主要讨论强度破坏,并建立相应的强度条件。

7.3.2　强度破坏与强度理论

在本书第4、6章中,分别介绍了基于最大正应力作用点的强度条件,第5章中介绍了基于最大切应力作用点的强度条件。但是,对于一般工程设计,这些设计条件是远远不够的,因为工程构件或元件所处的应力状态是多种多样的。

在一般应力状态下,材料将发生什么形式的破坏? 何时发生? 怎样建立失效判断依据以及相应的设计准则? 仅仅通过实验,还不能回答这些问题。

材料在确定的应力状态下失效时,不仅与各个主应力的大小有关,而且与它们的比值有关。实际构件或元件的受力多种多样,其主应力比值也因此而异。如果仅仅通过实验建立失效判据,势必需要对每一种材料在每一种主应力比值的应力状态下进行实验,以确定每一种主应力比值下失效的主应力值,这显然是不现实的。

但是,在有限的实验结果的基础上,可以对破坏的现象加以归纳,寻找规律,从而对破坏的原因做一些假说,即无论何种应力状态,也无论何种材料,只要破坏形式相同,便具有相同的破坏原因。

这样就可以用一些简单实验的结果,预测材料在不同应力状态下何时失效,从而建立起材料在一般应力状态下的破坏判据与相应的强度设计理论。

大量实验结构表明,材料在常温、静载作用下主要发生两种形式的强度破坏,一种是屈服,另一种是断裂。

由于材料有两种破坏形式,相应的就存在两类强度假说,即强度理论。一类是以出现显著的塑性变形为标志的强度理论,另一类是以断裂为破坏标志的强度理论。现分别简述如下。

1. 最大拉应力理论(第一强度理论)

这一理论认为:无论材料处于何种应力状态,只要最大拉应力 σ_1 达到材料在单向拉伸下发生断裂时的极限应力 σ_b,材料就将发生脆性断裂破坏。根据这一理论,材料发生断裂破坏的条件是

$$\sigma_1 = \sigma_b$$

考虑安全因数以后,则按第一强度理论建立的强度条件为

$$\sigma_1 = \frac{\sigma_b}{n} \leqslant [\sigma] \tag{7-9}$$

式中:$[\sigma]$ 为材料在单项拉伸时的容许应力;σ_1 为构件在任意应力状态下的最大主拉应力。

实验结果表明,这一理论与均质的脆性材料(如玻璃、石膏、铸铁等)的断裂破坏现象相符合,如铸铁无论在拉伸或扭转时,都是由于截面上的最大拉应力达到了极限应力值 σ_b 而断裂。

2. 最大伸长线应变理论(第二强度理论)

实验结果表明,这一理论不能描述材料破坏的一般规律,而且计算也不及第一强度理论简单,目前在工程上很少应用,所以本书不作过多介绍。

3. 最大切应力理论(第三强度理论)

这一理论认为:无论材料处于何种应力状态,只要最大切应力达到材料在单向拉伸下发生屈服破坏时的极限切应力 τ_s,材料就将发生屈服破坏,其破坏条件为

$$\tau_{max} = \tau_s$$

在复杂应力状态下,最大剪应力的计算公式为

$$\tau_{max} = \frac{1}{2}(\sigma_1 - \sigma_3)$$

单向应力状态下发生屈服破坏时,$\sigma_1 = \sigma_s$,$\sigma_2 = \sigma_3 = 0$,所以

$$\tau_s = \frac{\sigma_s}{2}$$

于是得到按主应力表示的屈服破坏条件为

$$\sigma_1 - \sigma_3 = \sigma_s$$

考虑安全系数以后,则按第三强度理论建立起来的强度条件为

$$\sigma_1 - \sigma_3 = [\sigma] \leqslant \frac{\sigma_s}{n} \tag{7-10}$$

式中:σ_1 和 σ_3 是构件危险点处的最大、最小主应力,$[\sigma]$ 是轴向拉伸时材料的容许应力。

这一理论可以比较满意地解释塑性材料出现屈服破坏现象,因此对于低强化塑性材料都有很好的适用性。

4. 形状改变比能理论(第四强度理论)

这一理论认为:不论材料处于何种应力状态,只要形状改变比能达到材料在单向拉伸下屈服的形状改变比能,材料即发生屈服破坏。按主应力表示的这一理论的破坏条件为

$$\sqrt{\frac{1}{2}\left[\left(\sigma_1-\sigma_2\right)^2+\left(\sigma_2-\sigma_3\right)^2+\left(\sigma_3-\sigma_1\right)^2\right]}=\sigma_{\mathrm{s}}$$

考虑安全系数以后,得到按第四强度理论建立起来的强度条件为

$$\sqrt{\frac{1}{2}\left[\left(\sigma_1-\sigma_2\right)^2+\left(\sigma_2-\sigma_3\right)^2+\left(\sigma_3-\sigma_1\right)^2\right]}\leqslant\left[\sigma\right] \tag{7-11}$$

式中:σ_1、σ_2 和 σ_3 是构件危险点处的三个主应力,$\left[\sigma\right]$ 是轴向拉伸时材料的容许应力。

实验结果表明,第四强度理论比第三强度理论更符合实验结果,但第三强度理论较第四强度理论计算简便,所以工程上都广泛采用它们。

7.3.3　强度理论及应用

根据以上分析以及工程实际应用的要求,应用强度理论时要注意以下几方面。

1. 要注意不同强度理论的适用范围

上述强度理论只适用于某种确定的失效或破坏形式。因此,在实际应用中,应当先判别将会发生什么形式的破坏——屈服还是断裂,然后选用合适的理论。在大多数应力状态下,脆性材料将发生脆性断裂,因而应选用最大拉应力理论(第一强度理论);而在大多数应力状态下,塑性材料将发生屈服和剪断,故应选用最大切应力理论(第三强度理论)或形状改变比能理论(第四强度理论)。

但是必须指出,材料的破坏形式,不仅取决于材料的力学性质,而且与其所处的应力状态、温度和加载速度都有一定的关系。实验表明,塑性材料在一定的条件下(例如低温或三向拉伸时)会表现为脆性断裂;而脆性材料在一定的应力状态下(例如三向压缩)会表现出屈服或剪断。

2. 要注意强度设计的全过程

上述强度理论并不包括强度设计的全过程,只是在确定了危险点及其应力状态后的计算过程。因此,在对构件或零件进行强度计算时,要根据强度设计步骤进行,特别要注意的是,在复杂受力形式下,要正确确定危险点的应力状态,并根据可能的破坏形式选择合适的强度设计理论。

3. 注意关于计算应力在强度设计理论中的应用

工程上为了计算方便,常常将强度理论中直接与容许应力$\left[\sigma\right]$相比较的量,称为计算应力或相当应力,用 $\sigma_{\mathrm{r}i}$ 表示,$i=1$、3、4,其中 1、3、4 分别表示了第一、第三、第四强度理论。

计算应力或相当应力 $\sigma_{\mathrm{r}i}$ 可以看作是主应力的函数:

$$\sigma_{\mathrm{r}1}=\sigma_1 \tag{7-12a}$$

$$\sigma_{\mathrm{r}3}=\sigma_1-\sigma_3 \tag{7-12b}$$

$$\sigma_{\mathrm{r}4}=\sqrt{\frac{1}{2}\left[\left(\sigma_1-\sigma_2\right)^2+\left(\sigma_2-\sigma_3\right)^2+\left(\sigma_3-\sigma_1\right)^2\right]} \tag{7-12c}$$

于是以上强度理论的强度条件,可概括为

$$\sigma_{\mathrm{r}i}\leqslant\left[\sigma\right] \qquad (i=1,3,4) \tag{7-13}$$

下面举例说明强度理论的应用。

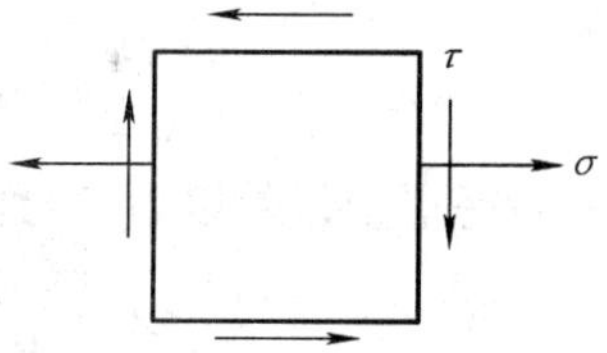

【例7-1】某结构上危险点处的应力状态如图7-4所示，其中 $\sigma = 116.7$ MPa，$\tau = 46.3$ MPa，材料为钢材，容许应力 $[\sigma] = 160$ MPa，试校核此结构是否安全。

【解】对于这种平面应力状态，利用式(7-4)和式(7-5)求得非零主应力：

$$\sigma_1 = \frac{1}{2}\sigma + \frac{1}{2}\sqrt{(\sigma^2 + 4\tau^2)}$$

$$\sigma_2 = 0$$

$$\sigma_3 = \frac{1}{2}\sigma - \frac{1}{2}\sqrt{(\sigma^2 + 4\tau^2)}$$

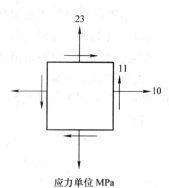

图7-4

钢材在这种应力状态下可能发生屈服，故可采用第三或第四强度理论作强度计算，根据式(7-12)与第三和第四强度理论相对应的计算应力分别为

$$\sigma_{r3} = \sigma_1 - \sigma_3 = \sqrt{\sigma^2 + 4\tau^2} = \sqrt{116.7^2 + 4 \times 46.3^2}\text{MPa} = 149 \text{ MPa}$$

$$\sigma_{r4} = \sqrt{\frac{1}{2}[(\sigma_1 - \sigma_2)^2 + (\sigma_2 - \sigma_3)^2 + (\sigma_3 - \sigma_1)^2]} = \sqrt{\sigma^2 + 3\tau^2}$$

$$= \sqrt{116.7^2 + 3 \times 46.3^2}\text{MPa} = 141.6 \text{ MPa}$$

二者均小于 $[\sigma] = 160$ MPa。可见采用最大切应力理论和形状改变比能理论进行强度校核，结构都是安全的。

【例7-2】已知铸铁构件上危险点处的应力状态如图7-5所示，若铸铁拉伸容许应力 $[\sigma]^+ = 30$ MPa，试校核该点处的强度是否安全。

【解】根据所给的应力状态，在单元体各个面上只有拉应力而无压应力。因此，可以认为铸铁在这种应力状态下可能发生脆性断裂，故采用最大拉应力强度理论，即

$$\sigma_1 \leqslant [\sigma]^+$$

对于所给的平面应力状态，可算得非零主应力值：

应力单位 MPa

图7-5

$$\sigma_1 = \frac{1}{2}(\sigma_x + \sigma_y) + \frac{1}{2}\sqrt{(\sigma_x - \sigma_y)^2 + 4\tau_{xy}^2}$$

$$= \frac{1}{2}(10 + 23)\text{MPa} + \frac{1}{2}\sqrt{(10 - 23)^2 + 4 \times (-11)^2}\text{MPa}$$

$$= 29.28 \text{ MPa}$$

$$\sigma_2 = \frac{1}{2}(\sigma_x + \sigma_y) - \frac{1}{2}\sqrt{(\sigma_x - \sigma_y)^2 + 4\tau_{xy}^2}$$

$$= \frac{1}{2}(10 + 23)\text{MPa} - \frac{1}{2}\sqrt{(10 - 23)^2 + 4 \times (-11)^2}\text{MPa}$$

$$= 3.72 \text{ MPa}$$

因为是平面应力状态，有一个主应力为零，所以

$$\sigma_3 = 0$$

显然

$$\sigma_1 = 29.28 \text{ MPa} < [\sigma]^+ = 30 \text{ MPa}$$

故此危险点强度是足够的。

7.4　组合变形的强度计算

7.4.1　组合变形的概念

在前面各章节中已讨论了杆件在各种基本变形时的强度和刚度问题,知道只产生一种基本变形的外力是有一定条件的。如讨论轴向拉压时,合外力的作用线必须与杆轴重合;又如讨论平面弯曲时,外力必须是垂直于梁轴的横向力(或力偶),并且作用在梁的同一个纵向对称平面内。所涉及的都是基本变形,危险点处于单向应力状态或纯切应力状态。但在实际工程中,工程构件的受力往往是复杂的,构件常常会产生两种或两种以上的变形。例如图 7 - 6(a)所示的烟囱,除因自重引起的轴向压缩外,还受水平风力作用而产生弯曲变形;图 7 - 6(b)所示的单层厂房牛腿柱,所受的吊车轮压荷载和柱的轴线不重合,柱同时产生压缩和弯曲变形。因此,将由两种或两种以上的基本变形组合而成的变形,称为组合变形。

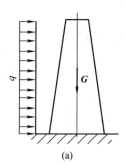　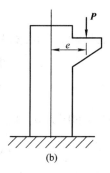

图 7 - 6

组合变形构件的强度计算,危险点处于平面应力状态或三向应力状态,本节主要研究拉(压)弯组合变形及弯扭组合变形。

在小变形和虎克定律适用的前提下,可以根据叠加原理来解决杆件的组合变形问题。其分析步骤:

①将作用在杆件上的外力加以简化,再将所得到的等效力系分组,使每一组力只产生一种基本变形;

②计算杆件在每一种基本变形情况下所产生的内力、应力和变形;

③将几种基本变形同一点的内力、应力和变形分别叠加起来,可得到杆件在组合变形下任一点的内力、应力和变形。

7.4.2　拉(压)弯组合变形杆件的强度计算

1. 受轴向力和横向力共同作用的杆件

如果杆件同时受有轴向力和横向力作用,则杆件会产生拉伸(或压缩)与弯曲的组合变形,如图 7 - 6(a)所示。杆件受到平行于轴线但不与轴线重合的外力作用时,引起的变形称为偏心拉伸(压缩),如图 7 - 6(b)所示。通过外力简化,可以看出偏心拉伸(压缩)实质上是压缩与弯曲的组合变形。下面举例说明杆件在拉伸与弯曲组合变形时的强度问题。

如图 7 - 7(a)所示一矩形截面杆,同时受有轴向力 F 和水平方向的均布荷载 q 作用,力 F 会使杆件产生压缩变形,均布荷载 q 会使杆件产生弯曲变形。根据小变形假设,可忽略其压缩变形和弯曲变形间的相互影响,应用叠加原理求得杆件任一截面上的应力。

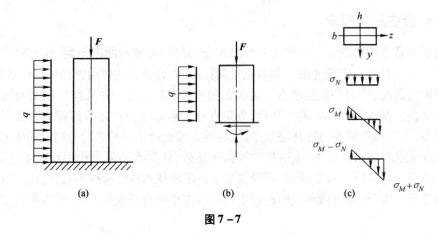

图 7 - 7

如图 7 - 7(b)所示,用截面法可求得任一截面上的内力:

$$N(x) = -F$$

$$M_y = \frac{1}{2}qx^2$$

轴力 N 在截面上产生的应力 σ_N 是均匀分布的,如图 7 - 7(c)所示。有

$$\sigma_N = \frac{N}{A} = -\frac{F}{bh}$$

由于弯矩作用在杆纵向对称平面内,其在横截面上产生的正应力 σ_M 呈直线分布,如图 7 - 7(c)所示。有

$$\sigma_M = \frac{M_y}{I_y} \cdot z = \frac{\dfrac{qx^2}{2}}{\dfrac{bh^3}{12}} \cdot z$$

应用叠加原理,将上述两正应力相加,得杆任一截面上距 y 轴为 z 的点处的正应力

$$\sigma = -\frac{F}{bh} \pm \frac{\dfrac{qx^2}{2}}{\dfrac{bh^3}{12}} \cdot z = -\frac{F}{bh} \pm \frac{6qx^2}{bh^3} \cdot z$$

由此可见,杆内最大正应力发生在弯矩最大的横截面上离中性轴最远的点处,最大正应力的表达式为

$$\sigma_{\max} = |\sigma_N + \sigma_M| = \frac{N}{A} + \frac{M_{\max}}{W}$$

强度条件是

$$\sigma_{\max} = \frac{N}{A} + \frac{M_{\max}}{W} \leqslant [\sigma]$$

2. 拉(压)弯组合变形杆件

现以图 7-8(a)所示矩形截面杆在 A 点受压力 F 作用的情况来说明内力与应力的计算。设力 F 作用点的坐标为 y_F 和 z_F。现将力 F 简化到截面的形心 O,于是得到一个轴向压力 F 和两个力偶 m_z、m_y,从而引起轴向压缩和两个平面弯曲的组合变形,如图 7-8(b)所示,由截面法可求得任一横截面 n—n 上的内力(图 7-8(c)):

$$M_y = m_y = F \cdot z_F \quad M_z = m_z = F \cdot y_F \quad N = F$$

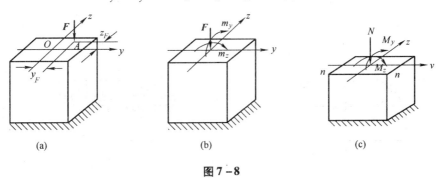

图 7-8

由弯矩 M_y、M_z 引起的正应力分别为

$$\sigma_{My} = \pm \frac{M_y}{I_y} \cdot z = \pm \frac{F \cdot z_F \cdot z}{I_y}$$

$$\sigma_{Mz} = \pm \frac{M_z}{I_z} \cdot y = \pm \frac{F \cdot y_F \cdot y}{I_z}$$

轴力引起的正应力

$$\sigma_N = \frac{F}{A}$$

在上述各式中,轴力 N 以拉为正;弯矩 M_y 和 M_z 引起应力的正负号由观察弯曲变形的情况来判定,相应的应力分布情况如图 7-9 所示。

将上述三项应力代数相加,即得偏心拉伸(压缩)的总应力

$$\sigma = \sigma_N + \sigma_{Mz} + \sigma_{My} = -\frac{F}{A} \pm \frac{M_z}{I_z}y \pm \frac{M_y}{I_y}z$$

其应力分布图如图 7-9(d)所示。

从上面推导过程及应力分布情况,可知偏心拉伸(压缩)时的最大应力

$$\sigma_{max} = \left| \frac{F}{A} + \frac{M_z}{I_z}y_{max} + \frac{M_y}{I_y}z_{max} \right|$$

其强度条件为

$$\sigma_{max} \leqslant [\sigma]$$

以上分析是以双向偏心受压为例来进行的,在工程中,如厂房的牛腿柱的受力往往是单向偏心的,也就是说,外力从一个方向偏离了截面形心,其作用点在截面的形心轴上。

单向偏心压缩杆的内力仍用截面法,截面上的内力有轴力 N、弯矩 M_y(或 M_z),相应的正应力 $\sigma = \sigma_N + \sigma_{My} = -\frac{F}{A} \pm \frac{M_y}{I_y}z$。

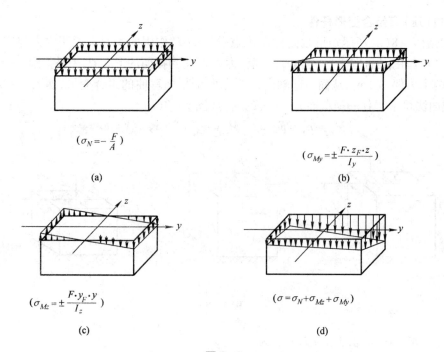

$(\sigma_N=-\dfrac{F}{A})$

(a)

$(\sigma_{My}=\pm\dfrac{F\cdot z_F\cdot z}{I_y})$

(b)

$(\sigma_{Mz}=\pm\dfrac{F\cdot y_F\cdot y}{I_z})$

(c)

$(\sigma=\sigma_N+\sigma_{Mz}+\sigma_{My})$

(d)

图 7 - 9

【例 7 - 4】如图 7 - 10(a) 所示一矩形截面混凝土短柱, 受偏心压力 F 的作用。F 作用在 y 轴上, 偏心距为 y_F, 已知 $F=100$ kN, $y_F=40$ mm, $b=200$ mm, $h=120$ mm。求任一截面 m—m 上的最大应力。

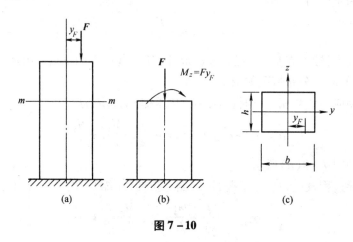

(a)　(b)　(c)

图 7 - 10

【解】①将 F 简化到截面形心, 计算 m—m 截面的内力:

$$N=F=-100 \text{ kN}$$

$$M_z=F\cdot y_F=100\times10^3\times40\times10^{-3}\text{ kN}\cdot\text{mm}=4\text{ kN}\cdot\text{m}$$

$$M_y=0$$

②计算最大应力。

在截面的右边界发生最大压应力, 其值为

$$\sigma_{max}^{-} = \frac{N}{A} - \frac{M_z}{I_z}\frac{b}{2} = \left(\frac{-100 \times 10^3}{120 \times 200 \times 10^{-6}} - \frac{4000}{\frac{120 \times 200^3 \times 10^{-12}}{12}} \times \frac{200 \times 10^{-3}}{2} \right) Pa$$

$$= -9.17 \times 10^6 \ Pa = -9.17 \ MPa$$

在截面的左边界发生最大拉应力,其值为

$$\sigma_{max}^{+} = \frac{N}{A} - \frac{M_z}{I_z}\frac{b}{2} = \left(\frac{-100 \times 10^3}{120 \times 200 \times 10^{-6}} + \frac{4000}{\frac{120 \times 200^3 \times 10^{-12}}{12}} \times \frac{200 \times 10^{-3}}{2} \right) Pa$$

$$= 830\ 000 \ Pa = 0.83 \ MPa$$

3. 截面核心

从前面的分析可知,构件受偏心压缩时,横截面上的应力由轴向压力引起的应力和偏心弯矩引起的应力组成。当偏心压力的偏心距较小时,则相应产生的偏心弯矩较小,从而使 $\sigma_M \ll \sigma_N$,即横截面上就只会有压应力而无拉应力。

在工程上有不少材料的抗拉性能较差而抗压性能较好且价格便宜,如砖、石材、混凝土、铸铁等,用这些材料制造而成的构件适于承压,在使用时要求在整个横截面上没有拉应力。这就要求把偏心压力控制在某一区域范围内,从而使截面上只有压应力而无拉应力。这一范围即为截面核心。因此,截面核心是指某一个区域,当压力作用在该区域内时,截面上就只产生压应力。

截面核心是截面的一种几何特性,只与截面的形状和尺寸有关,而与外力无关。

工程中常见的圆形、矩形截面的截面核心如图 7-11(a)、(b)所示。

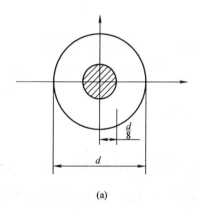

(a)

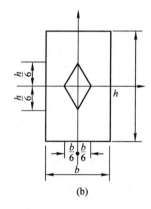

(b)

图 7-11

截面核心的确定,可参看相关书籍。

7.4.3　扭弯组合变形杆件的强度计算

许多实际工程中的受扭构件,在发生扭转变形时,常常伴有弯曲变形,当弯曲变形较大时,就不能忽略,应按扭转与弯曲的组合变形来处理。扭弯变形是机械工程中最常见的情况。下面以图 7-12(a)所示传动轴为例,说明扭弯组合变形的强度计算方法。

图示圆轴左端固定,右端凸轮边缘上受一竖直向下的集中力 **P**。首先用截面法求出杆

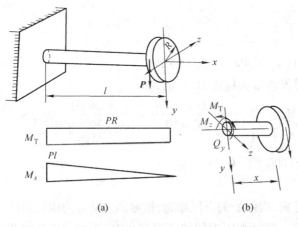

图 7 - 12

件的内力,并作内力图如图 7 - 12(b)所示。

$$M_{\text{Tmax}} = PR \quad M_{z\text{max}} = Pl(\text{上缘受拉,下缘受压})$$

然后分析固定端截面上的应力。该截面上的扭矩产生切应力,可用第 5 章的圆轴扭转切应力公式 $\tau = \dfrac{M_{\text{Tmax}}}{I_z} \cdot \rho$ 计算,圆截面周边上的切应力最大,$\tau_{\text{max}} = \dfrac{M_{\text{Tmax}}}{W_{\text{T}}}$。弯矩产生弯曲正应力,由平面弯曲正应力计算公式 $\sigma = \dfrac{M_{z\text{max}}}{I_z} \cdot y$ 计算,最大正应力在截面上下边缘点,$\sigma_{\text{max}} = \dfrac{M_{z\text{max}}}{W}$。

由应力分析可知,固定端截面上危险点在截面的上下边缘处,围绕上边缘 A 点取单元体。对于二向应力作用下的弯扭杆,一般用塑性材料制作,故应用第三或第四强度理论来建立强度条件,其强度条件为

$$\sigma_{r3} = \sqrt{\sigma^2 + 4\tau^2} \leqslant [\sigma]$$

$$\sigma_{r4} = \sqrt{\sigma^2 + 3\tau^2} \leqslant [\sigma]$$

实际工程中的扭弯构件多采用圆形截面,注意到圆截面的抗扭截面模量是其抗弯截面模量的 2 倍,即有 $W_{\text{T}} = 2W$,将 $\sigma_{\text{max}} = \dfrac{M_{z\text{max}}}{W}$,$\tau_{\text{max}} = \dfrac{M_{\text{Tmax}}}{W_{\text{T}}} = \dfrac{M_{\text{Tmax}}}{2W}$ 代入强度条件中得到

$$\sigma_{r3} = \frac{1}{W}\sqrt{M_{\text{max}} + M_{\text{T}}^2} \leqslant [\sigma]$$

$$\sigma_{r4} = \frac{1}{W}\sqrt{M_{\text{max}} + 0.75M_{\text{T}}^2} \leqslant [\sigma]$$

当杆同时发生两个方向的平面弯曲时,因圆截面杆两个方向的抗弯截面模量相同,故可按矢量合成的方法求出它们的合弯矩。将合弯矩代入上述强度条件即可进行强度计算。应注意,此时的危险截面可能在合弯矩最大的截面。

机械传动轴如图 7 - 13(a)所示,轴的左端用联轴器与电动机轴连接,根据轴所传递的功率 p 和转速 n,可以求得经联轴器传给轴的力偶矩为 M_0。此外,作用在直齿圆柱齿轮上

的啮合力可以分解为圆周力 F_t 和径向力 F_r，如图 7 – 13(b)所示。根据力的平移定理，将各力向轴线平移，画出传动轴的受力简图如图 7 – 13(c)所示。力偶矩引起轴的扭转变形，而横向力 F_t 及 F_r 将引起水平面和垂直平面内的弯曲变形。这是扭转与弯曲组合变形的实例。在设计该传动轴时，可以应用上述计算方法进行强度计算。

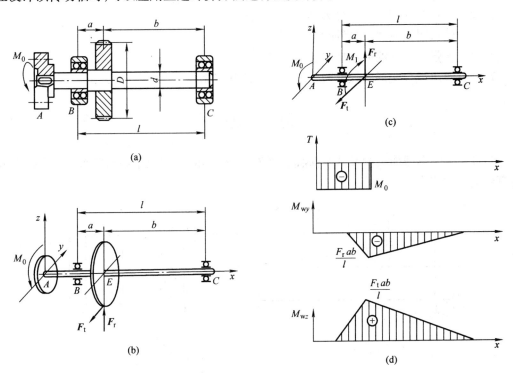

图 7 – 13

本 章 小 结

1. 应力状态

主要介绍了应力状态的概念以及研究一点处应力状态的目的和方法，分析研究了主应力及最大剪应力的计算。

2. 强度理论

杆件破坏与其内部各点的应力状态有密切关系。不同材料在不同应力状态下有不同的破坏机理。本章介绍了工程构件常见的破坏形式，主要讨论基于脆性断裂机理的最大拉应力强度理论(第一强度理论)和基于屈服破坏机理的最大切应力强度理论及形状改变比能强度理论。

应力分析和强度理论是杆件强度计算的基础，应了解其分析研究方法。

3. 组合变形是工程中常见的变形形式

本章主要介绍了组合变形的概念，分析和讨论了组合变形的内力、应力及强度条件。

本章三大部分的内容是密切相关的，学习时应加强联系，融会贯通。

思 考 题

7-1 何谓应力状态?

7-2 一点处的应力状态分为哪几类?

7-3 什么叫主应力、主平面?

7-4 各强度理论的适用情况及表达式是什么?

7-5 解决组合变形的强度问题的分析方法和步骤是什么?

习 题

7-1 一矩形截面梁的尺寸及荷载如题7-1图所示,画出梁上各指定点的单元体图并计算各面上的应力。

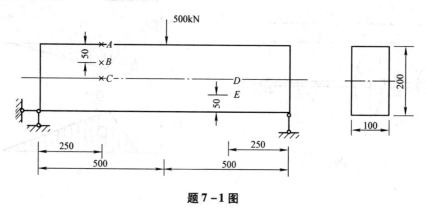

题7-1图

7-2 单元体如题7-2图所示,①求主应力的数值;②在单元体上绘出主平面的位置及主应力的方向。

7-3 题7-3图所示水塔盛满水时连同基础总重 $G=2\,000$ kN,在离地面 $H=15$ m 处

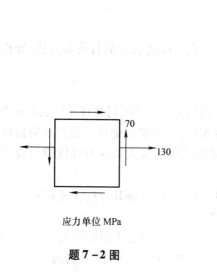

应力单位 MPa

题7-2图

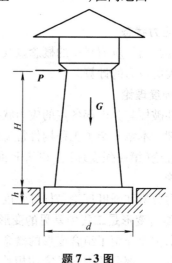

题7-3图

受水平风力的合力 $P = 60$ kN 作用,圆形基础的直径 $d = 6$ m,埋置深度 $h = 3$ m,地基为红黏土,其容许的承载应力 $[\sigma] = 0.15$ MPa。①绘制基础底面的正应力分布图;②校核基础底部地基土的强度。

7 – 4 矩形截面短柱如题7 – 4图所示,柱顶有屋面传来的压力 $P_1 = 100$ kN,牛腿上承受吊车梁传来的压力 $P_2 = 45$ kN,P_2 与柱轴线的偏心距 $e = 0.2$ m,已知柱宽 $b = 200$ mm。求:①若 $h = 300$ mm,则柱截面中的最大拉应力和最大压应力各为多少? ②要使柱截面不产生拉应力,截面高度 h 应为多少? ③在所选的 h 尺寸下,柱截面中的最大压应力为多少?

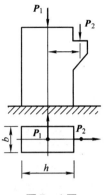

题7 – 4图

第8章 压杆稳定

【学习重点】

➤ 了解压杆稳定的概念；
➤ 掌握用欧拉公式计算压杆的临界荷载与临界应力；
➤ 掌握压杆的稳定条件及其实用计算。

8.1 压杆稳定的概念

8.1.1 问题的提出

轴向受压杆的承载能力是依据强度条件 $\sigma = \dfrac{N}{A} \leqslant [\sigma]$ 确定的。但在实际工程中发现，许多细长的受压杆件的破坏是在满足了强度条件情况下发生的。例如，取两根矩形截面的松木条，$A = 30\ \text{mm} \times 5\ \text{mm}$，一根长为 20 mm，另一根长为 1 000 mm。若松木的强度极限 $\sigma_b = 40\ \text{MPa}$，按强度考虑，两杆的极限承载能力应相等，为 $P = \sigma_b A = 6\ \text{kN}$。但是，当给两杆缓缓施加压力时会发现，长杆在加到约 30 N 时，杆发生了弯曲，当力再增加时，弯曲迅速增大，杆随即折断；而短杆可受力到接近 6 kN，且在破坏前一直保持着直线形状。显然，长杆的破坏不是由于强度不足而引起的。

在工程史上，曾发生过不少类似长杆的突然弯曲破坏导致整个结构毁坏的事故。其中最有名的是 1907 年北美魁北克圣劳伦斯河上的大铁桥，因桁架中一根受压弦杆突然弯曲，引起大桥的坍塌。

这种细长受压杆突然破坏，就其性质而言，与强度问题完全不同，经研究知，它是由于杆件丧失了保持直线形状的稳定性而造成的。这类破坏称**丧失稳定**。杆件招致丧失稳定破坏的压力比发生强度不足破坏的压力要小得多。因此，对细长压杆必须进行稳定性计算。

8.1.2 平衡状态的稳定性

为了说明问题，取如图 8 −1(a)所示的细长杆，在其两端施加轴向压力 F，使杆在直线状态下处于平衡，此时如果给杆以微小的侧向干扰力，使杆发生微小的弯曲，然后撤去干扰力，则当杆承受的轴向压力数值不同时，其结果也截然不同。当杆承受的轴向压力数值 F 小于某一数值 F_{cr} 时，在撤去干扰力以后，杆能自动恢复到原有的直线平衡状态而保持平衡，如图 8 −1(a)所示，这时的直线形状平衡状态是一种稳定的平衡状态；当杆承受的轴向压力数值 F 逐渐增大到某一数值 F_{cr} 时，做同样的干扰后，杆件已不能回复到原来的直线形状，而会在微弯下保持新的平衡，如图 8 −1(b)所示，这时的直线形状平衡状态是一种临界平衡状态;当杆承受的轴向压力数值 F 超过 F_{cr} 后,在干扰力作用下,压杆的微弯曲将会继续增大,甚至会弯曲折断,如图8-1(c)所示,这时的直线形状平衡状态是一种不稳定的平衡状态,即压杆丧失了平衡状态的稳定性。

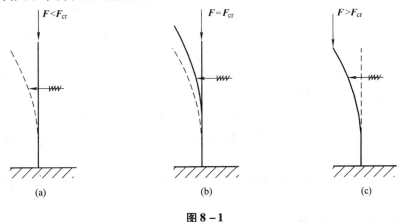

图8-1

上述现象表明,在轴向压力 F 由小逐渐增大的过程中,压杆由稳定的平衡转变为不稳定的平衡,这种现象称为压杆丧失稳定性或者压杆失稳。显然,压杆是否失稳取决于轴向压力的数值,压杆由直线状态的稳定的平衡过渡到不稳定的平衡时所对应的轴向压力,称为压杆的临界压力或临界力,用 F_{cr} 表示。当 $F < F_{cr}$ 时,杆件就能够保持稳定的平衡;$F \geqslant F_{cr}$ 时,杆件是不稳定的。

工程实际中的压杆,由于种种原因不可能达到理想的中心受压状态,制作的误差、材料的不均匀、周围物体振动的影响都相当于一种"干扰力",所以当压杆上的荷载达到临界力 F_{cr} 时,就会使直线形状的平衡状态变成不稳定,在这些不可避免的干扰下,即会发生失稳破坏。

8.2　临界力和临界应力

8.2.1　细长压杆临界力计算公式——欧拉公式

从上面的讨论可知,压杆的稳定性计算,关键在于确定各种杆件的临界力,以使杆上压力不超过它,确保杆件不发生失稳破坏。

压杆的临界力大小可以由实验测试或理论推导得到。临界力的大小与压杆的长度、截面形状及尺寸、材料以及两端的支承情况有关。下面介绍不同约束条件下压杆的临界力计算公式。

1. 两端铰支细长杆的临界力计算公式——欧拉公式

图8-2所示为两端铰支的受压直杆,由实验分别测试不同长度、不同截面、不同材料的压杆在杆内应力不超过材料的比例极限时发生失稳的临界力 F_{cr},可得如下关系:

$$F_{cr} = \frac{\pi^2 EI}{l^2} \qquad (8-1)$$

式中:π 为圆周率;E 为材料的弹性模量;l 为杆件长度;I 为杆件横截面对形心轴的惯性矩。

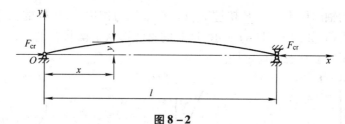

图 8-2

当杆端在各方向的支承情况相同时,压杆总是在抗弯刚度最小的纵向平面内失稳,所以式(8-1)中的惯性矩应取截面的最小形心主惯性矩 I_{min}。

上述关系式也可以通过建立临界平衡状态时压杆的弯曲挠曲线微分方程,从理论上证明(推导过程略)。这个工作是科学家欧拉(Leonhard Eurle,1707—1783,瑞士)首先完成的,故称为欧拉公式。

从欧拉公式可以看出,细长压杆的临界力 F_{cr} 与压杆的弯曲刚度成正比,而与杆长 l 的平方成反比。

2. 其他约束情况下细长压杆的临界力

经验表明,具有相同挠曲线形状的压杆,其临界力计算公式也相同。于是,可将两端铰支约束压杆的挠曲线形状取为基本情况,而将其他杆端约束条件下压杆的挠曲线形状与之进行对比,从而得到相应杆端约束条件下压杆临界力的计算公式。因此,可将欧拉公式写成统一的形式:

$$F_{cr} = \frac{\pi^2 EI}{(\mu l)^2} \tag{8-2}$$

式中:μl 称为折算长度,表示将杆端约束条件不同的压杆计算长度 l 折算成两端铰支压杆的长度;μ 称为长度系数,反映了杆端的支承情况对临界力的影响。几种不同杆端约束情况下的长度系数值列于表 8-1 中。

表 8-1　不同杆端支承压杆的长度系数 μ

支承情况	两端铰支	一端固定 一端铰支	两端固定	一端固定 一端自由
长度系数 μ	1	0.7	0.5	2

【例 8-1】如图 8-3 所示,一端固定、另一端自由的细长压杆,其杆长 $l = 2$ m,截面形状为矩形,$b = 20$ mm,$h = 45$ mm,材料的弹性模量 $E = 200$ GPa。试计算该压杆的临界力。若把截面改为 $b = h = 30$ mm,而保持长度不变,则该压杆的临界力又为多大?

【解】①计算截面的惯性矩。

由前述可知,该压杆必在弯曲刚度最小的 xy 平面内失稳,故式(8-2)的惯性矩应以最小惯性矩代入,即

$$I_{min} = I_y = \frac{hb^3}{12} = \frac{45 \times 20^3}{12} \text{mm}^4 = 3 \times 10^4 \text{ mm}^4$$

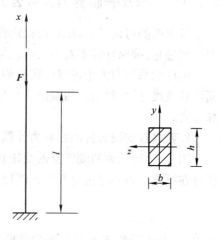

图 8-3

② 计算临界力。

查表 8 - 1 得长度系数为 2,因此临界力

$$F_{cr} = \frac{\pi^2 EI}{(\mu l)^2} = \frac{3.14^2 \times 200 \times 10^3 \times 3 \times 10^4}{(2 \times 2 \times 10^3)^2} N = 3\,701\ N = 3.70\ kN$$

③ 当截面改为 $b = h = 30$ mm 时,压杆的惯性矩

$$I_y = I_z = \frac{bh^3}{12} = \frac{30^4}{12} mm^4 = 6.75 \times 10^4\ mm^4$$

代入欧拉公式,可得

$$F_{cr} = \frac{\pi^2 EI}{(\mu l)^2} = \frac{3.14^2 \times 200 \times 10^3 \times 6.75 \times 10^4}{(2 \times 2 \times 10^3)^2} N = 8\,330\ N = 8.33\ kN$$

从以上两种情况分析,其横截面面积相等,支承条件也相同,但是计算得到的临界力后者大于前者。可见在材料用量相同的条件下,选择恰当的截面形式可以提高细长压杆的临界力。

8.2.2　临界应力和柔度

前面导出了计算压杆临界应力的欧拉公式,当压杆在临界力 F_{cr} 作用下处于直线状态的平衡时,其横截面上的压应力等于临界力 F_{cr} 除以横截面面积 A,称为**临界应力**,用 σ_{cr} 表示,即

$$\sigma_{cr} = \frac{F_{cr}}{A}$$

将式(8-2)代入上式,得

$$\sigma_{cr} = \frac{\pi^2 EI}{(\mu l)^2 A}$$

令 $i = \sqrt{\dfrac{I}{A}}$,表示压杆横截面的惯性半径。于是临界应力可写为

$$\sigma_{cr} = \frac{\pi^2 E \cdot i^2}{(\mu l)^2} = \frac{\pi^2 E}{\left(\dfrac{\mu l}{i}\right)^2}$$

令 $\lambda = \dfrac{\mu l}{i}$,则

$$\sigma_{cr} = \frac{\pi^2 E}{\lambda^2} \tag{8-3}$$

式(8-3)为计算压杆临界应力的欧拉公式,式中 λ 称为压杆的**柔度(或称长细比)**。柔度 λ 是一个无量纲的量,其大小与压杆的长度系数 μ、杆长 l 及惯性半径 i 有关。由于压杆的长度系数 μ 决定于压杆的支承情况,惯性半径 i 决定于截面的形状与尺寸,所以从物理意义上看,柔度 λ 综合反映了压杆的长度、截面的形状与尺寸以及支承情况对临界应力的影响。从式(8-3)还可以看出,如果压杆的柔度值越大,则其临界应力越小,压杆就越容易失稳。所以,柔度 λ 是压杆稳定计算中一个重要的几何参数。

8.2.3　欧拉公式的适用范围

欧拉公式是根据挠曲线近似微分方程导出的,而应用此微分方程时,材料必须服从虎克

定理。因此,欧拉公式的适用范围应当是压杆的临界应力 σ_{cr} 不超过材料的比例极限 σ_p,即

$$\sigma_{cr} = \frac{\pi^2 E}{\lambda^2} \leqslant \sigma_p$$

有

$$\lambda \geqslant \pi \sqrt{\frac{E}{\sigma_p}}$$

若设 λ_p 为压杆的临界应力达到材料的比例极限 σ_p 时的柔度值,则

$$\lambda_p = \pi \sqrt{\frac{E}{\sigma_p}} \tag{8-4}$$

故欧拉公式的适用范围为

$$\lambda \geqslant \lambda_p \tag{8-5}$$

式(8-5)表明,当压杆的柔度不小于 λ_p 时,可以应用欧拉公式计算临界力或临界应力。这类压杆称为**大柔度杆**或**细长杆**,欧拉公式只适用于大柔度杆。从式(8-4)可知,λ_p 的值取决于材料性质,不同的材料都有自己的 E 值和 σ_p 值,所以不同材料制成的压杆,其 λ_p 也不同。例如 Q235 钢,$\sigma_p = 200$ MPa,$E = 200$ GPa,由式(8-4)即可求得,$\lambda_p = 100$。

【例8-2】一中心受压木柱为矩形截面,$l = 8$ m,$b = 120$ mm,$h = 200$ mm,柱的支承情况是:在最大刚度平面内弯曲时(中心轴为 y 轴),两端铰支,如图8-4(a)所示;在最小刚度平面内弯曲时(中心轴为 z 轴),两端固定,如图8-4(b)所示。木材的弹性模量 $E = 10$ GPa,$\lambda_p = 110$,试求木柱的临界应力和临界力。

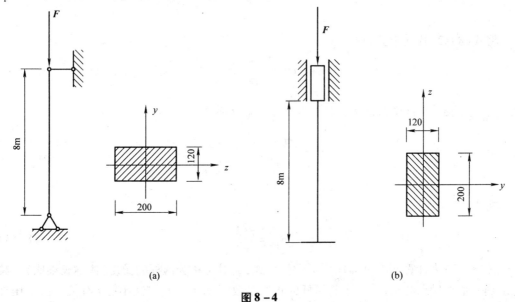

(a)   (b)

图8-4

【解】①计算最大刚度平面内的临界力和临界应力。

矩形截面的惯性半径 $i_y = \dfrac{h}{\sqrt{12}} = \dfrac{200}{\sqrt{12}} = 57.7$ mm,在此平面内,柱子两端为铰支,所以长度系数 $\mu = 1$,柔度

$$\lambda_y = \frac{\mu l}{i_y} = \frac{1 \times 8 \times 10^3}{57.7} = 139 > 110$$

则木柱为细长压杆,可用欧拉公式得:

临界应力 $\qquad \sigma_{cr} = \dfrac{\pi^2 E}{\lambda_y^2} = \dfrac{\pi^2 \times 10 \times 10^3}{139^2} = 5.1 \text{ MPa}$

临界力 $\qquad F_{cr} = \sigma_{cr} \times A = 120 \times 200 \times 5.1 = 122.4 \times 10^3 \text{ N} = 122.4 \text{ kN}$

②计算最小刚度平面内的临界力和临界应力。

矩形截面的惯性半径 $i_z = \dfrac{b}{\sqrt{12}} = \dfrac{120}{\sqrt{12}} = 34.6 \text{ mm}$,在此平面内,柱子两端为固定,所以长

度系数 $\mu = 0.5$,柔度

$$\lambda_z = \frac{\mu l}{i_z} = \frac{0.5 \times 8 \times 10^3}{34.6} = 115.6 > 110$$

则木柱为细长压杆,可用欧拉公式得:

临界应力 $\qquad \sigma_{cr} = \dfrac{\pi^2 E}{\lambda_z^2} = \dfrac{\pi^2 \times 10 \times 10^3}{(115.6)^2} = 7.38 \text{ MPa}$

临界力 $\qquad F_{cr} = \sigma_{cr} \times A = 120 \times 200 \times 7.38 = 177.1 \times 10^3 \text{ N} = 177.1 \text{ kN}$

③讨论。计算结果表明,木柱的最大刚度平面内临界力比最小刚度平面内临界力小,将先失稳。此例说明,当压杆在两个方向平面内支承情况不同时,不能光从刚度来判断,而应分别计算后才能确定在哪个方向失稳。

8.2.4　中长杆的临界力计算——经验公式、临界应力总图

1. 中长杆的临界力计算——经验公式

上面指出,欧拉公式只适用于大柔度杆,即临界应力不超过材料的比例极限(处于弹性稳定状态)。当临界应力超过比例极限时,材料处于弹塑性阶段,此类压杆的稳定属于弹塑性稳定(非弹性稳定)问题,此时欧拉公式不再适用。对这类压杆各国大都采用经验公式计算临界力或者临界应力,经验公式是在实验和实践资料的基础上,经过分析、归纳而得到的。各国采用的经验公式多以本国的实验为依据,因此计算不尽相同。我国比较常用的经验公式有直线公式和抛物线公式等,本书只介绍直线公式,其表达式为

$$\sigma_{cr} = a - b\lambda \qquad\qquad (8-6)$$

式中,a 和 b 是与材料有关的常数,单位均为 MPa。一些常用材料的 a、b 值可见表 8-2。

表 8-2　几种常用材料的 a、b 值

材料	a/MPa	b/MPa	λ_p	λ_s
Q235 钢　$\sigma_s = 235$ MPa	304	1.12	100	62
硅钢　$\sigma_s = 353$ MPa,$\sigma_b \geq 510$ MPa	577	3.74	100	60
铬钼钢	980	5.29	55	0
硬铝	372	2.14	50	0
铸铁	331.9	1.453	—	—
松木	39.2	0.199	59	0

应当指出,经验公式(8-6)也有其适用范围,它要求临界应力不超过材料的受压极限应力。这是因为当临界应力达到材料的受压极限应力时,压杆已因为强度不足而破坏。因此,对于由塑性材料制成的压杆,其临界应力不允许超过材料的屈服应力 σ_s,因此直线经验

公式的适用范围为

$$\lambda_s < \lambda < \lambda_p \qquad (8-7)$$

式中:λ_s 为临界应力等于材料的屈服点应力时压杆的柔度值,与 λ_p 一样,它也是一个与材料的性质有关的常数。

　　计算时,一般把柔度值介于 λ_s 与 λ_p 之间的压杆称为**中长杆**或**中柔度杆**,而把柔度小于 λ_s 的压杆称为**短粗杆**或**小柔度杆**。对于柔度小于 λ_s 的短粗杆或小柔度杆,其破坏则是由材料的抗压强度不足而造成的,这类压杆不必按照稳定问题进行处理。

　　2. 临界应力总图

　　综上所述,压杆按照其柔度的不同,可以分为三类,并分别由不同的计算公式计算其临界应力。当 $\lambda \geqslant \lambda_p$ 时,压杆为细长杆,其临界应力用欧拉公式(8-2)来计算;当 $\lambda_s < \lambda < \lambda_p$ 时,压杆为中长杆,其临界应力用经验公式(8-6)来计算;当 $\lambda \leqslant \lambda_s$ 时,压杆为短粗杆,其临界应力等于杆受压时的极限应力。如果把压杆的临界应力根据其柔度不同而分别计算的情况,将临界应力和柔度的函数关系用简图表示,该图形称为压杆的临界应力总图。图 8-5 所示为某塑性材料的临界应力总图。

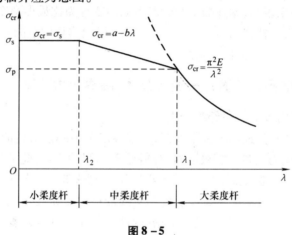

图 8-5

8.3　压杆的稳定计算

　　当压杆中的应力达到(或超过)其临界应力时,压杆会丧失稳定。所以,正常工作的压杆,其横截面上的应力应小于临界应力。在工程中,为了保证压杆具有足够的稳定性,还必须考虑一定的安全储备,这就要求横截面上的应力不能超过压杆的临界应力的许用值 $[\sigma_{cr}]$,即

$$\sigma = \frac{F}{A} \leqslant [\sigma_{cr}] \qquad (a)$$

式中:$[\sigma_{cr}]$ 为临界应力的许用值,其值为

$$[\sigma_{cr}] = \frac{\sigma_{cr}}{n_{st}} \qquad (b)$$

式中:n_{st} 为稳定安全系数。

稳定安全系数一般都大于强度计算时的安全系数,这是因为在确定稳定安全系数时,除了应遵循确定安全系数的一般原则外,还必须考虑实际压杆并非理想的轴向压杆这一情况。例如,在制造过程中,杆件不可避免地存在微小的弯曲(即存在初曲率);另外,外力的作用线也不可能绝对准确地与杆件的轴线相重合(即存在初偏心)等,这些因素都应在稳定安全系数中加以考虑。

为了计算上的方便,将临界应力的许用值写成如下形式:

$$[\sigma_{cr}] = \frac{\sigma_{cr}}{n_{st}} = \varphi[\sigma] \qquad (c)$$

从上式可知

$$\varphi = \frac{\sigma_{cr}}{n_{st}[\sigma]} \qquad (d)$$

式中:$[\sigma]$ 为强度计算时的许用应力;φ 为折减系数,其值小于 1。

由式(d)可知,当 $[\sigma]$ 一定时,φ 取决于 σ_{cr} 与 n_{st}。由于临界应力 σ_{cr} 值随压杆的长细比而改变,而不同长细比的压杆一般又规定不同的稳定安全系数,所以折减系数 φ 是长细比 λ 的函数。当材料一定时,φ 值取决于长细比 λ 的值。表 8 - 3 列出了 Q235 钢、16 锰钢和木材的折减系数 φ 值。

表 8 - 3　折减系数表

λ	φ			λ	φ		
	Q235 钢	16 锰钢	木材		Q235 钢	16 锰钢	木材
0	1.000	1.000	1.000				
10	0.995	0.993	0.971	110	0.536	0.386	0.248
20	0.981	0.973	0.932	120	0.446	0.325	0.208
30	0.958	0.940	0.883	130	0.401	0.279	0.178
40	0.927	0.895	0.822	140	0.349	0.242	0.153
50	0.888	0.840	0.751	150	0.306	0.213	0.133
60	0.842	0.776	0.668	160	0.272	0.188	0.117
70	0.789	0.705	0.575	170	0.243	0.168	0.104
80	0.731	0.627	0.470	180	0.218	0.151	0.093
90	0.669	0.546	0.370	190	0.197	0.136	0.083
100	0.604	0.462	0.300	200	0.180	0.124	0.075

$[\sigma_{cr}]$ 与 $[\sigma]$ 虽然都是"许用应力",但两者却有很大的不同。$[\sigma]$ 只与材料有关,当材料一定时,其值为定值;而 $[\sigma_{cr}]$ 除与材料有关以外,还与压杆长细比有关,所以相同材料制成的不同(长细比)的压杆,其 $[\sigma_{cr}]$ 值是不同的。

将式(c)代入式(a),可得

$$\sigma = \frac{F}{A} \leqslant \varphi[\sigma] \text{ 或} \frac{F}{A\varphi} \leqslant [\sigma] \qquad (8 - 8)$$

应当指出,在稳定计算中,压杆的横截面面积 A 均采用毛截面面积计算,即当压杆在局部有横截面削弱(如钻孔、开口等)时,可不予考虑。因为压杆的稳定性取决于整个杆件的弯曲刚度,而局部的截面削弱对整个杆件的整体刚度来说,影响甚微。但是,对截面的削弱处,则应当进行强度验算。

应用压杆的稳定条件,可以对以下三个方面的问题进行计算。

①稳定校核,即已知压杆的几何尺寸、所用材料、支承条件以及承受的压力,验算是否满足式(8-8)的稳定条件。这类问题,一般应首先计算出压杆的长细比 λ,根据 λ 查出相应的折减系数 φ,再按照式(8-8)进行校核。

②计算稳定时的许用荷载,即已知压杆的几何尺寸、所用材料及支承条件,按稳定条件计算出其能承受的许用荷载 F 值。这类问题,一般也要首先计算出压杆的长细比 λ,根据 λ 查出相应的折减系数 φ,再按照式(8-8)的变换式 $F \leqslant A\varphi[\sigma]$ 进行计算。

③进行截面设计,即已知压杆的几何尺寸、所用材料、支承条件以及承受的压力,按照稳定条件计算压杆所需的截面尺寸。这类问题,一般采用"试算法"。这是因为在稳定条件式(8-8)中,折减系数 φ 是根据压杆的长细比 λ 查表得到的,而在压杆的截面尺寸尚未确定之前,压杆的长细比 λ 不能确定,所以也就不能确定折减系数 φ。因此,只能采用试算法。首先假定一折减系数 φ_1 值(一般取 0.5 ~ 0.6),由稳定条件计算所需要的截面面积 A,然后计算出压杆的长细比 λ,根据压杆的长细比 λ 查表得到折减系数 φ',比较查出的 φ' 和假设的 φ_1,若两者比较接近,可对所选截面进行稳定校核,若 φ' 和 φ_1 相差较大,可再设 $\varphi_2 = \dfrac{\varphi_1 + \varphi'}{2}$,再重复上述过程,直到求得的 φ 与所设的 φ 接近为止。一般重复二三次便可达到目的。

【例8-3】如图8-6所示,构架由两根直径相同的圆杆构成,杆的材料为 Q235 钢,直径 $d = 20$ mm,材料的许用应力 $[\sigma] = 170$ MPa,已知 $h = 0.4$ m,作用力 $F = 15$ kN。试在计算平面内校核两杆的稳定性。

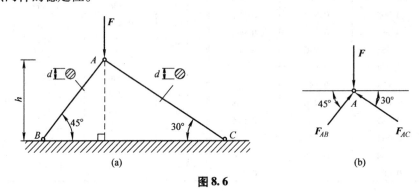

图8.6

【解】①计算各杆承受的压力。

取结点 A 为研究对象,根据平衡条件列方程:

$$\sum X = 0 \quad F_{AB} \cdot \cos 45° - F_{AC} \cdot \cos 30° = 0 \qquad (a)$$

$$\sum Y = 0 \quad F_{AB} \cdot \sin 45° - F_{AC} \cdot \sin 30° - F = 0 \qquad (b)$$

联立式(a)和式(b),解得二杆承受的压力分别为

$$F_{AB} = 0.896F = 13.44 \text{ kN}$$

$$F_{AC} = 0.732F = 10.98 \text{ kN}$$

②计算二杆的长细比。

各杆的长度分别为

$$l_{AB} = \sqrt{2}h = \sqrt{2} \times 0.4 \ \text{m} = 0.566 \ \text{m}$$
$$l_{AC} = 2h = 2 \times 0.4 \ \text{m} = 0.8 \ \text{m}$$

则二杆的长细比分别为

$$\lambda_{AB} = \frac{\mu l_{AB}}{i} = \frac{\mu l_{AB}}{\dfrac{d}{4}} = \frac{4 \times 1 \times 0.566 \times 10^3}{20} = 113$$

$$\lambda_{AC} = \frac{\mu l_{AC}}{i} = \frac{\mu l_{AC}}{\dfrac{d}{4}} = \frac{4 \times 1 \times 0.8 \times 10^3}{20} = 160$$

③由表 8 - 3 查得折减系数分别为

$$\varphi_{AC} = 0.272$$

$$\varphi_{AB} = 0.536 - (0.536 - 0.466) \times \frac{3}{10} = 0.515$$

④按照稳定条件进行验算：

AB 杆
$$\frac{F_{AB}}{A\varphi_{AB}} = \frac{13.44 \times 10^3}{\pi \left(\dfrac{20}{2}\right)^2 \times 0.515} = 83.1 \ \text{MPa} < [\sigma]$$

AC 杆
$$\frac{F_{AC}}{A\varphi_{AC}} = \frac{10.98 \times 10^3}{\pi \left(\dfrac{20}{2}\right)^2 \times 0.272} = 128.5 \ \text{MPa} < [\sigma]$$

因此,二杆都满足稳定条件,构架稳定。

【例 8 - 4】如图 8 - 7 所示支架,BD 杆为正方形截面的木杆,其长度 $l = 2$ m,截面边长 $a = 0.1$ m,木材的许用应力 $[\sigma] = 10$ MPa,试从满足 BD 杆的稳定条件考虑,计算该支架能承受的最大荷载 $F_{\max}$。

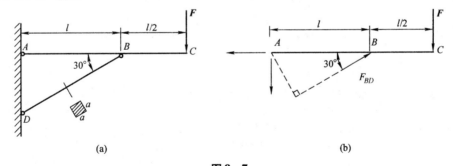

图 8 - 7

【解】①计算 BD 杆的长细比。

$$l_{BD} = \frac{l}{\cos 30°} = \frac{2}{\dfrac{\sqrt{3}}{2}} \text{m} = 2.31 \ \text{m}$$

$$\lambda_{BD} = \frac{\mu l_{BD}}{i} = \frac{\mu l_{BD}}{\sqrt{\dfrac{I}{A}}} = \frac{\mu l_{BD}}{a\sqrt{\dfrac{1}{12}}} = \frac{1 \times 2.31}{0.1 \times \sqrt{\dfrac{1}{12}}} = 80$$

②求 BD 杆能承受的最大压力。

根据长细比 λ_{BD} 查表,得 $\varphi_{BD} = 0.470$,则 BD 杆能承受的最大压力

$$F_{BD\max} = A\varphi[\sigma] = 0.1^2 \times 10^6 \times 0.470 \times 10 \text{ N} = 47 \times 10^3 \text{ N} = 47 \text{ kN}$$

③根据外力 F 与 BD 杆所承受压力之间的关系,求出该支架能承受的最大荷载 $F_{\max}$。

考虑 AC 的平衡,可得

$$\sum M_A = 0 \quad F_{BD} \cdot \frac{l}{2} - F \cdot \frac{3}{2}l = 0$$

从而可求得

$$F = \frac{1}{3}F_{BD}$$

因此,该支架能承受的最大荷载

$$F_{\max} = \frac{1}{3}F_{BD\max} = \frac{1}{3} \times 47 \times 10^3 = 15.7 \times 10^3 \text{ N} = 15.7 \text{ kN}$$

【例 8 -5】一木柱高 $l = 3.5$ m,截面为圆形,两端铰支,承受轴向压力 $P = 75$ kN,木材许用应力 $[\sigma] = 10$ MPa。试选择木柱直径。

【解】①先设 $\varphi_1 = 0.5$,则

$$A_1 = \frac{P}{\varphi_1[\sigma]} = \frac{75 \times 10^3}{0.5 \times 10} \text{mm}^2 = 15 \times 10^3 \text{ mm}^2$$

于是直径

$$d_1 = \sqrt{\frac{4A_1}{\pi}} = \sqrt{\frac{4 \times 15 \times 10^3}{\pi}} \text{mm} = 138 \text{ mm}$$

取直径 $d_1 = 140$ mm。

②在所选直径下有:

$$i_1 = \frac{d_1}{4} = \frac{140}{4} \text{mm} = 35 \text{ mm}$$

$$\lambda_1 = \frac{\mu l}{i} = \frac{1 \times 3.5 \times 10^3}{35} = 100$$

查表 8 -3 得 $\varphi' = 0.3$,与所设 $\varphi_1 = 0.5$ 差别较大,应重新计算。

③设 $\varphi_2 = \dfrac{\varphi_1 + \varphi'}{2} = \dfrac{0.5 + 0.3}{2} = 0.4$,则

$$A_2 = \frac{P}{\varphi_2[\sigma]} = \frac{75 \times 10^3}{0.4 \times 10} \text{mm}^2 = 18.75 \times 10^3 \text{ mm}^2$$

$$d_1 = \sqrt{\frac{4A_2}{\pi}} = \sqrt{\frac{4 \times 18.75 \times 10^3}{\pi}} \text{mm} = 154.4 \text{ mm}$$

取直径 $d_2 = 160$ mm。

④在所选直径下有:

$$i_2 = \frac{d_2}{4} = 40 \text{ mm}$$

$$\lambda_2 = \frac{\mu l}{i} = \frac{1 \times 3.5 \times 10^3}{40} = 87.5$$

查表 8 -3 得 $\varphi' = 0.393$,与 $\varphi_2 = 0.4$ 很接近,不必再选。

⑤稳定校核:

$$\sigma = \frac{F}{A\varphi} = \frac{75 \times 10^3}{\frac{\pi}{4} \times 160^2 \times 0.393} = 9.5 \text{ MPa} < [\sigma] = 10 \text{ MPa}$$

符合稳定条件,故最后选定圆柱截面直径 $d = 160$ mm。

8.4 提高压杆稳定性的措施

要提高压杆的稳定性,关键在于提高压杆的临界力或临界应力。而压杆的临界力或临界应力,与压杆的长度、横截面形状及大小、支承条件以及压杆所用材料有关。因此,可以从以下几个方面考虑。

8.4.1 合理选择材料

由欧拉公式可知,大柔度杆的临界应力与材料的弹性模量成正比。所以选择弹性模量较高的材料,就可以提高大柔度杆的临界应力,也就提高了其稳定性。但是,对于钢材而言,各种钢的弹性模量大致相同,所以选择高强度钢并不能明显提高大柔度杆的稳定性。而中、小柔度杆的临界应力则与材料的强度有关,采用高强度钢材,可以提高这类压杆抵抗失稳的能力。

8.4.2 选择合理的截面形状

增大截面的惯性矩,可以增大截面的惯性半径、降低压杆的柔度,从而可以提高压杆的稳定性。在压杆的横截面面积相同的条件下,应尽可能使材料远离截面形心轴,以取得较大的惯性矩,从这个角度出发,空心截面要比实心截面合理,如图 8-8 所示。在工程实际中,若压杆的截面是用两根槽钢组成的,则应采用如图 8-9 所示的布置方式,可以取得较大的惯性矩或惯性半径。

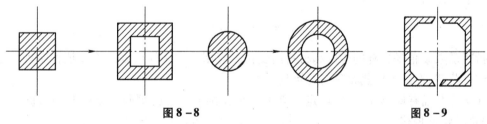

图 8-8   图 8-9

另外,由于压杆总是在柔度较大(临界力较小)的纵向平面内首先失稳,所以应注意尽可能使压杆在各个纵向平面内的柔度都相同,以充分发挥压杆的稳定承载力。

8.4.3 改善约束条件、减小压杆长度

根据欧拉公式可知,压杆的临界力与其计算长度的平方成反比,而压杆的计算长度又与其约束条件有关。因此,改善约束条件,可以减少压杆的长度系数和计算长度,从而增大临界力。在相同条件下,从表 8-1 可知,自由支座最不利,铰支座次之,固定支座最有利。

减小压杆长度的另一方法是在压杆的中间增加支承,把一根变为两根甚至几根。

本 章 小 结

一、压杆的失稳

压杆直线形状的平衡状态,根据它对干扰力的抵抗能力不同,可分为稳定的与不稳定的。所谓压杆失稳,就是指压杆在压力作用下,直线形状的平衡状态变成了不稳定。

二、临界力

临界力是指压杆从稳定平衡状态到不稳定平衡状态的压力值。确定临界力(或临界应力)的大小,是解决压杆稳定问题的关键。计算临界力的公式如下。

细长杆($\lambda \geqslant \lambda_p$),使用欧拉公式

$$F_{cr} = \frac{\pi^2 EI}{(\mu l)^2} \text{或} \sigma_{cr} = \frac{\pi^2 E}{\lambda^2}$$

中长杆 $\lambda < \lambda_p$,使用经验公式

$$\sigma_{cr} = a - b\lambda$$

三、柔度

柔度 λ 综合反映了压杆的长度、支承情况、截面形状与尺寸等因素对临界力的影响,是稳定计算中的重要几何参数。

$$\lambda = \frac{\mu l}{i}$$

压杆总是在柔度大的平面内首先失稳。当压杆两端支承情况各方向相同时,计算最小形心主惯矩 I_{min},求得最小惯性半径 i_{min},再求出 λ_{max}。当压杆两个方向的支承情况不同时,则要比较两个方向的柔度值,取大者进行计算。

四、稳定性计算

土建工程通常采用折减系数法。

稳定条件为

$$\sigma = \frac{F}{A} \leqslant \varphi[\sigma]$$

折减系数 φ 值随压杆的柔度和材料而变化。应用稳定条件可以计算校核稳定性、确定稳定许可荷载、设计压杆截面等三类问题。

在压杆截面有局部削弱时,稳定计算可不考虑削弱。但必须同时对削弱的截面(用净面积)进行强度校核。

思 考 题

8 – 1　如何区别压杆的稳定与不稳定平衡?

8 – 2　压杆失稳发生的弯曲与梁的弯曲有什么区别?

8 – 3　什么叫柔度?它与哪些因素有关?它表征压杆的什么特性?

8 – 4　什么叫临界力?两端铰支的细长杆计算临界力的欧拉公式的应用条件是什么?

8 – 5　实心截面改为空心截面能增大截面的惯性矩,从而能提高压杆的稳定性,是否可

以把材料无限制地加工使之远离截面形心,以提高压杆的稳定性?

8-6 只要保证压杆的稳定就能够保证其承载能力,这种说法是否正确?

8-7 何谓折减因数 φ? 用折减因数法对压杆进行稳定计算时,是否需分细长杆和中长杆? 为什么?

习 题

8-1 如题 8-1 图所示压杆,截面形状都为圆形,直径 $d = 160$ mm,材料为 Q235 钢,弹性模量 $E = 200$ GPa,试按欧拉公式分别计算各杆的临界力。

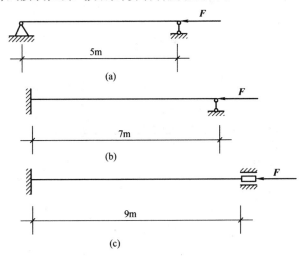

题 8-1 图

8-2 某细长压杆,两端为铰支,材料用 Q235 钢,弹性模量 $E = 200$ GPa,试用欧拉公式分别计算下列三种情况的临界力:

①圆形截面,直径 $d = 25$ mm,$l = 1$ m;

②矩形截面,$h = 2b = 40$ mm,$l = 1$ m;

③No16 工字钢,$l = 2$ m。

8-3 某千斤顶,已知丝杠长度 $l = 375$ mm,内径 $d = 40$ mm,材料为 Q235 钢($\lambda_p = 100$,$\lambda_s = 60$),最大起顶重量 $F = 80$ kN,稳定的安全系数为 4。试校核其稳定性。

8-4 如题 8-4 图所示梁柱结构,横梁 AB 的截面为矩形,$b \times h = 40$ mm $\times 60$ mm;竖柱 CD 的截面为圆形,直径 $d = 20$ mm,在 C 处用铰链连接。材料为 Q235 钢,稳定安全系数为 3。若现在 AB 梁上最大弯曲应力为 140 MPa,试校核 CD 杆的稳定性。

8-5 结构尺寸及受力如题 8-5 图所示。梁 ABC 为 22b 工字钢,$[\sigma] = 160$ MPa;柱 BD 为圆截面木材,直径 $d = 160$ mm,$[\sigma] = 10$ MPa,两端铰支。试作梁的强度校核和柱的稳定性校核。

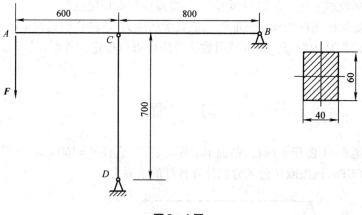

题 8 - 4 图

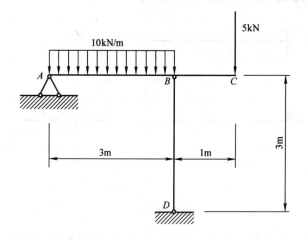

题 8 - 5 图

第三篇

结构力学

第9章　平面体系的几何组成分析

【学习重点】

➢ 了解几何不变体系及几何可变体系的概念；
➢ 了解几何组成分析的目的；
➢ 掌握自由度、约束的概念及几何不变体系的基本组成规则；
➢ 能熟练掌握平面体系的几何组成分析。

9.1　几何组成分析的目的、几何不变体系、几何可变体系

9.1.1　平面几何组成分析的目的

土建工程中的结构必须是几何不变体系，因此在结构设计和计算之前，首先要研究其几何性质，判断其是否几何不变。这种判别工作称为几何组成分析。通过对体系进行几何组成分析，可以达到如下目的：

①判别某体系是否为几何不变体系，以决定其能否作为工程结构使用；

②研究并掌握几何不变体系的组成规则，以便合理布置构件，使所设计的结构在荷载作用下能够维持平衡；

③根据体系的几何组成状态，确定结构是静定的还是超静定的，以便选择相应的计算方法。

9.1.2　几何不变体系、几何可变体系

1. 几何不变体系

在不考虑材料应变的条件下，任意荷载作用后体系的位置和形状均能保持不变的体系，称为几何不变体系，如图 9-1(a)、(b)、(c)所示。

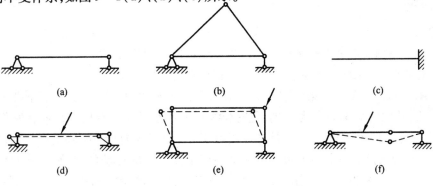

(a)　　　　　(b)　　　　　(c)

(d)　　　　　(e)　　　　　(f)

图 9-1

2. 几何可变体系

在不考虑材料应变的条件下,即使不大的荷载作用,也会产生机械运动而不能保持其原有形状和位置的体系,称为几何可变体系,如图 9-1(d)、(e)、(f)所示。

9.2 自由度和约束的概念

9.2.1 自由度

在介绍自由度之前,先了解一下有关刚片的概念。在几何分析中,把体系的任何杆件都看成是不变形的平面刚体,简称刚片。显然,每一杆件或每根梁、柱都可以看作是一个刚片,建筑物的基础或地球也可看作是一个大刚片,某一几何不变部分也可视为一个刚片。这样,平面杆系的几何分析就在于分析体系各个刚片之间的连接方式能否保证体系的几何不变性。

自由度是指确定体系位置所需要的独立坐标(参数)的数目。例如,一个点在平面内运动时,其位置可用两个坐标来确定,因此平面内的一个点有两个自由度(图 9-2(a))。又如,一个刚片在平面内运动时,其位置要用 x、y、φ 三个独立参数来确定,因此平面内的一个刚片有三个自由度(图 9-2(b))。由此看出,**体系几何不变的必要条件是自由度等于或小于零**。那么,如何适当、合理地给体系增加约束,使其成为几何不变体系呢? 这是以下要解决的问题。

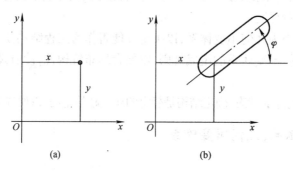

(a)　　　　　(b)

图 9-2

9.2.2 约束

1. 约束

减少体系自由度的装置称为约束。减少一个自由度的装置即为一个约束,并以此类推。约束主要有链杆(一根两端铰接于两个刚片的杆件称为链杆,如直杆、曲杆、折杆)、单铰(即连接两个刚片的铰)、复铰约束(图 9-3,连接多于两个刚片的铰)和刚结点四种形式。假设有两个刚片,其中一个不动设为基础,此时体系的自由度为 3。若用一链杆将它们连接起来,如图 9-4(a)所示,则除了确定链杆连接处 A 需一转角坐标 φ_1 外,确定刚片绕 A 转动还需一转角坐标 φ_2,此时只需两个独立坐标就能确定该体系的运动位置,则体系的自由度为 2,它比没有链杆时减少了一个自由度,所以**一根链杆为一个约束**;若用一个单铰把刚片同基础连接起来,如图 9-4(b)所示,则只需转角坐标 φ 就能确定体系的运动位置,这时体系比原体系减少了两个自由度,所以**一个单铰为两个约束**。复铰约束,如图 7-5 所示,若刚片 Ⅰ 的位置已确定,则刚片 Ⅱ、Ⅲ 都只能绕 A 点转动,从而各减少了两个自由度。所以,连接三个刚片的复铰相当于两个单铰的作用,由此可推知,**连接 n 个刚片的复铰相当于$(n-1)$个单铰(n 为刚片数)约束**;若将刚片同基础刚性连接起来(图 9-4(c)),则它们成为一个整体,都不能动,体系的自由度为 0,因此刚结点为三个约束。

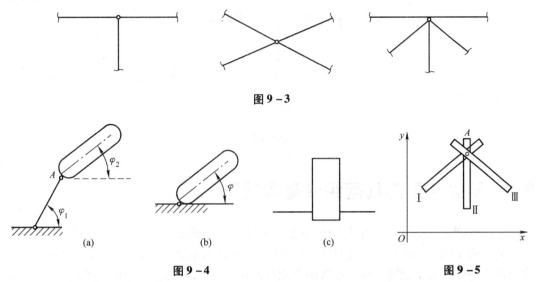

图 9-3

图 9-4　　　　　　　　　　　　　　图 9-5

2. 必要约束、多余约束

为保持体系几何不变必须有的约束叫必要约束;为保持体系几何不变并不需要的约束叫多余约束。一个平面体系,通常都是由若干个构件加入一定约束组成的。加入约束的目的是为了减少体系的自由度。**如果在体系中增加一个约束,而体系的自由度并不因此而减少,则该约束被称为多余约束**。多余约束只说明为保持体系几何不变是多余的,在几何体系中增设多余约束,可改善结构的受力状况,并非真是多余。

在图 9-6(a)中,平面内的自由点 A 通过两根链杆与基础相连,这时两根链杆分别使 A 点减少一个自由度而使 A 点固定不动,因而两根链杆都非多余约束。在图 9-6(b)中,A 点通过三根链杆与基础相连,这时 A 虽然固定不动,但减少的自由度仍然为 2,显然三根链杆中有一根没有起到减少自由度的作用,因而是多余约束(可把其中任意一根作为多余约束)。

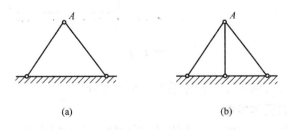

(a)　　　　　　　　　　　　　(b)

图 9-6

图 9-7(a)表示动点 A 加一根水平的支座链杆 1,还有一个竖向运动的自由度。由于约束数目不够,是几何可变体系。

图9 - 7(b)是用两根不在同一直线上的支座链杆1和2,把 A 点连接在基础上,点 A 上下、左右的移动自由度全被限制住了,不能发生移动。故图9 - 7(b)是约束数目恰好够的几何不变体系,叫无多余约束的几何不变体系。

图9 - 7(c)是在图9 - 7(b)上又增加一根水平的支座链杆3,这第三根链杆就保持几何不变而言是多余的。故图9 - 7(c)是有一个多余约束的几何不变体系。

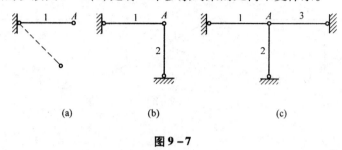

图9 - 7

9.3　平面体系的几何组成基本规则

基本规则是几何组成分析的基础,在进行几何组成分析之前先介绍一下虚铰的概念。

如果两个刚片用两根链杆连接(图9 - 8(a)),则这两根链杆的作用就和一个位于两杆交点的铰的作用完全相同。常称连接两个刚片的两根链杆相当于一个虚铰,虚铰的位置即在这两根链杆的交点上,如图9 - 8(a)所示的 O 点,因为在这个交点 O 处并没有真正的铰,所以称它为**虚铰**。

如果连接两个刚片的两根链杆并没有相交,则虚铰在这两根链杆延长线的交点上,如图9 - 8(b)所示的 O 点。

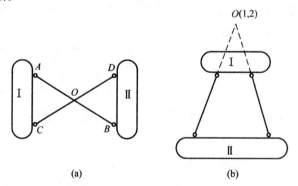

图9 - 8

下面分别介绍组成几何不变平面体系的三个基本规则。

1. 二元体概念及二元体规则

图9 - 9(a)所示为一个三角形铰接体系,假如链杆Ⅰ固定不动,那么通过前面的讲解,已知它是一个几何不变体系。

将图9 - 9(a)中的链杆Ⅰ看作一个刚片,成为图9 - 9(b)所示的体系,从而得出以下规则和推论。

　　规则1(二元体规则):一个点与一个刚片用两根不共线的链杆相连,则组成无多余约束的几何不变体系。

　　由两根不共线的链杆(或相当于链杆)连接一个结点的构造,称为**二元体**,如图7-9(b)中的 *BAC*。

　　推论1:在一个平面杆件体系上增加或减少若干个二元体,都不会改变原体系的几何组成性质。

　　如图9-9(c)所示的桁架,就是在铰接三角形 *ABC* 的基础上,依次增加二元体而形成的一个无多余约束的几何不变体系。同样,也可以对该桁架从 *H* 点起依次拆除二元体而成为铰接三角形 *ABC*。

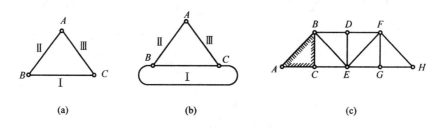

图9-9

2. 两刚片规则

　　将图9-9(a)中的链杆Ⅰ和链杆Ⅱ都看作是刚片,成为图9-10(a)所示的体系,从而得出以下规则。

　　规则2(两刚片规则):两刚片用不在一条直线上的一铰(*B* 铰)、一链杆(*AC* 链杆)连接,则组成无多余约束的几何不变体系。

　　如果将图9-10(a)中连接两刚片的铰 *B* 用虚铰代替,即用两根不共线、不平行的链杆 *a*、*b* 来代替,成为图9-10(b)所示体系,则有以下推论。

　　推论2:两刚片用不完全平行也不交于一点的三根链杆连接,则组成无多余约束的几何不变体系。

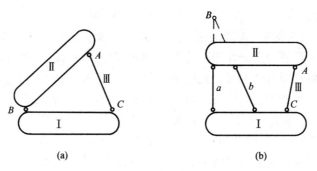

图9-10

3. 三刚片规则

　　将图9-9(a)中的链杆Ⅰ、链杆Ⅱ和链杆Ⅲ都看作是刚片,成为图9-11(a)所示的体系,从而得出以下规则。

规则 3(三刚片规则):三刚片用不在一条直线上的三个铰两两连接,则组成无多余约束的几何不变体系。

如果将图中连接三刚片之间的铰 A、B、C 全部用虚铰代替,即都用两根不共线、不平行的链杆来代替,成为图 9 − 11(b)所示体系,则有以下推论。

推论 3:三刚片分别用不完全平行也不共线的二根链杆两两连接,且所形成的三个虚铰不在同一条直线上,则组成无多余约束的几何不变体系。

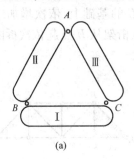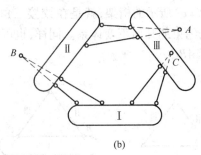

(a)　　　　　　　　　　　　　　　　　　(b)

图 9 − 11

从以上叙述可知,这三个规则及其推论,实际上都是三角形规律的不同表达方式,即**三个不共线的铰,可以组成无多余约束的三角形铰接体系**。规则 1(及推论 1)给出了固定一个结点的装配格式,如图 9 − 9(b)所示的体系中,A 点通过不共线的链杆 Ⅱ 和链杆 Ⅲ 固定在基本刚片 Ⅰ 上;规则 2(及推论 2)给出了固定一个刚片的装配格式,如图 9 − 10(a)、(b)所示的体系中,用不在一条直线上的 B 铰、链杆 Ⅲ,或者用不交于一点的三根链杆将刚片 Ⅱ 固定在刚片 Ⅰ 上;规则 3(及推论 3)给出了固定两个刚片的装配格式,如图 9 − 11(a)、(b)所示的体系中,通过不共线的三个铰 A、B、C 将刚片 Ⅱ、刚片 Ⅲ 固定在刚片 Ⅰ 上。

9.4　平面体系的几何组成分析举例

几何组成分析能判断体系是否几何不变,并确定几何不变体系中多余约束的个数。故通常略去自由度计算这一步骤,而直接进行几何组成分析。

进行几何组成分析的基本依据是前述三个规则。要用这三个规则去分析形式多样的平面杆系,关键在于选择哪些部分作为刚片,哪些部分作为约束,这就是问题的难点所在,通常可以作以下的选择:一根杆件或某个几何不变部分(包括地基),都可选作刚片;体系中的铰都是约束;凡是用三个或三个以上铰接点与其他部分相连的杆件或几何不变部分,必须选作为刚片;只用两个铰与其他部分相连的杆件或几何不变部分,根据分析需要,可将其选作为刚片,也可选作为链杆约束;图 9 − 12 中虚线(连接两铰心的直线)所示为连接两刚片的等效链杆;在选择刚片时,要联想

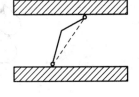

图 9 − 12

到组成规则的约束要求(铰或链杆的数目和布置),同时考虑哪些是连接这些刚片的约束。

作体系几何组成分析虽然灵活多样,但也有一定规律可循。对于比较简单的体系,可以选择两个或三个刚片,直接按规则分析其几何组成。对于复杂体系,可以采用以下方法。

①当体系上有二元体时,应去掉二元体使体系简化,以便于应用规则。但需注意,每次

只能去掉体系外围的二元体(符合二元体的定义),而不能从中间任意抽取。例如图 9 – 13 结点 1 处有一个二元体,拆除后,结点 2 外暴露出二元体,再拆除后,又可在结点 3 处拆除二元体,剩下为三角形 AB4。它是几何不变的,故原体系为几何不变体系。也可以继续在结点 4 处拆除二元体,剩下的只是大地了,这说明原体系相对于大地是不能动的,即为几何不变。

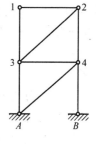

图 9 – 13

　②从一个刚片(例如地基或铰接三角形等)开始,依次增加二元体,尽量扩大刚片范围,使体系中的刚片个数尽量少,便于应用规则。仍以图 9 – 13 为例,将地基视为一个刚片,依次增加二元体,结点 4 处有一个二元体,增加在地基上,地基刚片扩大,以此扩充结点 3 处二元体、结点 2 处二元体、结点 1 处二元体,即体系为几何不变。

　③如果体系的支座链杆只有三根,且不全平行也不交于同一点,则地基与体系本身的连接已符合两刚片规则,因此可去掉支座链杆和地基而只对体系本身进行分析。例如图9 – 14(a)所示体系,除去支座三根链杆,只需对图 9 – 14(b)所示体系进行分析,按两刚片规则组成无多余约束的几何不变体系。

　④当体系的支座链杆多于三根时,应考虑把地基作为一刚片,将体系本身和地基一起用三刚片规则进行分析。否则,往往会得出错误的结论。例如图 9 – 15 所示体系,若不考虑四根支座链杆和地基,将 ABC、DEF 作为刚片Ⅰ、Ⅱ,它们只由两根链杆 1、2 连接,从而得出几何可变体系的结论显然是错误的。正确的方法是再将地基作为刚片Ⅲ,对整个体系用三刚片规则进行分析,结论是无多余约束的几何不变体系。

　⑤先确定一部分为刚片,连续几次使用两刚片或三刚片规则,逐步扩大到整个体系。如图 9 – 16 所示,从下往上看,下层是按三刚片规则组成的几何不变的三铰刚架 ABH,上层两个刚片 CDE 与 EFG 和下层(刚片)按三刚片规则组成为几何不变体系。

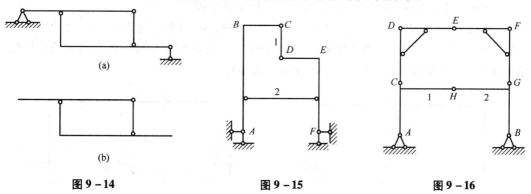

图 9 – 14　　　　　　　图 9 – 15　　　　　　　图 9 – 16

　在进行组成分析时,体系中的每根杆件和约束都不能遗漏,也不可重复使用(复铰可重复使用,但重复使用的次数不能超过其相当的单铰数)。当分析进行不下去时,一般是所选择的刚片或约束不恰当,应重新选择刚片或约束再试。对于某一体系,可能有多种分析途径,但结论是唯一的。

　【例 9 – 1】对图 9 – 17(a)所示体系作几何组成分析。

　【解】首先以地基及杆 AB 为二刚片,由铰 A 和链杆 1 连接,链杆 1 延长线不通过铰 A,组成几何不变部分,如图 9-17(b)所示。以此部分作为一刚片,杆 CD 作为另一刚片,用链杆 2、3 及 BC 链杆(连接两刚片的链杆约束,必须是两端分别连接在所研究的两刚片上)连接。三链杆不交于一点也不全平行,符合两刚片规则,故整个体系是无多余约束的几何不变体系。

另一种分析方法:将链杆 1 视为一个刚片,AB 杆及地基分别为第二、三个刚片,以后分析读者自己完成。

通过此题可看出:分析同一体系的几何组成可以采用不同的组成规则;一根链杆可视为一个约束,也可视为一个刚片。

【例 9-2】对图 9-18 所示体系作几何组成分析。

【解】分别将图 9-18 中的 AC、BD、基础视为刚片 Ⅰ、Ⅱ、Ⅲ,刚片 Ⅰ和Ⅲ以铰 A 相连,B 铰是联系刚片 Ⅱ和Ⅲ的约束,刚片 Ⅰ和刚片 Ⅱ是用 CD、EF 两链杆相连,相当于一个虚铰 O。则连接三刚片的三个铰(A、B、O)不在一直线上,符合三刚片规则,故体系为几何不变且无多余约束体系。

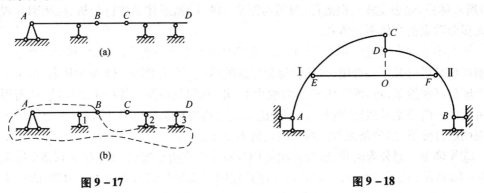

图 9-17　　　　　　　　　　　　图 9-18

【例 9-3】试对图 9-19(a)所示刚架作几何组成分析。

【解】首先把地基作为一个刚片 Ⅰ,并把中间部分(BCE)Ⅱ也视为一刚片,再把 AB、CD 作为链杆,则刚片 Ⅰ、Ⅱ由 AB、CD、EF 三根链杆相连组成几何不变且无多余约束的体系(两刚片规则)。注意:将 AB、CD 视为链杆而不作为刚片。

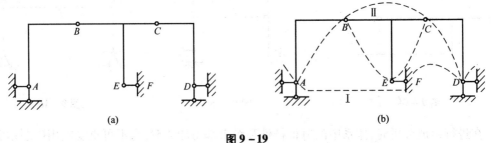

(a)　　　　　　　　　　　　(b)

图 9-19

【例 9-4】试对图 9-20(a)所示体系作几何组成分析。

【解】在结点 1 与 5 处各有一个二元体,可先拆除。在上部体系与大地之间共有四个支座链杆联系的情况下,必须将大地视作一个刚片,参与分析。在图 9-20(b)中,先将 A23B6 视作一刚片,它与大地之间通过 A 处的两链杆和 B 处的一根链杆(既不平行又不交于一点的三根链杆)相连接,因此 A23B6 可与大地合成一个大刚片 Ⅰ,同时再将三角形 C47 视作刚片Ⅱ。刚片Ⅰ与刚片Ⅱ通过三根链杆 34、B7 与 C 相连接,符合两刚片组成规则的要求,故所给体系为无多余约束的几何不变体系。

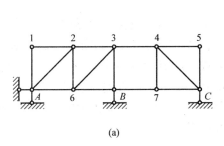

(a)

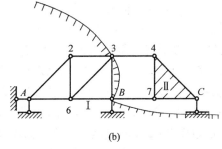

(b)

图 9 - 20

【例 9 - 5】对图 9 - 21(a)、(b)、(c)三个平面铰接体系作几何组成分析。

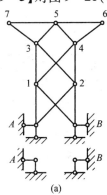

(a)

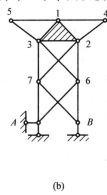

(b)

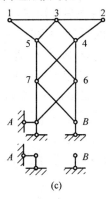

(c)

图 9 - 21

【解】①图 9 - 21(a)体系的组成分析。

图 9 - 21(a)的支座 A 和 B 都是不动铰支座。可用增加二元体法分析:从 A 和 B 增加两个二元体得铰接点 1 和 2,从铰接点 1 和 2 增加两个二元体得铰接点 3 和 4,从 3 和 4 增加二元体 354 得铰接点 5,从 4 和 5 增加二元体 465 得铰接点 6,再增加二元体 375 得铰接点 7。根据二元体规则,图 9 - 21(a)的体系是无多余约束的几何不变体系。

图 9 - 21(a)也可用减去二元体法分析:从上部依次减去外围二元体,去掉铰接点的顺序是 7、6、5、4、3、2、1,最后余下不动铰支座 A 和 B,如图 9 - 21(a)下方所示是无多余约束几何不变体系,所以减去二元体,以前的图 7 - 21(a)体系是无多余约束的几何不变体系。

图 9 - 21(a)还可将 A2、2B、地基分别视为三个刚片,由三刚片规则,成为一个大刚片,再依次增加二元体 A1B、132、142、354、375、564,以此得到体系是无多余约束的几何不变体系。

②图 9 - 21(b)体系的组成分析。

图 9 - 21(b)的支座 B 只是活动铰支座,不能从活动铰支座处增加二元体。遇到这种情况,可察看体系中有无一个几何不变部分,能否从那个几何不变部分开始增加二元体。图 9 - 21(b)上部的铰接三角形 123 是几何不变部分,向上增加两个二元体得铰接点 4 和 5,向下依次增加二元体得铰接点 6、7、A、B。故图 9 - 21(b)的上部体系是无多余约束的几何不变部分,用不动铰支座 A 和活动铰支座 B 与地相连接,仍是几何不变且无多余约束体系(符

合两刚片规则）。所以,图 9-21(b)是无多余约束的几何不变体系。

图 9-21(b)还可以选其他的铰接三角形为几何不变部分。

③图 9-21(c)体系的组成分析。

图 9-21(c)的 B 处是活动铰支座,上部体系也找不到可从铰接三角形增加二元体的部分。这时可察看是否能用减去二元体法进行分析。从上部依次去掉外围的二元体,去掉铰接点的顺序是 1、2、…、7,余下不动铰支座 A 和活动铰支座 B,如图 9-21(c)下边所示。孤立的活动铰支座 B 是几何可变的,所以图 9-21(c)体系是几何可变的体系。

对比图 9-21(a)、(c)可知,图 9-21(c)比图 9-21(a)在支座 B 处少了一根水平支座链杆,所以图 9-21(c)是缺少一个约束的几何可变体系。

【例 9-6】试分析图 9-22 所示桁架的几何组成。

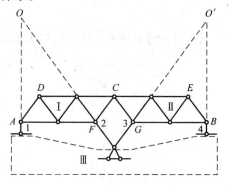

图 9-22

【解】由观察可知,ADCF 和 BECG 两部分都是几何不变的,可作为刚片Ⅰ、Ⅱ。此外地基可作为刚片Ⅲ。这样,刚片Ⅰ、Ⅲ之间有杆 1、2 相连,这相当于用虚铰 O 相连;同理,刚片Ⅱ、Ⅲ相当于用虚铰 O′相连;而刚片Ⅰ、Ⅱ则用铰 C 相连。O、O′、C 三铰不共线,符合三刚片规则,故此桁架是几何不变体系且无多余约束。

【例 9-7】试对图 9-23 体系作几何组成分析。

【解】刚片Ⅰ与刚片Ⅱ之间由铰 C 连接。刚片Ⅰ与基础Ⅲ之间由链杆 1、2 连接,相当于一个虚铰在 A 点。刚片Ⅱ与基础Ⅲ之间由链杆 3、4 连接,相当于一个虚铰在 B 点。如 A、B、C 三点不在同一直线上,根据三刚片规则,则体系是几何不变的,且没有多余约束。如 A、B、C 三点在同一直线上,则体系是可变的。

【例 9-8】试对图 9-24 所示体系进行几何组成分析。

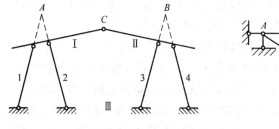

图 9-23

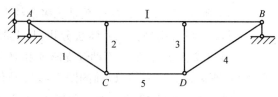

图 9-24

【解】将 AB 视为刚片Ⅰ与地基由 A 铰、B 链杆连接,符合两刚片规则,成为几何不变部分,在其上增加二元体 1C2、3D4,则 5 链杆是多余约束。因此体系是几何不变的,但有一多余约束。

9.5　静定结构与超静定结构的概念

前已述及,用来作为结构的杆件体系,必须是几何不变的,而几何不变体系又可分为无多余约束的和有多余约束的,后者的约束数目除满足几何不变性要求外尚有多余。因此,结构可分为无多余约束的和有多余约束的两类。例如图9-25(a)所示连续梁,如果将 C、D 两支座链杆去掉(图9-25(b))仍能保持其几何不变性,且此时无多余约束,所以该连续梁有两个多余约束。又如图9-26(a)所示加劲梁(组合梁),若将链杆 ab 去掉(图9-26(b)),则结构成为没有多余约束的几何不变体系,故该加劲梁具有一个多余约束。

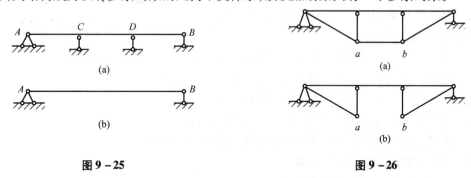

图9-25　　　　　　　　　　　　　　　　图9-26

对于无多余约束的结构(例如图9-27所示简支梁),由静力学可知,它的全部反力和内力都可由静力平衡条件($\sum X = 0$、$\sum Y = 0$、$\sum M = 0$)求得,这类结构称为静定结构。

但是,对于具有多余约束的结构,却不能由静力平衡条件求得其全部反力和内力。例如图9-28所示的连续梁,其支座反力共有五个,而静力平衡条件只有三个,因而仅利用三个静力平衡条件无法求得其全部反力,因此也不能求出其全部内力,这类结构称为超静定结构。

总之,静定结构是没有多余约束的几何不变体系,超静定结构是有多余约束的几何不变体系。结构的超静定次数就等于几何不变体系的多余约束个数。

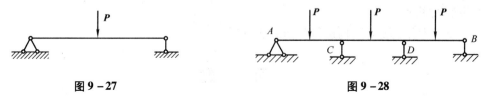

图9-27　　　　　　　　　　　　　　图9-28

本 章 小 结

一、平面杆件体系的分类

$$体系\begin{cases}几何不变\begin{cases}无多余约束——静定结构\\有多余约束——超静定结构\end{cases}\\几何可变\end{cases}$$

只有几何不变体系可用作结构。

二、几何不变体系的简单组成规则

1. 基本原理

平面杆件体系中的铰接三角形是几何不变体系。

2. 约束

工程中常见的约束及其性质如下：

①一个链杆相当于一个约束；

②一个简单铰或铰支座相当于两个约束；

③一个刚性连接或固定端支座相当于三个约束；

④连接两刚片的两根链杆的交点相当于一个铰。

3. 组成规则

凡符合以下各规则所组成的体系，都是几何不变体系，且无多余约束。

①两个刚片用不全平行也不全交于一点的三根链杆连接。

②两个刚片用一个铰和不通过该铰的链杆连接。

③三个刚片用不在一条直线上的三个铰两两相连。

应用上述组成规则时，应特别注意必须满足各规则的限制条件。

三、分析几何组成的目的及应用

①保证结构的几何不变性，确保其承载能力。

②确定结构是静定的还是超静定的，从而选择确定反力和内力的相应计算方法。

③通过几何组成分析，明确结构的构成特点，从而选择受力分析的顺序。

思 考 题

9 - 1　什么是几何可变体系？它包括哪几种类型？分别举例说明几何可变体系为什么不能作为结构使用？

9 - 2　什么是静定结构？什么是超静定结构？它们有什么共同点？其根本区别是什么？举例说明之。

9 - 3　为什么要对结构进行几何组成分析？

习 题

9 - 1　如题 9 - 1 图所示，分析以下各结构几何组成。

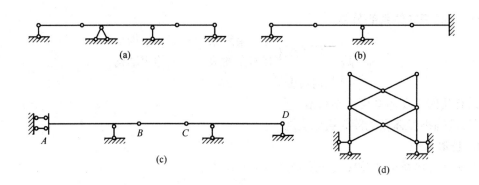

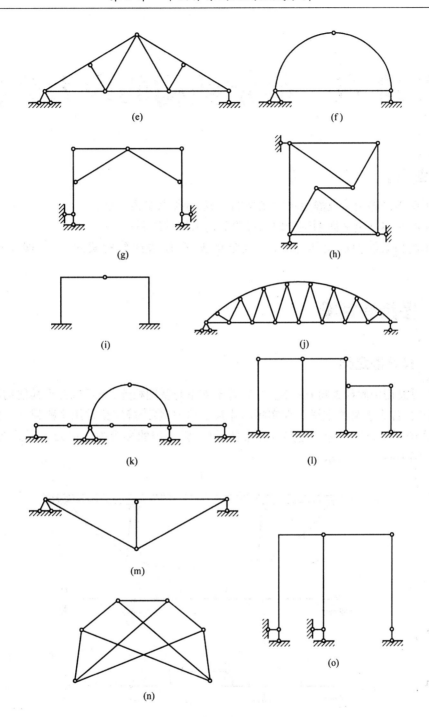

题 9 – 1 图

第10章　静定结构的内力分析

【学习重点】

➢ 了解多跨静定梁及静定平面刚架的组成、分类及受力特点；
➢ 熟练掌握静定平面刚架的内力计算和内力图的绘制；
➢ 了解桁架的特点及其分类，掌握结点法、截面法计算桁架内力，掌握零杆的判断条件。

10.1　多跨静定梁

10.1.1　多跨静定梁

若干根梁用中间铰连接在一起，并以若干支座与基础相连，或者搁置于其他构件上而组成的静定梁，称为多跨静定梁。在实际的建筑工程中，多跨静定梁常用来跨越几个相连的跨度。如图 10 – 1(a)所示为一公路或城市桥梁中，常采用的多跨静定梁结构形式之一，其计算简图如图 10 – 1(b)所示。

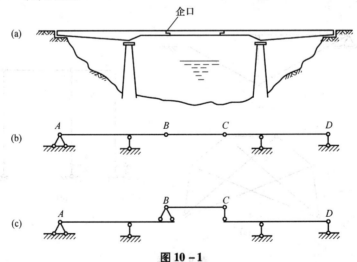

图 10 – 1

在房屋建筑结构中的木檩条，也是多跨静定梁的结构形式，如图 10 – 2(a)所示为木檩条的构造图，其计算简图如图 10 – 2(b)所示。

连接单跨梁的一些中间铰，在钢筋混凝土结构中其主要形式常采用企口结合(图 10 – 1(a))，而在木结构中常采用斜搭接或用螺栓连接(图 10 – 2(a))。

从几何组成分析可知，图 10 – 1(b)中 AB 梁是直接由链杆支座与地基相连，是几何不变的,且梁 AB 本身不依赖梁 BC 和 CD 就可以独立承受荷载,所以称为**基本部分**。如果仅受竖向荷载作用,CD 梁也能独立承受荷载维持平衡,同样可视为基本部分。短梁 BC 是依靠基本部分的支承才能承受荷载并保持平衡,所以称为**附属部分**。同样道理,在图 10 − 2(b)中梁 AB、CD 和 EF 均为基本部分,梁 BC 和 DE 为附属部分。为了更清楚地表示各部分之间的支承关系,把基本部分画在下层,将附属部分画在上层,分别如图 10 − 1(c)和图10 − 2(c)所示,称它为**关系图**或**层叠图**。

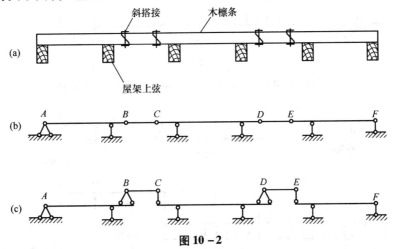

图 10 − 2

从受力分析来看,当荷载作用于基本部分时,只有该基本部分受力,而与其相连的附属部分不受力;当荷载作用于附属部分时,则不仅该附属部分受力,且通过铰接部分将力传至与其相关的基本部分上去。因此,计算多跨静定梁时,必须先从附属部分计算,再计算基本部分,按组成顺序的逆过程进行。例如图 10 − 1(c),应先从附属梁 BC 计算,再依次考虑梁 CD、AB。这样便把多跨梁化为单跨梁,分别进行计算,从而可避免解算联立方程。再将各单跨梁的内力图连在一起,便得到多跨静定梁的内力图。

【**例 10 − 1**】试作图 10 − 3(a)所示多跨静定梁的内力图。

【**解**】①作层叠图。

如图 10 − 3(b)所示,AC 梁为基本部分,CE 梁通过铰 C 和支座链杆 D 连接在 AC 梁上,要依靠 AC 梁才能保证其几何不变性,所以 CE 梁为附属部分。

②计算支座反力。

从层叠图看出,应先从附属部分 CE 开始取脱离体,如图 10 − 3(c)所示:

$$\sum M_C = 0 \quad 80 \text{ kN} \times 6 \text{ m} - V_D \times 4 \text{ m} = 0 \quad V_D = 120 \text{ kN}(\uparrow)$$

$$\sum M_D = 0 \quad 80 \text{ kN} \times 2 \text{ m} - V_C \times 4 \text{ m} = 0 \quad V_C = 40 \text{ kN}(\downarrow)$$

将 V_C 反向,作用于梁 AC 上,计算基本部分:

$$\sum X = 0 \quad H_A = 0$$

$$\sum M_A = 0 \quad -40 \times 10 + V_B \times 8 + 10 \times 8 \times 4 - 64 = 0 \quad V_B = 18 \text{ kN}(\downarrow)$$

$$\sum M_B = 0 \quad -40 \times 2 - 10 \times 8 \times 4 - 64 + V_A \times 8 = 0 \quad V_A = 58 \text{ kN}(\uparrow)$$

校核:由整体平衡条件得 $\sum Y = -80 + 120 - 18 + 58 - 10 \times 8 = 0$,说明计算无误。

③作内力图。

除分别作出单跨梁的内力图,然后拼合在同一水平基线上这一方法外,多跨静定梁的内力图也可根据其整体受力图(图10-3(a))直接绘出。

将整个梁分为 AB、BD、DE 三段,由于中间铰 C 处是外力的连续点,故不必将它选为分段点。

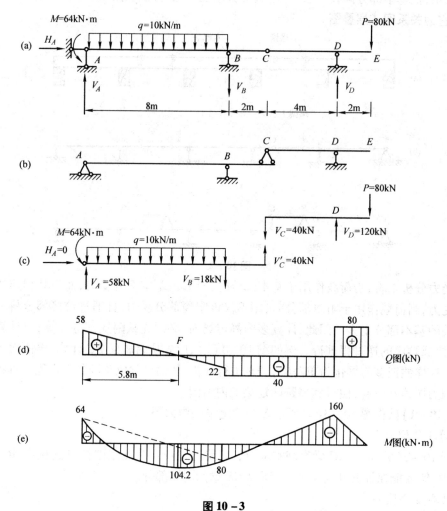

图 10-3

由内力计算法则,各分段点的剪力分别为

$$Q_A^{右} = 58 \text{ kN}$$

$$Q_B^{左} = (58 - 10 \times 8) \text{ kN} = -22 \text{ kN}$$

$$Q_B^{右} = (58 - 10 \times 8 - 18) \text{ kN} = -40 \text{ kN}$$

$$Q_D^{左} = (80 - 120) \text{ kN} = -40 \text{ kN}$$

$$Q_D^{右} = 80 \text{ kN}$$

$$Q_E^{左} = 80 \text{ kN}$$

据此绘得剪力图如图10-3(d)所示,其中 AB 段剪力为零的截面 F 距 A 点5.8 m。

由内力计算法则,各分段点的弯矩分别为

$$M_{AB} = -64 \text{ kN} \cdot \text{m}$$

$$M_{BA} = (-64 + 58 \times 8 - 10 \times 8 \times 4) \text{ kN} \cdot \text{m} = 80 \text{ kN} \cdot \text{m}$$

$$M_{DE} = -80 \times 2 \text{ kN} \cdot \text{m} = -160 \text{ kN} \cdot \text{m}$$

$$M_{ED} = 0$$

$$M_F = (-64 + 58 \times 5.8 - 10 \times 5.8 \times 5.8/2) \text{ kN} \cdot \text{m} = 104.2 \text{ kN} \cdot \text{m}$$

据此作弯矩图如图 10 - 3(e)所示,其中 AB 段内有均布荷载,故需在直线弯矩图(图中虚线)的基础上叠加相应简支梁在跨中间(简称跨中)荷载作用的弯矩图。

多跨静定梁比相同跨度的简支梁的弯矩要小,且弯矩的分布比较均匀,此即多跨静定梁的受力特征。多跨静定梁虽然比相应的多跨简支梁要经济些,但构造要复杂些。一个具体工程,是采用单跨静定梁,还是多跨静定梁或其他形式的结构,需要作技术经济比较后,从中选出最佳方案。

10.2 静定平面刚架

10.2.1 静定平面刚架的特点

刚架(亦称框架)是由横梁和柱共同组成的一个整体承重结构。刚架的特点是具有刚结点,即梁与柱的接头是刚性连接的,共同组成一个几何不变的整体。如图 10 - 4(a)所示简支刚架,图 10 - 4(b)所示悬臂刚架,图 10 - 4(c)所示三铰刚架,图 10 - 4(d)所示门式刚架,其中的梁与柱均用刚结点连接。

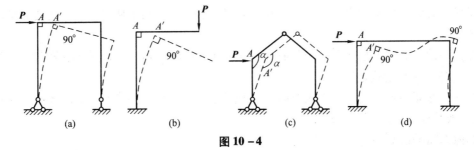

图 10 - 4

刚架中的所谓刚结点,就是在任何荷载作用下,梁、柱在该结点处的夹角保持不变。如图 10 - 4(a)、(b)、(c)、(d)所示刚架在荷载作用下均产生变形,刚结点因而有线位移和转动,但原来结点处梁、柱轴线的夹角大小保持不变。

在受力方面,由于刚架具有刚结点,梁和柱能作为一个整体共同承担荷载的作用,结构整体性好、刚度大、内力分布较均匀。在大跨度、重荷载的情况下,刚架是一种较好的承重结构,所以该结构在工业与民用建筑中被广泛地采用。

10.2.2 静定刚架的内力计算及内力图

1. 内力计算

如同研究梁的内力一样,在计算刚架内力之前,首先要明确刚架在荷载作用下,其杆件横截面将产生什么样的内力。现以图 10 - 5(a)所示静定悬臂刚架为例作一般性的讨论。

现研究刚架在任意荷载作用下其中任意一截面 m—m 产生什么内力。先用截面法假想

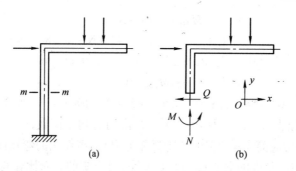

图 10 – 5

将刚架从 m—m 截面处截断,取其中一部分脱离体如图 10 – 5(b)所示。在这段脱离体上,由于作用荷载,所以截面 m—m 上必产生内力与之平衡。从 $\sum X = 0$,知截面上将会有一水平力,即截面的剪力 Q,与荷载在 x 轴上的投影平衡;从 $\sum Y = 0$,知截面上将会有一垂直力,即截面的轴向力 N,与荷载在 y 轴上的投影平衡;再以截面的形心 O 为矩心,从 $\sum M_O = 0$,知截面上必有一力偶,即截面的弯矩 M,与荷载对 O 点之矩平衡。因此可得出结论:**刚架受荷载作用产生三种内力,即弯矩、剪力和轴力。**

要求出静定刚架中任一截面的内力(M、Q、N)也如同计算梁的内力一样,用截面法将刚架从指定截面处截开,考虑其中一部分脱离体的平衡,建立平衡方程,解方程从而求出它的内力。

因此,关于静定梁的弯矩和剪力计算的一般法则,对于刚架来说同样是适用的。现将计算法则重复说明如下(注意与前面的提法内容是一致的)。

①任一截面的弯矩数值等于该截面任一侧所有外力(包括支座反力)对该截面形心的力矩的代数和。

②任一截面的剪力数值等于该截面任一侧所有外力(包括支座反力)沿该截面平面投影(或称切向投影)的代数和。

③任一截面的轴力数值等于该截面任一侧所有外力(包括支座反力)在该截面法线方向投影(或称法向投影)的代数和。

2. 内力图的绘制

在作内力图时,先根据荷载等情况确定各段杆件内力图的形状,之后再计算出控制截面的内力值,这样即可作出整个刚架的内力图。**对于弯矩图通常不标明正负号,而把它画在杆件受拉一侧,而剪力图和轴力图则应标出正负号。**

在运算过程中,内力的正负号规定如下:使刚架内侧受拉的弯矩为正,反之为负;轴力以拉力为正、压力为负;剪力正负号的规定与梁相同。

为了明确地表示各杆端的内力,规定内力字母下方用两个脚标,第一个脚标表示该内力所属杆端,第二个脚标表示杆的另一端。如 AB 杆 A 端的弯矩记为 M_{AB},B 端的弯矩记为 M_{BA};CD 杆 C 端的剪力记为 Q_{CD},D 端的剪力记为 Q_{DC} 等。

全部内力图作出后,可截取刚架的任一部分为脱离体,按静力平衡条件进行校核。

【例 10 – 2】计算图 10 – 6(a)所示刚架结点处各杆端截面的内力。

【解】①利用整体的三个平衡方程求出支座反力,如图 10 – 6(a)所示。

②计算刚结点 C 处杆端截面内力。

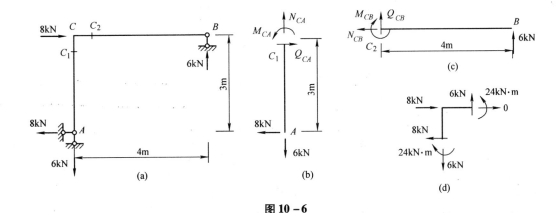

图 10 - 6

刚结点 C 有 C_1、C_2 两个截面,沿 C_1 和 C_2 切开,分别取 C_1 下边和 C_2 右边,即 C_1A(包括 A 支座)和 C_2B(包括 B 支座)两个脱离体,分别建立平衡方程,确定杆端截面 C_1 和 C_2 的内力。

对 C_1A 脱离体(图 10 - 6(b)),有

$$\sum X = 0 \quad Q_{CA} - 8 \text{ kN} = 0 \quad Q_{CA} = 8 \text{ kN}$$

$$\sum Y = 0 \quad N_{CA} - 6 \text{ kN} = 0 \quad N_{CA} = 6 \text{ kN}$$

$$\sum M_C = 0 \quad M_{CA} - 8 \times 3 \text{ kN} \cdot \text{m} = 0 \quad M_{CA} = 24 \text{ kN} \cdot \text{m}(AC \text{ 杆内侧即右侧受拉})$$

对 C_2B 脱离体(图 10 - 6(c)),有

$$\sum X = 0 \quad N_{CB} = 0$$

$$\sum Y = 0 \quad Q_{CB} + 6 \text{ kN} = 0 \quad Q_{CB} = -6 \text{ kN}$$

$$\sum M_C = 0 \quad -M_{CB} + 6 \times 4 \text{ kN} \cdot \text{m} = 0 \quad M_{CB} = 24 \text{ kN} \cdot \text{m}(CB \text{ 杆内侧即下侧受拉})$$

③取结点 C 为脱离体校核(图 10 - 6(d))。

校核时画分离体的受力图应注意:必须包括作用在此分离体上的所有外力以及计算所得的内力 M、Q 和 N;图中的 M、Q 和 N 都应按求得的实际方向画出并不再加注正负号。

$$\sum X = 0 \quad 8 - 8 = 0$$

$$\sum Y = 0 \quad 6 - 6 = 0$$

$$\sum M_C = 0 \quad 24 - 24 = 0$$

说明计算无误。

【例 10 - 3】计算图 10 - 7 所示刚架刚结点 C、D 处杆端截面的内力。

【解】①利用平衡方程求出支座反力,如图 10 - 7 所示。

②计算刚结点 C 处杆端截面内力。

取 AC_1 杆(相当取 AC_1 段为研究对象,包括支座 A),得

$$\sum Y = 0 \quad N_{CA} = 4 \text{ kN}$$

$$\sum X = 0 \quad Q_{CA} = 12 - 3 \times 4 = 0$$

$$\sum M_C = 0 \quad M_{CA} = (12 \times 4 - 3 \times 4 \times 2) \text{ kN} \cdot \text{m} = 24 \text{ kN} \cdot \text{m}(AC \text{ 杆内侧即右侧受拉})$$

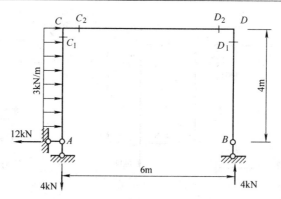

图 10 – 7

取 AC_2 杆（相当取 AC_2 为研究对象，包括支座 A），得

$$\sum X = 0 \quad N_{CD} = 12 - 3 \times 4 = 0$$

$$\sum Y = 0 \quad Q_{CD} = -4 \text{ kN}$$

$$\sum M_C = 0 \quad M_{CD} = (12 \times 4 - 3 \times 4 \times 2) \text{ kN} \cdot \text{m} = 24 \text{ kN} \cdot \text{m}(CD \text{ 杆内侧即下侧受拉})$$

③计算刚结点 D 处杆端截面内力。

取 BD_1 杆（相当取 BD_1 为研究对象，包括支座 B），得

$$\sum Y = 0 \quad N_{DB} = -4 \text{ kN}$$

$$\sum X = 0 \quad Q_{DB} = 0 \text{ kN}$$

$$\sum M_D = 0 \quad M_{DB} = 0$$

取 BD_2 杆（相当取 D_2DB 为研究对象，包括刚结点 D 和支座 B），得

$$\sum X = 0 \quad N_{DC} = 0$$

$$\sum Y = 0 \quad Q_{DC} = -4 \text{ kN}$$

$$\sum M_D = 0 \quad M_{DC} = 0$$

④取结点 C 或 D 为脱离体进行校核。（略）

【例 10 – 4】作图 10 – 8(a)所示刚架的内力图。

【解】①画弯矩图。

逐杆分段用截面法计算各控制截面弯矩，并作弯矩图。

BC 杆：
$$M_{CB} = 0$$
$$M_{CB} = Pa \quad （上侧受拉）$$

因为 BC 杆无荷载，其弯矩图为斜直线，可画出 BC 杆 M 图如图 10 – 8(b)所示。

AB 杆：
$$M_{BA} = Pa（左侧受拉）$$
$$M_{AB} = Pa（左侧受拉）$$

同样，因为 AB 杆中间无荷载，其弯矩图为直线，可画出 AB 杆 M 图如图 10 – 8(b)所示。

②画剪力图。

逐杆分段用截面法计算各控制截面剪力，并作剪力图。

BC 杆：
$$Q_{BC} = P$$

因为 BC 杆中间无荷载,所以在 BC 段剪力是常数,剪力图是平行于 BC 的直线,如图10 – 8 (c)所示。

AB 杆:
$$Q_{BA} = 0$$

因为 AB 杆中间无荷载,可见全杆剪力均为零。

③画轴力图。

画出剪力图后,可取结点 B 为脱离体画受力图如图 10 – 8(e)所示,用投影方程求得各杆轴力。

由 $\sum X = 0$ 得 $N_{BC} = Q_{BA} = 0$

由 $\sum Y = 0$ 得 $N_{BA} = -Q_{BC} = -P$

因为 BC 杆、BA 杆中间均无荷载,各杆轴力均为常量,可画轴力图如图 10 – 8(d)所示。

④校核。

由于 B 结点的平衡条件已经用以计算杆端轴力,不可再用以校核。现取 AB 杆为脱离体画受力图如图 10 –8(f)所示,由图可见,$\sum X = 0$,$\sum Y = 0$,$\sum M = 0$,说明计算无误。

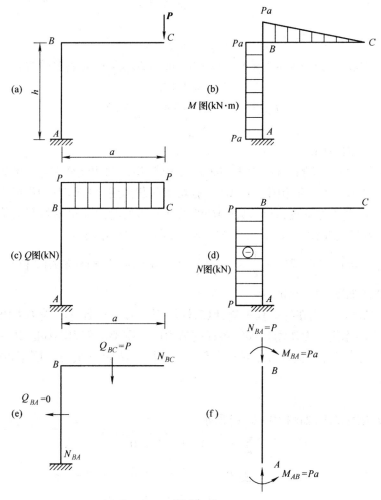

图 10 – 8

校核时画脱离体的受力图应注意:必须包括作用在此脱离体上的所有外力,以及计算所得的内力 M、Q、N;图中的 M、Q、N 都应按已求得的实际方向画出并不再加注正负号。

【**例 10 – 5**】作图 10 – 9(a)所示刚架的内力图。

【**解**】①计算支座反力,结果如图 10 – 9(a)所示。

②计算各杆端内力。

取 CD 杆:

$$M_{CD} = 0$$
$$M_{DC} = 4 \text{ kN} \cdot \text{m}(左侧受拉)$$
$$Q_{CD} = Q_{DC} = 4 \text{ kN}$$
$$N_{CD} = N_{DC} = 0$$

取 DB 杆:

$$M_{BD} = 0$$
$$M_{DB} = 28 \text{ kN} \cdot \text{m}(下侧受拉)$$
$$Q_{BD} = Q_{DB} = -7 \text{ kN}$$
$$N_{BD} = N_{DB} = 0$$

取 AD 杆:

$$M_{AD} = 0$$
$$M_{DA} = (8 \times 4 - 1 \times 4 \times 2) \text{ kN} \cdot \text{m} = 24 \text{ kN} \cdot \text{m}(右侧受拉)$$
$$Q_{AD} = 8 \text{ kN}$$
$$Q_{DA} = (8 - 1 \times 4) \text{ kN} = 4 \text{ kN}$$
$$N_{AD} = N_{DA} = 7 \text{ kN}$$

③作 M、Q、N 内力图。

弯矩图画在杆的受拉侧。杆 CD 和 BD 上无荷载,将杆的两端杆端弯矩的纵坐标以直线相连,即得杆 CD 和 BD 的弯矩图。杆 AD 上有均布荷载作用,将杆 AD 两端杆端弯矩值以虚直线相连,以此虚直线为基线,叠加以杆 AD 的长度为跨度的简支梁受均布荷载作用下的弯矩图,即得杆 AD 的弯矩图。叠加后,杆 AD 中点截面 E 的弯矩值

$$M_E = \left[\frac{1}{2}(0 + 24) + \frac{1}{8} \times 1 \times 4^2 \right] \text{ kN} \cdot \text{m} = 14 \text{ kN} \cdot \text{m}(右侧受拉)$$

刚架的 M 图如图 10 – 9(b)所示。

剪力图的纵坐标可画在杆的任一侧,但需标注正负号。将各杆杆端剪力纵坐标用直线相连(各杆跨中均无集中作用),即得各杆的剪力图。刚架的剪力图如图 10 – 9(c)所示。

轴力图的做法与剪力图类似,可画在任意一侧,需注明正负号。刚架的轴力图如图 10 – 9(d)所示。

④校核。

取结点 D 为脱离体,如图 10 – 9(e)所示:

$$\sum X = 0 \quad 4 - 4 = 0$$
$$\sum Y = 0 \quad 7 - 7 = 0$$
$$\sum M_D = 0 \quad 4 + 24 - 28 = 0$$

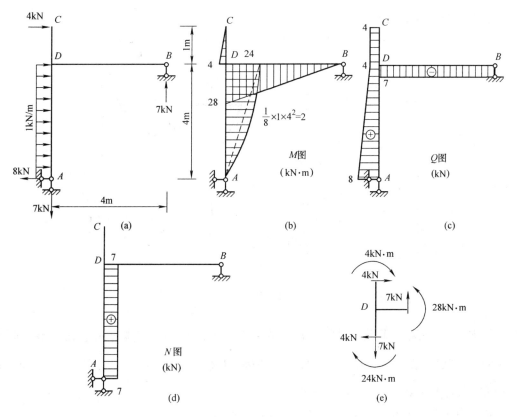

图 10 – 9

说明计算无误。

【例 10 –6】作图 10 –10(a)所示刚架的弯矩图。

【解】①利用平衡方程计算支反力如图 10 –10(a)所示。

②计算杆端弯矩。

取 AC 杆：

$$M_{AC} = M_{CA} = 0$$

求 CE 杆 E 端弯矩时，可取 ECA 脱离体（从 C_1 面截开）：

$$M_{EC} = -8 \text{ kN} \cdot \text{m}(\text{左侧受拉})$$

$$M_{CE} = M_{CA} = 0$$

取 EA 杆（包括刚结点 E，从 C_2 面截开）：

$$M_{EF} = -8 \text{ kN} \cdot \text{m}(\text{上侧受拉})$$

取 DB 杆（从 C_5 面截开）：

$$M_{BD} = 0$$

$$M_{DB} = -8 \text{ kN} \cdot \text{m}(\text{右侧受拉})$$

取 DB 杆（从 C_6 面截开）：

$$M_{DF} = (-4 \times 2 + 4) \text{ kN} \cdot \text{m} = -4 \text{ kN} \cdot \text{m}(\text{右侧受拉})$$

取 FB 杆（从 C_3 面截开）：

$$M_{FD} = (-4 \times 4 + 4) \text{ kN} \cdot \text{m} = -12 \text{ kN} \cdot \text{m}(\text{右侧受拉})$$

取 *FB* 杆(从 C_4 面截开)：

$$M_{FE} = (-4 \times 4 + 4) \text{ kN} \cdot \text{m} = -12 \text{ kN} \cdot \text{m}(上侧受拉)$$

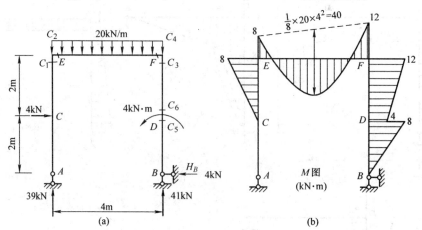

图 10 – 10

③作 *M* 图。

杆 *EF* 上作用均布荷载,将杆 *EF* 两端的弯矩值用虚线相连,以虚直线为基线,叠加简支梁受均布荷载作用的弯矩图。杆中央截面弯矩叠加值为 $\left[\frac{1}{8} \times 20 \times 4^2 - \frac{1}{2}(8+12)\right]$ kN $\cdot$ m $=30$ kN $\cdot$ m,由此得杆 *EF* 上的弯矩图,其余各杆将杆端弯矩的纵坐标用直线相连。注意 *D* 截面弯矩有突变。刚架的弯矩图如图 10 – 10(b)所示。

④校核。

取结点 *E* 为脱离体。(略)

【例 10 – 7】试作图 10 – 11(a)所示刚架的弯矩图。

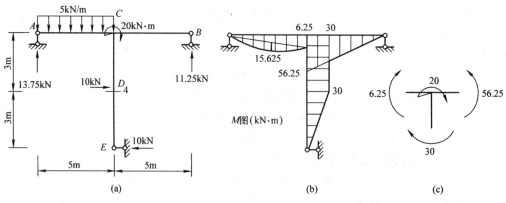

图 10 – 11

【解】①利用平衡方程计算支反力如图 10 – 11(a)所示。

②计算杆端弯矩。

取 *AC* 杆(杆上荷载不包括力偶)：

$$M_{AC} = 0$$

$$M_{CA} = \left[5 \times 13.75 - \frac{1}{2} \times 5 \times 5^2 \right] kN \cdot m = 6.25 \ kN \cdot m (下侧受拉)$$

取 BC 杆（从 C 左边截开，杆上荷载不包括力偶）：

$$M_{BC} = 0$$
$$M_{CB} = 56.25 \ kN \cdot m (下侧受拉)$$

取 DE 杆：

$$M_{ED} = 0$$
$$M_{DE} = 30 \ kN \cdot m (右侧受拉)$$

DC 杆的 D 端弯矩与 ED 杆 D 端弯矩值相同，即

$$M_{DC} = M_{DE} = 30 \ kN \cdot m (右侧受拉)$$

求 DC 杆 C 端弯矩时可取 CDE 脱离体（杆上荷载不包括力偶）：

$$M_{CD} = (10 \times 6 - 10 \times 3) \ kN \cdot m = 30 \ kN \cdot m (右侧受拉)$$

③作 M 图，如图 10 – 11(b) 所示。

AC 杆中央截面弯矩：

$$M_{中} = \left(\frac{1}{8} \times 5 \times 5^2 + \frac{1}{2} \times 6.25 \right) kN \cdot m = 21.875 \ kN \cdot m$$

④校核。取结点 C 为脱离体，如图 10 – 11(c) 所示，显然满足 $\sum M_C = 0$。

通过以上例题可看出，作刚架内力图的常规步骤一般是先求反力，再逐杆分段、定点、连线作出。在作弯矩图之前，如果先作一番判断，则常常可以少求一些反力（有时甚至不求反力），而迅速作出弯矩图。需判断内容：

①熟练掌握 M、Q、q 之间的微分关系；

②铰接点处弯矩为零；

③刚结点力矩平衡。

如图 10 – 12(a) 所示，各杆端弯矩与力偶荷载的代数和应等于零。对于两杆刚结点，如结点上无力偶荷载作用时，则两杆端弯矩数值必相等且受拉侧相同（即同为外侧受拉或同为内侧受拉），如图 10 – 12(b) 所示。在刚结点处，除某一杆端弯矩外，其余各杆端弯矩若均已知，则该杆端弯矩的大小和受拉侧便可根据刚结点力矩平衡条件推出。

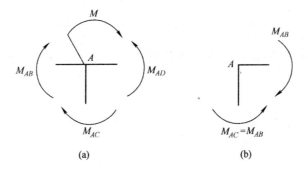

图 10 – 12

【例 10 – 8】作图 10 – 13(a) 所示结构的弯矩图。

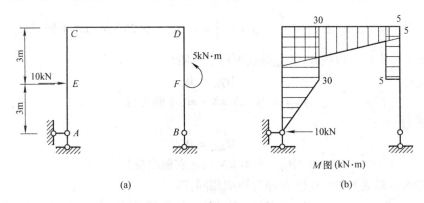

图 10 – 13

【解】由整体水平力平衡可知 $X_A = 10$ kN(←),则 $M_{EA} = 30$ kN · m,右侧受拉;$M_{CE} = (10 \times 6 - 10 \times 3)$ kN · m $= 30$ kN · m,右侧受拉;根据结点 C 力矩平衡,$M_{CD} = 30$ kN · m,下侧受拉;BD 杆无剪力,则 BF 段无 M 图,FD 段 M 保持常数,为 5 kN · m,左侧受拉;根据刚结点力矩平衡,$M_{DC} = 5$ kN · m,下侧受拉。有了各控制截面的弯矩竖标,再据无荷载区间 M 图为直线,集中力偶处弯矩有突变,画出整个 M 图如图 10 – 13(b)所示。

上述过程无须笔算,仅根据 M 图特点即可作出 M 图。

【例 10 – 9】作图 10 – 14(a)所示刚架的弯矩 M 图。

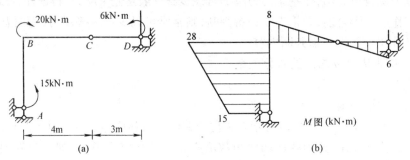

图 10 – 14

【解】AB 和 BD 杆段间无荷载,故 M 图均为直线。因 $M_{DC} = 6$ kN · m,下侧受拉,$M_{CD} = 0$,故 $M_{BC} = \dfrac{4}{3} \times 6 = 8$ kN,上侧受拉;由刚结点 B 力矩平衡,$M_{BA} = 8 + 20 = 28$ kN · m,左侧受拉;$M_{AB} = 15$ kN · m,左侧受拉。有了各控制截面弯矩,即可作出整个结构 M 图,如图 10 – 14(b)所示。

10.3　静定平面桁架

10.3.1　桁架的特征

桁架是由若干根直杆在其两端用铰连接而成的结构,在建筑工程中常用于跨越较大跨度的一种结构形式。

实际桁架的受力情况比较复杂,因此在分析桁架时必须选取既能反映桁架的本质又能便于计算的计算简图。这个计算简图称为理想桁架(图 10 – 15(b)、(d)),其特点是:

①各构件为直杆;

②各结点均为理想的铰接点;

③荷载均为结点荷载,如图 10 – 15(b)、(d)所示。

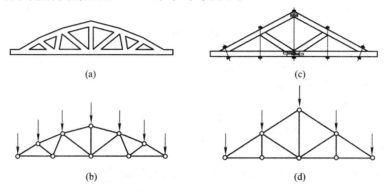

(a)　　　　　　　　　　　　　(c)

(b)　　　　　　　　　　　　　(d)

图 10 – 15

必须强调的是,实际桁架与上述理想桁架存在着一定的差距。比如桁架结点可能具有一定的刚性,有些杆件在结点处是连续不断的,杆的轴线也不完全为直线,结点上各杆轴也不交于一点,存在着类似于杆件自重、风荷载、雪荷载等非结点荷载等。因此,通常把**按理想桁架算得的内力称为主内力(轴力)**,而把上述一些原因所产生的内力称为**次内力(弯矩、剪力)**。此外,工程中通常是将几片桁架联合组成一个空间结构来共同承受荷载,计算时一般是将空间结构简化为平面桁架进行计算,而不考虑各片桁架间的相互影响。

在理想桁架情况下,各杆均为二力杆,故其受力特点是:各杆只受轴力作用。这样,杆件横截面上的应力分布均匀,使材料能得到充分利用。在建筑工程中桁架结构得到广泛的应用,如屋架、施工托架等。

10. 3. 2　静定平面桁架分类

杆轴线、荷载作用线都在同一平面内的桁架称为平面桁架。按照桁架的几何组成方式,静定平面桁架可分为三类。

1. 简单桁架

在铰接三角形(或基础)上依次增加二元体所组成的桁架,如图 10 – 16(a)所示。

2. 联合桁架

由几个简单桁架按几何组成规则所组成的桁架,如图 10 – 16(b)所示。

3. 复杂桁架

凡不属于前两类的桁架都属于复杂桁架,如图 10 – 16(c)所示。

10. 3. 3　结点法

1. 结点法原理

取桁架的铰接点为脱离体,受力图是平面交汇力系,有 $\sum X = 0$、$\sum Y = 0$ 两个力的

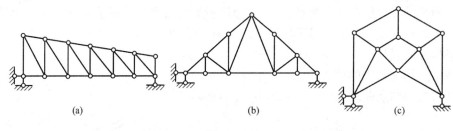

(a)　　　　　　　　　　　(b)　　　　　　　　　　　(c)

图 10 – 16

投影平衡方程,如结点上只有两个未知的杆件轴力,可用两个平衡方程计算出来,逐一选取结点平衡,即可求出所有杆的轴力。

2. 结点法适用范围

结点法最适用于计算简单桁架。

3. 计算步骤

在计算过程中,通常先假设杆的未知轴力为拉力,利用 $\sum X = 0$, $\sum Y = 0$ 两个力的投影平衡方程,求出未知轴力,计算结果如得正值,表示轴力确是拉力;如得负值,表示轴力是压力。选为研究对象的结点,未知力数一般不得超过两个。

在建立平衡方程时,为了避免三角函数的计算,也可利用轴力(N)的分力(X、Y)与杆长(l)水平及竖向投影(l_x、l_y)之间的比例关系(图 10 – 17)得

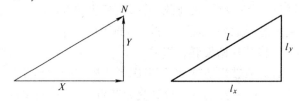

图 10 – 17

$$\frac{N}{l} = \frac{X}{l_x} = \frac{Y}{l_y} \tag{10 – 1}$$

【例 10 – 10】试用结点法求图 10 – 18(a)所示桁架各杆的内力。

【解】由于桁架和荷载都对称,只需计算半桁架各杆内力,另一半利用对称关系即可确定。

①求支座反力。

由于结构和荷载均对称,故

$$Y_A = Y_B = 25 \text{ kN}(\uparrow)$$

②利用各结点的平衡条件计算各杆内力时,通常假定杆件内力均为拉力,若计算结果为负,则表明为压力。为简化计算,本题可首先判别各特殊杆内力如下:由结点 F、结点 H 和结点 D 可见,N_{CF}、N_{EH} 和 N_{DG} 均为零,且 $N_{AF} = N_{FG}$,$N_{HG} = N_{HB}$。因此只需计算结点 A 和结点 C,便可求得各杆内力。

结点 A　受力图如图 10 – 18(b)所示,由 $\sum Y = 0$ 得

$$-N_{AC} \times \frac{3}{5} + 25 \text{ kN} = 0 \quad N_{AC} = 41.7 \text{ kN}(拉)$$

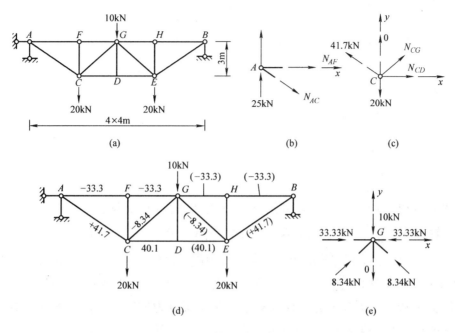

图 10 – 18

由 $\sum X = 0$ 得

$$N_{AF} + 41.7 \times \frac{4}{5} \text{ kN} = 0 \quad N_{AF} = -33.3 \text{ kN}(拉)$$

结点 C　受力图如图 10 – 18(c)所示,由 $\sum Y = 0$ 得

$$N_{CG} \times \frac{3}{5} - 20 + 41.7 \times \frac{3}{5} \text{ kN} = 0 \quad N_{CG} = -8.34 \text{ kN}(压)$$

由 $\sum X = 0$ 得

$$\left(-8.34 \times \frac{4}{5} - 41.7 \times \frac{4}{5} \right) \text{kN} + N_{CD} = 0 \quad N_{CD} = 40.1 \text{ kN} \quad (拉)$$

③将计算结果写于图 10 – 18(d)所示桁架上。(左半桁架各杆所注数字是计算成果,右半桁架各杆所注括号内的数字是根据对称关系求得的成果。)

④校核。取结点 G,受力图如图 10 – 18(e)所示,有

$$\sum X = 8.34 \times \frac{4}{5} + 33.33 - 8.34 \times \frac{4}{5} - 33.33 = 0$$

$$\sum Y = 8.34 \times \frac{3}{5} + \frac{3}{5} \times 8.34 - 10 = 0$$

说明计算无误。

由以上可见,结点法适宜于计算桁架全部杆件的内力。

4. 结点平衡的特殊情况

根据桁架结点上杆件和荷载的特殊情况(图 10 – 19),了解一些特殊杆件轴力的大小,以后遇到时,可不写平衡方程,就知道这些杆件轴力的数值。这对提高桁架轴力计算的能力很有益处。

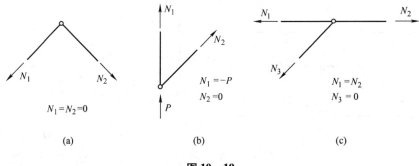

图 10 – 19

①图 10 – 19(a)为不共线的两杆结点,当无外力作用时,则两杆都是零杆。取 N_1 的作用线为 x 轴,则由 $\sum Y = 0$,可知 $N_2 = 0$;再由 $\sum X = 0$,可知 $N_1 = 0$。

②图 10 – 19(b)为不共线的两杆结点,当外力沿一杆作用时,则另一杆为零杆。取 P 和 N_1 的作用线为 y 轴,则由 $\sum X = 0$,可知 $N_2 = 0$;由 $\sum Y = 0$,可知 $N_1 = -P$。

③图 10 – 19(c)为三杆结点,且有两杆共线,当无外力作用时,则第三杆为零杆。如取两杆所在的直线为 x 轴,则由 $\sum Y = 0$,可知 $N_3 = 0$;由 $\sum X = 0$,可知 $N_1 = N_2$。

下面应用结点平衡,对图 10 – 20 所示结构作零杆分析:下弦结点 E 上无荷载,单杆 EI 是零杆;上弦左端结点 F 上无荷载,FA 和 FG 两杆均是零杆;上弦右端结点 J 上荷载 P 沿杆 JB 方向,杆 JI 是零杆。

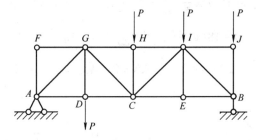

图 10 – 20

10.3.4 截面法

1. 截面法原理

用结点法计算桁架的内力时,是按一定顺序逐个结点计算,这种方法前后计算相互影响,即后一结点的计算要用到前一结点计算的结果。若前面的计算错了,就会影响到后面的计算结果。另外,当桁架结点数目较多时,而问题又只要求桁架中的某几根杆件的轴力,这时用结点法求解就显得烦琐了,这种情况下可采用另一种方法,就是截面法。

截面法是用一个截面截断若干根杆件将整个桁架分为两部分,并任取其中一部分(包括若干结点在内)作为脱离体,建立平衡方程求出所截断杆件的内力。显然,作用于脱离体上的力系,通常为平面一般力系。因此,只要此脱离体上的未知力数目不多于三个,可利用一般力系的三个静力平衡方程,直接把截面上的全部未知力求出。

2. 截面法适用范围

①求联合桁架的轴力。

②求简单桁架中指定杆截面的轴力。

【**例 10 - 11**】求图 10 - 21(a)所示桁架 1、2、3 杆的内力 N_1、N_2、N_3。

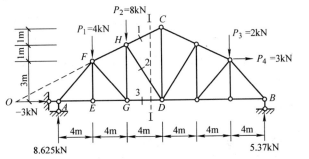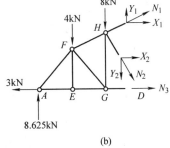

图 10 - 21

【**解**】①求支座反力。

$$\sum X = 0 \quad X_A = -3 \text{ kN}(\leftarrow)$$

$$\sum M_B = 0 \quad Y_A = \frac{1}{24}(4 \times 20 + 8 \times 16 + 2 \times 4 - 3 \times 3) \text{ kN} = 8.625 \text{ kN}(\uparrow)$$

$$\sum Y = 0 \quad Y_B = (4 + 8 + 2 - 8.65) \text{ kN} = 5.375 \text{ kN}(\uparrow)$$

②求内力。

利用 I—I 截面以左为脱离体,如图 10 - 21(b)所示。将 N_1 分解为水平分力 X_1 和垂直分力 Y_1,则由 $\sum M_D = 0$ 得

$$8.625 \text{ kN} \times 12 - 4 \times 8 - 8 \text{ kN} \times 4 + 5X_1 = 0$$

故

$$X_1 = -7.900 \text{ kN}(\leftarrow)$$

$$Y_1 = -\frac{1}{4} \times 7.900 \text{ kN} = -1.975 \text{ kN}(\downarrow)$$

$$N_1 = -\frac{\sqrt{4^2 + 1^2}}{4} \times 7.900 \text{ kN} = -8.143 \text{ kN}(压力)$$

由 $\sum Y = 0$ 得

$$(8.625 - 4 - 8 - 1.975 - Y_2) \text{ kN} = 0$$

故

$$Y_2 = -5.350 \text{ kN}(\uparrow)$$

$$X_2 = -5.350 \text{ kN}(\leftarrow)$$

$$N_2 = \frac{-1}{0.707} \times 5.350 \text{ kN} = -7.567 \text{ kN}(压力)$$

求 N_3 仍利用图 10 - 21(b)的受力图。由 $\sum X = 0$ 得

$$-3 - 7.900 - 5.350 + N_3 = 0$$

故

$$N_3 = 16.25 \text{ kN}(拉力)$$

③校核。用图 10 - 21(b)中未用过的力矩方程 $\sum M_H = 0$ 进行校核。

$$\sum M_H = -3 \times 4 - 8.625 \times 8 + 4 \times 4 + 16.250 \times 4 = 0$$

说明计算无误。

10.3.5　几种桁架受力性能的比较

现取工程中常用的平行弦、三角形和抛物线形三种桁架,以相同跨度、相同高度、相同节间及相同荷载作用下的内力分布(图10-22(a)、(b)、(c))加以分析比较。从而了解桁架的形式对内力分布和构造上的影响以及它们的应用范围,以便在结构设计或对桁架作定性分析时,可根据不同的情况和要求,选用适当的桁架形式。

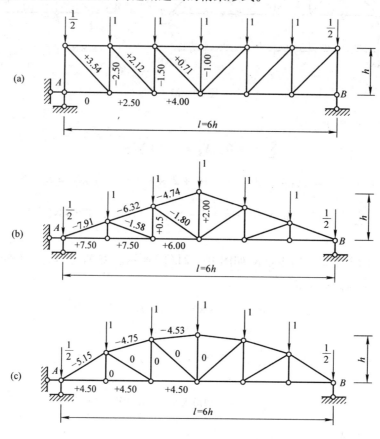

图 10-22

平行弦桁架(图10-22(a))的内力分布很不均匀。上弦杆和下弦杆内力值均是靠支座处内力小,向跨中逐渐增大。腹杆则是靠近支座处内力大,向跨中逐渐减小。如果按各杆内力大小选择截面,弦杆截面沿跨度方向必须随之改变,这样结点的构造处理较为复杂。如果各杆采用相同截面,则靠近支座处弦杆材料性能不能充分利用,从而造成浪费。其优点是结点构造单一,腹杆可标准化,因此可在轻型桁架中应用。

三角形桁架(图10-22(b))的内力分布是不均匀的。其弦杆的内力从中间向支座方向递增,近支座处最大。在腹杆中,斜杆受压,而竖杆则受拉(或为零杆),而且腹杆的内力是从支座向中间递增。这种桁架的端结点处,上、下弦杆之间夹角较小,构造复杂。但由于其两面斜坡的外形符合屋顶构造的要求,所以在跨度较小、坡度较大的屋盖结构中较多采用三角形桁架。

　　抛物线形桁架上、下弦杆内力分布均匀。当荷载作用在上弦杆结点时,腹杆内力为零;当荷载作用在下弦杆结点时,腹杆中的斜杆内力为零,竖杆内力等于结点荷载。抛物线形桁架是一种受力性能较好,较理想的结构形式。但上弦的弯折较多,构造复杂,结点处理较为困难。因此,工程中多采用的是如图 10 – 22(c)所示的外形接近抛物线形的折线形桁架,且只在跨度为 18 ~ 30 m 的大跨度屋盖中采用。

10.4　三铰拱

10.4.1　概述

除隧道、桥梁外,在房屋建筑中,屋面承重结构也用到如图 10 – 23 所示拱结构。

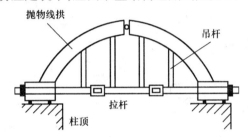

图 10 – 23

　　拱结构的计算简图通常有三种,图 10 – 24(a)和图 10 – 24(b)所示无铰拱和两铰拱是超静定的,图 10 – 24(c)所示三铰拱是静定的。在本节中,将只讨论三铰拱的计算。

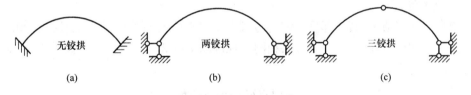

图 10 – 24

　　拱结构的特点是:杆轴为曲线,而且在竖向荷载作用下支座将产生水平反力。这种水平反力又称为水平推力,或简称为推力。拱结构与梁结构的区别,不仅在于外形不同,更重要的还在于在竖向荷载作用下是否产生水平推力。例如图 10 – 25 所示的两个结构,虽然它们的杆轴都是曲线,但图 10 – 25(a)所示结构在竖向荷载作用下不产生水平推力,其弯矩与相应简支梁(同跨度、同荷载的梁)的弯矩相同,所以这种结构不是拱结构而是一根曲梁;图 10 – 25(b)所示结构,由于其两端都有水平支座链杆,在竖向荷载作用下将产生水平推力,所以属于拱结构。

　　用作屋面承重结构的三铰拱,常在两支座铰之间设水平拉杆,如图 10 – 26(a)所示。这样,拉杆内所产生的拉力代替了支座推力的作用,在竖向荷载作用下,使支座只产生竖向反力。但是这种结构的内部受力情况与三铰拱完全相同,故称为具有拉杆的拱,或简称拉

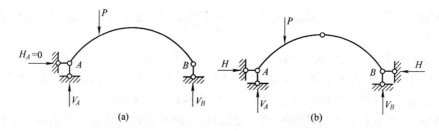

图 10-25

杆拱。

　　拱结构(图 10-26(b))最高的一点称为拱顶。三铰拱的中间铰通常是安置在拱顶处。拱的两端与支座连接处称为拱趾,或称拱脚。两个拱趾间的水平距离 l 称为跨度。拱顶到两拱趾连线的竖向距离 f 称为拱高。拱高与跨度之比(f/l)称为高跨比。由后面可知,拱主要力学性能与高跨比有关。

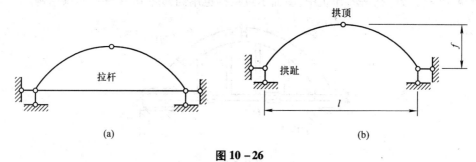

图 10-26

10.4.2　三铰拱的内力计算

1. 支反力的计算

　　三铰拱为静定结构,其全部反力和内力可以由平衡方程算出。计算三铰拱支座反力的方法,与三铰刚架支座反力的计算方法相同。现以图 10-27(a)所示的三铰拱为例,导出支座反力的计算公式。

由 $\sum M_B = 0$ 得

$$V_A = (1/l)(P_1 b_1 + P_2 b_2) \tag{a}$$

由 $\sum M_A = 0$ 得

$$V_B = (1/l)(P_1 a_1 + P_2 a_2) \tag{b}$$

由 $\sum X = 0$ 得

$$H_A = H_B = H \tag{c}$$

从 C 铰处截开,取左半拱为平衡体,如图 10-27(a)所示,利用 $\sum M_C^{左} = 0$ 求出:

$$H = (1/f)(V_A l_1 - P_1 d_1) \tag{d}$$

　　为了便于理解和比较,取与三铰拱同跨度、同荷载的简支梁,如图 10-27(b)所示。由平衡条件可得简支梁的支座反力及 C 截面的弯矩分别为

$$V_A^0 = (1/l)(P_1 b_1 + P_2 b_2) \tag{e}$$

$$V_B^0 = (1/l)(P_1 a_1 + P_2 a_2) \tag{f}$$

$$M_C^0 = V_A l_1 - P_1 d_1 \tag{g}$$

比较(a)与(e)、(b)与(f)及(d)与(g)可见:

$$V_A = V_A^0 \tag{10-2}$$

$$V_B = V_B^0 \tag{10-3}$$

$$H = M_C^0 / f \tag{10-4}$$

由式(10-2)、式(10-3)可知,拱的竖向反力和相应的简支梁的支座反力相同。由式(10-4)可知,三铰拱的推力只与三个铰的位置有关,与三个铰之间拱轴的形状无关。当荷载和跨度不变时,推力 H 与 f 成反比,所以拱越扁平,其推力就越大,当 $f \to 0$ 时,$H \to \infty$,这时三铰拱的三个铰在同一条直线上,拱已成为瞬变体系。

对于图 10-28(a)所示的有拉杆的三铰拱来说,由整体的平衡条件 $\sum M_A = 0$, $\sum M_B = 0$, $\sum X = 0$,可求得:

$$H_A = 0 \quad V_A = V_A^0 \quad V_B = V_B^0$$

取脱离体如图 10-28(b)所示,利用 $\sum M_C^{左} = 0$ 求出:

$$N_{AB} = (1/f)(V_A l_1 - P_1 d_1) = M_C^0 / f \tag{10-5}$$

式中:M_C^0 仍为相应的简支梁截面的弯矩。

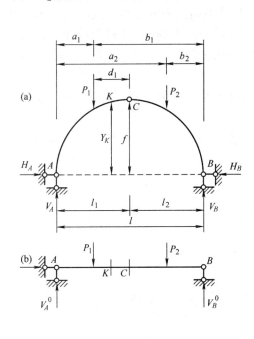

图 10-27

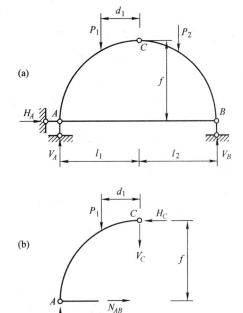

图 10-28

计算结果表明,拉杆的拉力和无拉杆三铰拱的水平推力 H 相同。在用拱作屋顶时,为了减少拱对墙或柱的水平推力,常采用拉杆拱。

2. 内力计算

三铰拱的内力符号规定如下:弯矩以使拱内侧纤维受拉为正;剪力以使脱离体顺时针转动为正;因拱常受压力,规定轴力以压为正。

为计算三铰拱任意截面(应与拱轴正交)的内力,首先在图 10-29(a)中取 K 截面以左部分为脱离体,画受力图如图 10-29(a)所示。其相应简支梁段的受力图如图 10-29(b)所示。由相应简支梁段的受力图可见,K 截面内力

$$Q_K^0 = V_A^0 - P_1$$

$$M_K^0 = V_A^0 X_K - P_1(X_K - a_1)$$

剪力 Q_K 应沿截面方向,轴力 N_K 应沿垂直于截面的方向,受力图如图 10-29(a)所示,图中内力均按正向假设。由图 10-29(a)中,由 $\sum M_K = 0$ 可知,将所有力向 K 截面的切线的法线方向分别投影,其代数和为零。求得 M_K 与相应简支梁 K 截面内力关系式为

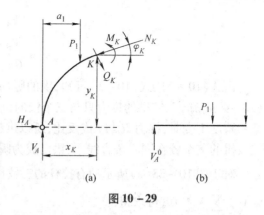

图 10-29

$$M_K = M_K^0 - Hy_K \qquad (10-6)$$

$$Q_K = Q_K^0 \cdot \cos \varphi_K - H\sin \varphi_K \qquad (10-7)$$

$$N_K = Q_K^0 \cdot \sin \varphi_K + H\cos \varphi_K \qquad (10-8)$$

式(10-6)、式(10-7)、式(10-8)是三铰拱任意截面内力的计算公式。式中 φ_K 为拟求截面的倾角,φ_K 将随截面不同而改变。但是,当拱轴曲线方程 $y = f(x)$ 为已知时,可利用 $\tan \varphi = dy/dx$ 确定各截面的 φ 值;在左半拱,$dy/dx > 0$,φ 取正号;在右半拱,$dy/dx < 0$,φ 取负号。

需要说明:拱内力计算公式是在竖向荷载作用下推导出来的,所以它只适用于竖向荷载作用下拱的内力计算。

【例 10-12】试求图 10-30 所示三铰拱截面 K 和 D 的内力值。拱轴线方程 $y = \dfrac{4f}{l^2}x(l-x)$。

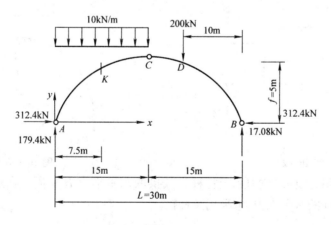

图 10-30

【解】①利用平衡方程求各支座反力。

$$V_A = 179.4 \text{ kN}(\uparrow)$$

$$V_B = 170.8 \text{ kN}(\uparrow)$$

$$H_A = 312.4 \text{ kN}(\rightarrow)$$

②根据已给拱轴线方程,分别计算 K、D 截面的纵坐标及拱轴线的切线倾角:

$$y_K = \frac{4f}{l^2}x(l-x) = \frac{4 \times 5}{30^2} \times 7.5 \times (30 - 7.5)\,\text{m} = 3.75\,\text{m}$$

$$y_D = \frac{4 \times 5}{30^2} \times 20 \times (30 - 20)\,\text{m} = 4.44\,\text{m}$$

因为 $\dfrac{dy}{dx} = \dfrac{4f}{l^2}(l - 2x)$,所以

$$\tan \varphi_K = \frac{dy}{dx}\bigg|_{x=7.5} = \frac{4 \times 5}{30^2}(30 - 2 \times 7.5) = \frac{1}{3}$$

$$\varphi_K = 18°26'$$

故

$$\sin \varphi_K = 0.3162 \quad \cos \varphi_K = 0.9487$$

同理得

$$\tan \varphi_D = \frac{dy}{dx}\bigg|_{x=20} = \frac{4 \times 5}{30^2}(30 - 2 \times 20) = 0.222$$

$$\varphi_D = -12°31'$$

故

$$\sin \varphi_D = -0.2167 \quad \cos \varphi_D = 0.9762$$

由式(10 – 6)、式(10 – 7)、式(10 – 8)及以上数据,计算 K、D 截面的内力:

$$M_K = M_K^0 - H \cdot y_K = \left(179.2 \times 7.5 - \frac{1}{2} \times 10 \times 7.5^2\right)\,\text{kN} \cdot \text{m} - 312.4 \times 3.75\,\text{kN} \cdot \text{m} = -110\,\text{kN} \cdot \text{m}$$

$$Q_K = Q_K^0 \cos \varphi_K - H \sin \varphi_K$$
$$= (179.2 - 10 \times 7.5) \times 0.9487\,\text{kN} - 312.4 \times 0.3162\,\text{kN} = 0.07\,\text{kN}$$

$$N_K = Q_K^0 \sin \varphi_K + H \cos \varphi_K$$
$$= (179.2 - 10 \times 7.5) \times 0.3162\,\text{kN} + 312.4 \times 0.9487\,\text{kN} = 329.5\,\text{kN}$$

同样可得

$$M_D = M_D^0 - Hy_D = (170.8 \times 10 - 312.4 \times 4.44)\,\text{kN} \cdot \text{m} = 319\,\text{kN} \cdot \text{m}$$

因为截面 D 恰位于集中力作用点,所以计算该截面的剪力和轴力时,应该分别计算该截面稍左和稍右两个截面的剪力和轴力值,即 $Q_D^{左}$、$Q_D^{右}$ 和 $N_D^{左}$、$N_D^{右}$。

$$Q_D^{左} = (Q_D^{左})^0 \cos \varphi_D - H \sin \varphi_D$$
$$= [(200 - 170.8) \times 0.9762 - 312.4 \times (-0.2167)]\,\text{kN} = 96.3\,\text{kN}$$

$$Q_D^{右} = (Q_D^{右})^0 \cos \varphi_D - H \sin \varphi_D$$
$$= [-170.8 \times 0.9762 - 312.4 \times (-0.2167)]\,\text{kN} = -99\,\text{kN}$$

$$N_D^{左} = (Q_D^{左})^0 \sin \varphi_D + H \cos \varphi_D$$
$$= [29.2 \times (-0.2167) + 3123.4 \times 0.9762]\,\text{kN} = 302.2\,\text{kN}$$

$$N_D^{右} = (Q_D^{右})^0 \sin \varphi_D + H \cos \varphi_D$$
$$= (37.0 + 308.5)\,\text{kN} = 345.5\,\text{kN}$$

10.4.3 三铰拱的合理拱轴线

在上述三铰拱内力计算公式中可以看出,当荷载一定时确定三铰拱内力的重要因素为拱轴线的形式。工程中,为了充分利用砖石等脆性材料的特性(即抗压强度高而抗拉强度低),往往在给定荷载下,通过调整拱轴曲线,尽量使得截面上的弯矩减小,甚至于使得截面处处弯矩值均为零,而只产生轴向压力,这时压应力沿截面均匀分布。这种在给定荷载下使拱处于无弯矩状态的相应拱轴线,称为在该荷载作用下的合理拱轴线。

由式(10 – 6)可知,三铰拱任一截面的弯矩

$$M_K = M_K^0 - Hy_K$$

当拱为合理拱轴时,各截面的弯矩应为零,即

$$M_K = 0 \quad M_K^0 - Hy_K = 0$$

因此,合理拱轴的方程为

$$y_K = \frac{M_K^0}{H} \tag{10 – 9}$$

式中,M_K^0 是相应简支梁的弯矩方程。当拱上作用的荷载已知时,只需求出相应简支梁的弯矩方程,而后与水平推力相比,便得到合理拱轴线方程。不难看出,在竖向荷载作用下,三铰拱的合理拱轴的表达式与相应简支梁弯矩的表达式,差一个比例常数 H,即合理拱轴的纵坐标与相应简支梁弯矩图的纵坐标成比例。

【例 10 – 13】 试求图 10 – 31 所示三铰拱在均布荷载作用下的合理拱轴。

【解】 由式(10 – 9)得相应简支梁的弯矩方程为

$$M_K^0 = \frac{ql}{2}x - \frac{1}{2}qx^2 = \frac{qx}{2}(l - x)$$

由式(10 – 4)求得推力

$$H = \frac{M_C^0}{f} = \frac{ql^2}{8f}$$

所以,合理拱轴的方程为

$$y_K = \frac{M_K^0}{H} = \frac{8f}{ql^2}\left(\frac{qx}{2} - \frac{1}{2}qx^2\right) = \frac{4f}{l^2}x(l - x)$$

上式表明,在均布荷载作用下,三铰拱的合理拱轴线是一抛物线。

显然,同一结构受到不同荷载的作用,就有不同的合理拱轴线方程。在工程中,同一结构往往受到各种荷载作用(固定荷载、移动荷载),而合理拱轴线只对应一种已知的固定荷载;对于移动荷载,不能得到其合理拱轴线方程。通常是以主要荷载作用下的合理拱轴线作为拱的轴线,在其他不同荷载作用下,拱截面虽存在弯矩,但也相对较小。

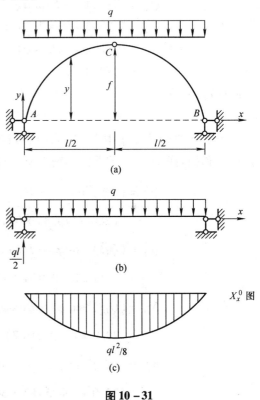

图 10 – 31

本 章 小 结

一、静定平面结构的分类及比较

静定平面结构
- 静定梁
  - 单跨静定梁(又可分为简支梁、伸臂梁、悬臂梁):是组成各种结构的基本构件之一。
  - 多跨静定梁:是使用短梁跨越大跨度的一种较合理的结构形式。
- 静定刚架(又可分为悬臂刚架、简支刚架、三铰刚架):是由直杆组成具有刚结点的结构。由于有刚结点,内力分布均匀,可以充分发挥材料性能;同时刚结点处刚架杆数少,内部空间大,有利于使用。由于各杆均为直杆,便于制作加工。
- 静定桁架(又可分为简单桁架、联合桁架、复杂桁架):是由等截面直杆,相互用铰连接组成的结构。理想桁架各杆均为只受轴向力的二力杆,内力分布均匀,材料可得到充分利用,可用较少材料,跨越较大跨度。
- 静定拱(又可分为不带拉杆的三铰拱、带拉杆的三铰拱):是由曲杆组成,在竖向荷载作用下,支座处有水平反力的结构。水平推力使拱的弯矩比梁的弯矩小很多,因而可以更充分发挥材料的作用。且由于拱主要受压,便于利用抗压性能好而抗拉性能差的砖、石、混凝土等建筑材料。

二、静定平面结构的受力分析

1. 基本原理

①静力平衡原理:主要利用静力平衡方程式,计算支座反力和任意截面内力。

②叠加原理:用叠加法作内力图,可以使绘制工作得到简化。

③荷载和内力之间的微分关系:利用微分关系可以迅速而简捷地绘制和校核内力图。

2. 解题步骤

①以全结构为脱离体画受力图,用平衡方程式计算支座反力。

②截取脱离体,画受力图;在受力图上,除应包括荷载和支座反力外,还必须将截面上的内力(多为所求未知力)作为脱离体的外力画清(取脱离体时,应按结构几何组成的相反顺序进行,也就是按先附属、后基本的次序进行,以使未知力的个数与平衡方程式数一致,便于求解)。

③利用静力平衡原理,列出平衡方程式求解。

④根据计算结果画出内力图。

三、静定平面结构的特性

①从结构的几何组成分析看,静定结构是无多余联系的几何不变体系。

②从受力分析看,静定结构的全部反力和内力都可以由平衡条件确定,因此静定结构的反力和内力与所使用的材料、截面的形状和尺寸无关。

思　考　题

10-1　什么是多跨静定梁?其几何组成和传力关系各有什么特点?

10-2 为什么多跨静定梁应先计算附属部分,后计算基本部分?

10-3 与多跨简支梁相比较,多跨静定梁有哪些优点?哪些缺点?

10-4 什么是刚架?其几何构造特点是什么?

10-5 刚架在变形和受力方面有何特点?

10-6 刚架内力的正负号是怎样规定的?如何计算三铰刚架的支座反力?

10-7 刚架为什么能广泛应用于工程之中?

10-8 何谓合理拱轴线?若竖向荷载的大小和作用位置改变,三铰拱的合理拱轴线会不会改变?为什么?

10-9 何谓桁架?在平面桁架的计算简图中,通常引用哪些假定?

10-10 何谓结点法?在什么情况下应用这一方法比较适宜?

10-11 何谓零杆?怎样识别?零杆是否可以从桁架中撤去?为什么?

习 题

10-1 试作题10-1图所示多跨静定梁的 M 图。

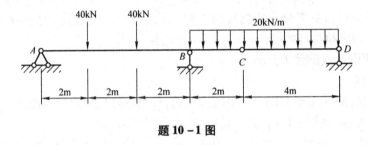

题 10-1 图

10-2 试作题10-2图所示多跨静定梁的 M 图。

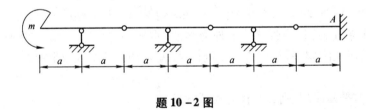

题 10-2 图

10-3 试作题10-3图所示多跨静定梁的 M 图。

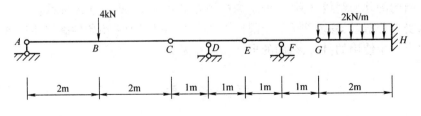

题 10-3 图

10 – 4　如题 10 – 4 图所示,检查下列 M 图的正误,并改正之。

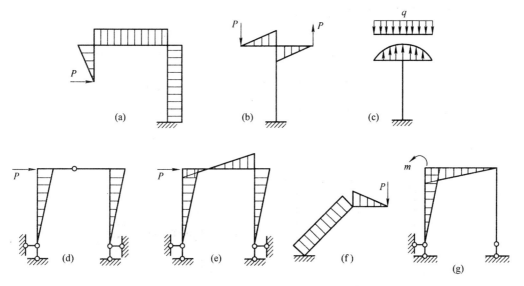

题 10 – 4 图

10 – 5　试作题 10 – 5 图所示刚架 M、Q、N 图。

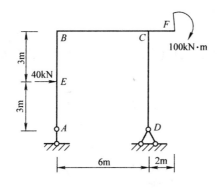

题 10 – 5 图

10 – 6　如题 10 – 6 图所示,快速作出各刚架 M 图。

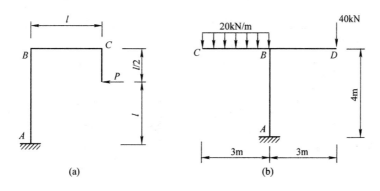

题 10 – 6 图

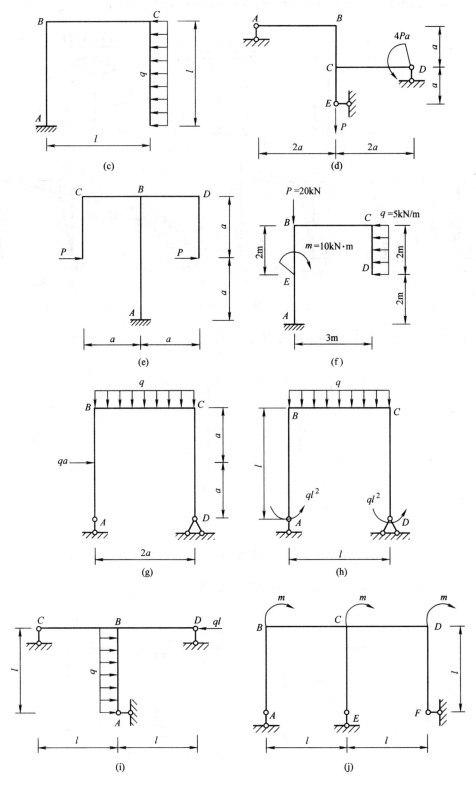

题 10 - 6 图

10-7　如题 10-7 图所示,求图示桁架各杆及指定杆的轴力。

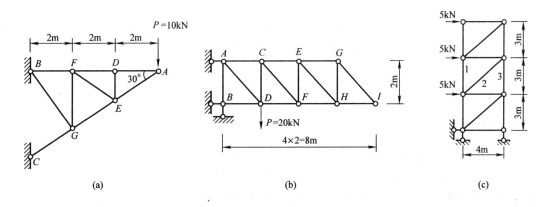

题 10-7 图

10-8　如题 10-8 图所示,图(a)和图(b)两个抛物线三铰拱,其拱轴方程为 $y = \dfrac{4f}{l^2}x(l-x)$,跨度相同,拱高不同,左半跨受相同的均布荷载作用,如图所示。求其竖向支座反力、水平推力 H 和左、右四分之一跨度处截面 K_1、K_2 的弯矩。

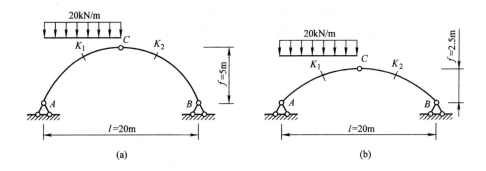

题 10-8 图

第11章 静定结构的位移计算

【学习重点】

本章在虚功原理的基础上建立了结构位移计算的一般公式,着重介绍静定结构在载荷作用下所引起的位移计算。静定结构的位移计算是超静定结构的内力、位移计算以及结构刚度计算的基础。要求熟练掌握图乘法计算结构位移。

11.1 计算结构位移的目的

建筑结构在施工和使用过程中常会发生变形,由于结构变形,其上各点或截面位置发生改变,这称为结构的位移。如图 11 – 1(a)所示的刚架,在荷载作用下,结构产生变形如图中虚线所示,使截面的形心 A 点沿某一方向移到 A′点,线段 AA′称为 A 点的线位移,一般用符号 Δ_A 表示。它也可用竖向线位移 Δ_A^{V} 和水平线位移 Δ_A^{H} 两个位移分量来表示,如图 11 – 1(b)所示。同时,此截面还转动了一个角度,称为该截面的角位移,用 φ_A 表示。

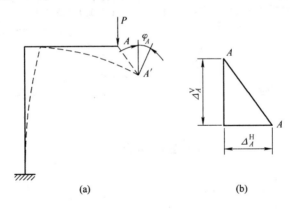

(a)   (b)

图 11 –1

使结构产生位移的原因除了荷载作用外,还有温度改变使材料膨胀或收缩、结构构件的尺寸在制造过程中发生误差、基础的沉陷或结构支座产生移动等因素,均会引起结构的位移。本章主要讨论荷载作用、基础沉陷或结构支座产生移动而引起的结构位移。

位移的计算是结构设计中经常会遇到的问题,计算位移的目的有两个。

①确定结构的刚度。在结构设计中除了满足强度要求外,还要求结构有足够的刚度,即在荷载作用下(或其他因素作用下)不致发生过大的位移。例如,吊车梁的最大挠度不得超过跨度的 $\frac{1}{600}$,楼板主梁的挠度则不许超过跨度的 $\frac{1}{400}$。此外,在结构的制作、施工等过程中,

也常需预先知道结构变形后的位置,以便作出一定的施工措施,因而也需要计算其位移。

②为计算超静定结构打下基础。因为超静定结构的内力单由静力平衡条件是不能全部确定的,还必须考虑变形条件,而建立变形条件时就需要计算结构的位移。

11.2　变形体的虚功原理

11.2.1　功及广义位移

如图 11 −2 所示,设物体上 A 点受到恒力 P 的作用时,从 A 点移到 A' 点,发生了 Δ 的线位移,则

$$W = P\Delta\cos\theta \tag{11-1}$$

称为力 P 在位移 Δ 过程中所做的功。功是标量,它的量纲为力乘以长度,其单位用 N·m 或 kN·m 表示。式中,θ 为力 P 与位移 Δ 之间的夹角。

图 11 −3(a)所示为一绕 O 点转动的轮子,在轮子边缘作用有力 P。设力 P 的大小不变而方向改变,但始终沿着轮子的切线方向。当轮缘上的一点 A 在力 P 的作用下转到点 A',即轮子转动了角度 φ 时,力 P 所做的功

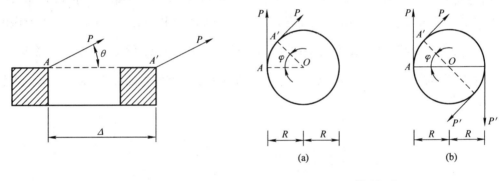

图 11 −2　　　　　　　　　　图 11 −3

$$W = PR\varphi$$

式中,PR 为 P 点对 O 点的力矩,以 M 来表示,则有

$$W = M\varphi$$

即力矩所做的功,为力矩的大小和其所转过的角度的乘积。

图 11 −3(b)中,若在轮子上作用有 P 及 P' 两个力,当轮子转动了角度 φ 后,P 及 P' 所做的功

$$W = PR\varphi + P'R\varphi$$

若 $P = P'$,则有

$$W = 2PR\varphi$$

$2PR$ 即为 P 及 P' 所构成的力偶矩,用 M' 表示,则有

$$W = M'\varphi \tag{11-2}$$

即力偶所做的功为力偶矩的大小和其所转过的角度的乘积。

为了方便计算,可将式(11 −1)和式(11 −2)统一写成

$$W = P\Delta \tag{11-3}$$

式中,若 P 为集中力,则 Δ 就为线位移;若 P 为力偶,则 Δ 为角位移。P 为广义力,它可以是一个集中力或集中力偶,还可以是一对力或一对力偶等;Δ 为广义位移,它可以是线位移、角位移等。

对于功的基本概念,需注意以下两个问题。

1. 功的正负号

功可以为正,也可以为负,还可以为零。当 P 与 Δ 方向相同时,为正;反之,则为负。若 P 与 Δ 方向相互垂直时,功为零。

2. 实功与虚功

实功是指外力或内力在自身引起的位移上所做的功;若外力(或内力)在其他原因引起的位移上做功,称为虚功。例如图 11-4(a)所示简支梁,在静力荷载 P_1 的作用下(所谓"静力荷载"是指所加的荷载 P_1 是从零缓慢逐渐的加到其最终值),结构发生了图 11-4(a)虚线的变形,达到平衡状态。当 P_1 由零缓慢逐渐地加到其最终值时,其作用点沿 P_1 方向产生了位移 Δ_{11},此时 $W_{11} = \dfrac{1}{2}P_1\Delta_{11}$ 就为 P_1 所做的实功,称之为外力实功。若在此基础上,又在梁上施加另外一个静力荷载 P_2,梁就会达到新的平衡状态,如图 11-4(b)所示,P_1 的作用点沿 P_1 方向又产生了位移 Δ_{12}(此时的 P_1 不再是静力荷载,而是一个恒力),P_2 的作用点沿 P_2 方向产生了位移 Δ_{22}。那么由于 P_1 不是产生 Δ_{12} 的原因,所以 $W_{12} = P_1\Delta_{12}$ 就为 P_1 所做的虚功,称之为外力虚功;而 P_2 是产生 Δ_{22} 的原因,所以 $W_{22} = \dfrac{1}{2}P_2\Delta_{22}$ 就是外力实功。在这里,功和位移的表达符号都出现了两个脚标,第一个脚标表示位移发生的位置,第二个脚标表示引起位移的原因。

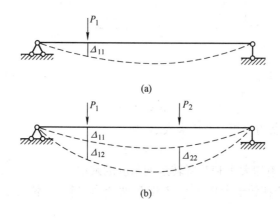

(a)

(b)

图 11-4

11.2.2 实功原理

结构受到外力作用而发生变形,则外力在发生变形过程中做了功。如果结构处于弹性阶段范围,当外力去掉之后,该结构将能恢复到原来变形前的位置,这是由于弹性变形使结构积蓄了具有做功的能量,这种能量称之为变形能。由此可见,结构之所以有这种变形,实际上是结构受到外力做功的结果,也就是功与能的转化,则根据能量守恒定律可知,在加载过程中外力所做的实功 W 将全部转化为结构的变形能,用 U 表示,即

$$W = U \tag{11-4}$$

从另一个角度讲,结构在荷载作用下产生内力和变形,那么内力也将在其相应的变形上做功,而结构的变形能又可用内力所做的功来度量。所以,外力实功等于内力实功又等于变形能。这个功能原理,称为弹性结构的**实功原理**。

11.2.3　变形体的虚功原理

前面所讲到的简支梁,在力 P_1 作用下会引起内力,那么内力在其本身引起的变形上所做的功称为内力实功,用 W'_{11} 表示,P_1 所做的功 W_{11} 称为外力实功。力 P_1 作用下引起的内力在其他原因(比如 P_2)引起的变形上所做的功,称为内力虚功,用 W'_{12} 表示,P_1 所做的功 W_{12} 称为外力虚功。在该系统中外力 P_1 和 P_2 所做的总功

$$W_{外} = W_{11} + W_{12} + W_{22}$$

而 P_1 和 P_2 引起的内力所做的总功

$$W_{内} = W'_{11} + W'_{12} + W'_{22}$$

根据能量守恒定律,应有 $W_{外} = W_{内}$,即

$$W_{11} + W_{12} + W_{22} = W'_{11} + W'_{12} + W'_{22}$$

根据实功原理,有

$$W_{11} = W'_{11} \qquad W_{22} = W'_{22}$$

所以
$$W_{12} = W'_{12} \tag{11-5}$$

在上述情况中,P_1 视为第一组力先加在结构上;P_2 视为第二组力后加在结构上,两组力 P_1 与 P_2 是彼此独立无关的。称式(11-5)为**虚功原理**,其表明:结构的第一组外力在第二组外力所引起的位移上所做的外力虚功,等于第一组内力在第二组内力所引起的变形上所做的内力虚功。

为了便于应用,现将图 11-4(b)中的平衡状态分为图 11-5(a)和(b),二者是等价的。图 11-5(a)的平衡状态称为第一状态,图 11-5(b)的平衡状态称为第二状态。此时虚功原理又可以描述为:第一状态上的外力和内力在第二状态相应的位移和变形上所做的外力

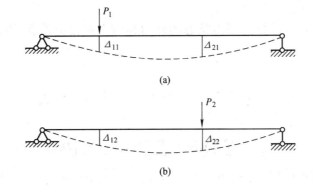

(a)

(b)

图 11-5

虚功和内力虚功相等。这样第一状态也可以称为力状态,第二状态也可以称为位移状态。

虚功原理既适用于静定结构,也适用于超静定结构。

11.3 结构位移计算的一般公式

结构的位移计算问题本身是个几何问题,若按几何关系和边界条件求解,计算过程是很复杂的。

现在,将结合图 11 - 6 所示结构讨论如何运用虚功原理来解决这类问题。

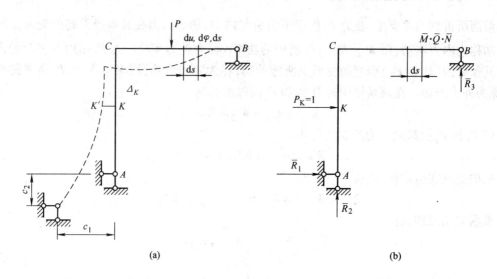

图 11 - 6

应用虚功原理,也就是要确定两个彼此独立的状态——力状态和位移状态。位移状态是给定的,为图 11 - 6(a) 中虚线所表示的位移;力状态则可根据解决的实际问题来虚拟。考虑到下面两方面因素:一方面,为了便于求出 Δ;另一方面,为了便于计算。因此在选择虚拟力系时应只在拟求位移 Δ 的方向设置一单位荷载 $P_K = 1$,如图 11 - 6(b) 所示。由于单位荷载的作用,在支座处将有由单位力引起的反力。这样就构成了一组虚拟状态的平衡力系——力状态。

根据以上两种状态,计算虚拟力状态的外力和内力在相应的实际位移状态上所做的虚功。

外力虚功

$$W_{外} = P_K \Delta_K + \overline{R}_1 c_1 + \overline{R}_2 c_2 + \overline{R}_3 c_3 = 1 \cdot \Delta_K + \sum \overline{R} c$$

内力虚功

$$W_{内} = \sum \int_l \overline{N} du + \sum \int_l \overline{M} d\varphi + \sum \int_l \overline{Q} r ds$$

式中:$\overline{R}_1, \overline{R}_2, \cdots$ 为虚拟单位力引起的广义支座反力;$c_1, c_2, \cdots$ 为实际支座位移;$\overline{N}, \overline{M}, \overline{Q}$ 为单位力 $P_K = 1$ 作用所引起的某微段上的内力;$du, d\varphi, ds$ 为实际状态中微段相应的变形。

由虚功原理 $W_{外} = W_{内}$,有

$$\Delta_K = -\sum \overline{R}c + \sum \int_l \overline{N}du + \sum \int_l \overline{M}d\varphi + \sum \int_l \overline{Q}r\mathrm{ds} \qquad (11-6)$$

　　可以看出,外力虚功在数值上恰好等于所求位移,这便是平面杆件结构位移计算的一般公式。这种计算位移的方法称为**单位荷载法**。

　　设置单位荷载时,应注意下面两个问题。

　　①虚拟单位力 $P_K = 1$ 必须与所求位移相对应。欲求结构上某一点沿某个方向的线位移,则应在该点所求位移方向加一个单位力(图 11 - 7(a));欲求结构上某一截面的角位移,则在该截面处加一单位力偶(图 11 - 7(b));求桁架某杆的角位移时,在该杆两端加一对与杆轴垂直的反向平行力使其构成一个单位力偶,力偶中每个力都等于 $\dfrac{1}{l}$(图 11 - 7(c));求结构上某两点 C、D 的相对位移时,在此二点连线上加一对方向相反的单位力(图 11 - 7(d));求结构上某两个截面 E、F 的相对角位移时,在此两截面上加一对转向相反的单位力偶(图 11 - 7(e));求桁架某两杆的相对角位移时,在此二杆上加两个转向相反的单位力偶(图 11 - 7(f))。

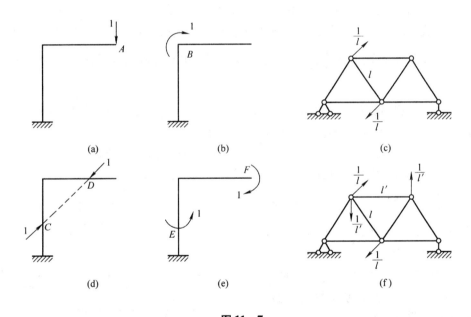

图 11 - 7

　　②因为所求的位移方向是未知的,所以以虚拟单位力的方向可以任意假定。若计算结果为正,表示实际位移的方向与虚拟力方向一致;反之,则其方向与虚拟力的方向相反。

　　这样,虚功方程中单位荷载在拟求位移 Δ 所做虚功 $1 \times \Delta$,数值上就等于拟求位移 Δ。

11.4　静定结构在荷载作用下的位移计算

11.4.1　积分法

　　若静定结构的位移仅仅是由荷载作用引起的,则 $c = 0$,因此式(11 - 6)可改写为

$$\Delta_{KP} = \sum \int_l \overline{M} d\varphi_P + \sum \int_l \overline{N} du_P + \sum \int_l \overline{Q} r ds_P \qquad (11-7)$$

式中：$\overline{M},\overline{N},\overline{Q}$ 为虚设力状态中微段上的内力；$d\varphi_P, du_P, ds_P$ 为实际状态中微段 ds 上在荷载作用下产生的变形。

对于弹性结构，因

$$d\varphi_P = \frac{M_P}{EI} ds$$

$$du_P = \frac{N_P}{EA} ds$$

$$rds_P = \frac{\tau}{G} ds = K \frac{Q_P}{GA} ds$$

将上述三式代入式(11-7)中得

$$\Delta_{KP} = \sum \int_l \frac{\overline{M} M_P}{EI} ds + \sum \int_l K \frac{\overline{Q} Q_P}{GA} ds + \sum \int_l \frac{\overline{N} N_P}{EA} ds \qquad (11-8)$$

式中：$\overline{M},\overline{N},\overline{Q}$ 为虚设力引起的内力；M_P, Q_P, N_P 为实际荷载引起的内力；EI、EA、GA 分别是杆件的抗弯、抗拉(压)、抗剪刚度；K 为剪切应力不均匀系数，其值与截面形状有关，对于矩形截面 $K = 1.2$，圆形截面 $K = \frac{10}{9}$，工字形截面 $K \approx \frac{A}{A'}$，且 A 为截面的总面积，A' 为腹板截面面积。

这就是结构在荷载作用下的位移计算公式。式(11-8)右边三项分别代表虚拟状态下的内力($\overline{M}$、$\overline{Q}$、$\overline{N}$)在实际状态相应的变形上所做的虚功。

在实际计算中，根据结构的具体情况，式(11-8)可简化为如下公式。

对于梁和刚架，其位移主要是由弯矩引起的，其公式简化为

$$\Delta_{KP} = \sum \int \frac{\overline{M} M_P}{EI} ds \qquad (11-9)$$

但在扁平拱中，除弯矩外，有时要考虑轴向变形对位移的影响。

对于桁架，因为只有轴力，且同一杆件的轴力 $\overline{N} \cdot N_P$ 及 EA 沿杆长 l 均为常数，故式(11-8)可简化为

$$\Delta_{KP} = \sum \frac{\overline{N} N_P l}{EA} \qquad (11-10)$$

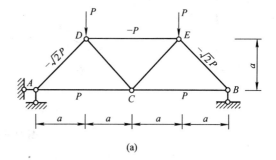

(a)

【例 11-1】图 11-8(a)所示桁架各杆 $EA =$ 常数，求结点 C 的竖向位移 Δ_C^V。

【解】①为求 C 点的竖向位移，在 C 点加一竖向单位力，并求出 $P_K = 1$ 引起的各杆轴力 $\overline{N}$(图 11-8(b))。

②求出实际状态下各杆的轴力 N_P(图 11-8(a)所示)。

③将各杆 $\overline{N}$、N_P 及其长度列入表 11-1

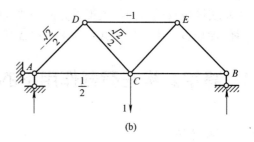

(b)

图 11-8

中,再运用公式进行运算。

因为该桁架是对称的,所以由式(11 – 10)得

$$\Delta_C^V = \sum \frac{1}{EA}\overline{N}N_P l = \frac{Pa}{EA}(2\sqrt{2} + 2 + 2 + 0)$$

$$= \frac{2Pa}{EA}(\sqrt{2} + 2) = 6.83\frac{Pa}{EA}(\downarrow)$$

计算结果为正,说明 C 点的竖向位移与假设的单位力方向相同,即向下。

表 11 – 1　桁架位移计算

杆件	$\overline{N}$	N_P	l	$\overline{N}N_P l$
AD	$-\dfrac{\sqrt{2}}{2}$	$-\sqrt{2}P$	$\sqrt{2}a$	$\sqrt{2}aP$
AC	$\dfrac{1}{2}$	P	$2a$	Pa
DE	-1	$-P$	$2a$	$2Pa$
DC	$\dfrac{\sqrt{2}}{2}$	0	$\sqrt{2}a$	0

如果桁架中有较多的杆件内力为零,计算较为简单时,可不列表,直接代入公式即可。

11.5　图乘法

图乘法是梁和刚架在荷载作用下位移计算的一种工程实用方法。在数学上该方法是积分式的一种简化,可避免列内力方程及解积分式的繁复。图乘法是本章重点之一。

1. 图乘条件

在应用公式

$$\Delta = \sum \int_l \frac{\overline{M}M_P}{EI}ds$$

计算梁或刚架的位移时,结构的各杆段若满足以下三个条件,就可以用图乘法来计算:

①EI 为常数;

②杆轴为直线;

③$\overline{M}$ 和 M_P 两个弯矩图中至少有一个为直线图形。

如图 11 – 9 所示为一等截面直杆 AB 的两个弯矩图,假设 $\overline{M}$ 图为一段直线形,而 M_P 图为任意一图形。有

$$\overline{M} = x\tan \alpha$$

阴影线面积:

$$d\omega = M_P dx$$

而且 $xd\omega$ 为 M_P 图微面积对 y 轴的静矩。则 $\int_A^B xd\omega$ 为整个 M_P 图的面积对 y 轴的静矩,根据

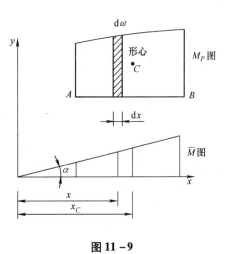

图 11 – 9

合力矩定理,它应该等于 M_P 图的面积 ω 乘以其形心 C 到 y 轴的距离 x_C,即 $\int_A^B x\mathrm{d}\omega = \omega x_C$,所以

$$\int_A^B \frac{\overline{M}M_P}{EI}\mathrm{d}s = \frac{1}{EI}\int_A^B \overline{M}M_P\mathrm{d}x$$

$$= \frac{1}{EI}\int_A^B x\tan\alpha \times \mathrm{d}\omega = \frac{1}{EI}\tan\alpha\int_A^B x\mathrm{d}\omega = \frac{1}{EI}\tan\alpha \times \omega x_C$$

$$= \frac{\omega y_C}{EI}$$

故得

$$\Delta = \sum\int_l \frac{\overline{M}M_P}{EI}\mathrm{d}s = \sum\frac{\omega y_C}{EI} \tag{11-11}$$

式中,y_C 是 M_P 图的形心 C 处所对应的 $\overline{M}$ 图的纵坐标。

2. 应用式(11-11)计算结构位移时应注意的几个问题

①图乘前先要进行分段处理,使每段严格满足:直杆;EI 为常数;$\overline{M}$、M_P 至少有一个为直线的条件。

②ω、y_C 是分别取自两个弯矩图的量,不能取在同一图上。

③y_C 必须取自直线图形,y_C 的位置与另一图形的形心对应;ω 与 y_C 在构件同侧乘积为正,异侧为负。

为了图乘方便,必须熟记几种常见几何图形的面积公式及形心位置,如图11-10所示,其中(a)为三角形,(b)和(c)为二次抛物线,(d)为三次抛物线。

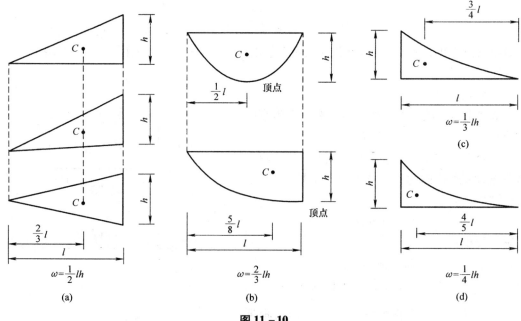

图 11-10

3. 图乘技巧

（1）图中标准抛物线图形顶点位置的确定

"顶点"是指该点的切线平行于基线的点,即顶点处截面的剪力应等于零。图 11 – 11 所示为在集中力及均布荷载作用下悬臂梁的弯矩图,其形状虽与图 11 –10(c)相像,但不能采用其面积和形心位置公式,因为 B 处的剪力不为零。这时应采用图形叠加的方法解决。

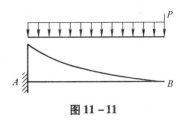

图 11 – 11

（2）叠加原理的运用

若遇较复杂的图形不便确定形心位置,则应运用叠加原理,把图形分解后相图乘,然后求得结果的代数和。

①当结构的某一根杆件的 $\overline{M}$ 图为折线形时(图 11 – 12(a)),可将 $\overline{M}$ 图分成几个直线段部分,然后将各部分分别按图乘法计算,最后叠加。

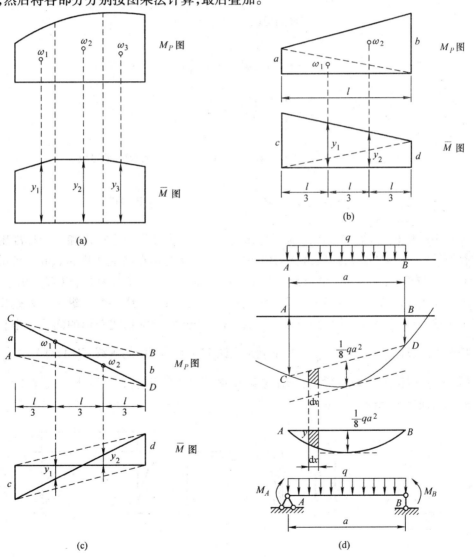

图 11 – 12

②若 M_P 图和 $\overline{M}$ 图都是梯形(图 11 – 12(b)),则可以将它分解成两个三角形,分别图乘然后再叠加,即

$$\int M_P \overline{M} \mathrm{d}x = \omega_1 y_1 + \omega_2 y_2$$

其中
$$\omega_1 = \frac{1}{2}al \quad \omega_2 = \frac{1}{2}bl$$

$$y_1 = \frac{2}{3}c + \frac{1}{3}d \quad y_2 = \frac{1}{3}c + \frac{2}{3}d$$

③若 M_P 图和 $\overline{M}$ 图均有正、负两部分(图 11 – 12(c)),则可将 M_P 图看作是两个三角形的叠加,三角形 ABC 在基线的上边为正直,高度为 a,三角形 ABD 在基线的下边为负直,高度为 b。然后将两个三角形面积各乘以相应的 $\overline{M}$ 图的纵标(注意乘积结果的正负)再叠加。即

$$\int M_P \overline{M} \mathrm{d}x = \omega_1 y_1 + \omega_2 y_2$$

其中
$$\omega_1 = \frac{1}{2}al \quad \omega_2 = \frac{1}{2}bl$$

$$y_1 = \frac{2}{3}c - \frac{1}{3}d \quad y_2 = \frac{2}{3}d - \frac{1}{3}c$$

$$\omega_1 y_1 = -\frac{1}{2}al\left(\frac{2}{3}c - \frac{1}{3}d\right) \qquad (\omega_1 \text{ 与 } y_1 \text{ 是异侧,故为负})$$

$$\omega_2 y_2 = -\frac{1}{2}bl\left(\frac{2}{3}d - \frac{1}{3}c\right) \qquad (\text{负号与上同理})$$

④若 M_P 为非标准抛物线图形时可将 AB 段的弯矩图分为一个梯形和一个标准抛物线进行叠加(图 11 – 12(d)),这段直杆的弯矩图与相应简支梁在两端弯矩 M_A、M_B(图示情况为正值)和均布荷载 q 作用下的弯矩图是相同的。从图 11 – 12(d)看出,以 M_A、M_B 连线为基线的抛物线在形状上虽不同于水平基线的抛物线,但两者对应的弯矩纵标 y 处处相等且垂直于杆轴,故对应的每一微分面积 $y\mathrm{d}x$ 仍相等。因此两个抛物线图形的面积大小和形心位置是相等的,即 $\omega = \frac{2}{3} \times a \times \frac{1}{8}qa^2$(不能采用图 11 – 12(d)中的虚线 CD 长度)。

【例 11 – 2】试求图 11 – 13(a)所示刚架在水平力 P 作用下 B 点的水平位移 Δ_B^H。柱与横梁的截面惯性矩如图中所注。

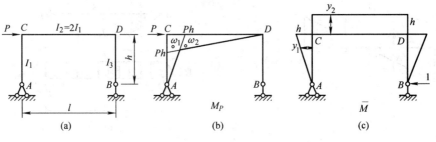

图 11 – 13

【解】①在 B 端加一水平力，如图 11 – 13（c）所示。

②分别作 M_P 与 $\overline{M}$ 图，如图 11 – 13（b）及（c）所示。

③计算 Δ_B^{H}，由式（11 – 11）得

$$\Delta_B^{\mathrm{H}} = \frac{1}{EI}\sum \omega y_C = -\frac{1}{EI_1}\omega_1 y_1 - \frac{1}{2EI_1}\omega_2 y_2$$

$$= -\frac{1}{EI_1}\left(\frac{1}{2}\times h \times Ph \times \frac{2}{3}h\right) - \frac{1}{2EI_1}\left(\frac{1}{2}\times Ph \times l \times h\right)$$

$$= -\frac{Ph^3}{3EI_1} - \frac{Ph^2 l}{4EI_1} = -\frac{Ph^2}{12EI_1}(4h + 3l) \quad(\rightarrow)$$

负号表示 B 端实际水平位移方向与所设单位力方向相反。

【例 11 – 3】　试求图 11 – 14（a）所示伸臂梁 C 端的转角位移 φ_C，已知 $EI = 45\ \mathrm{kN} \cdot \mathrm{m}^2$。

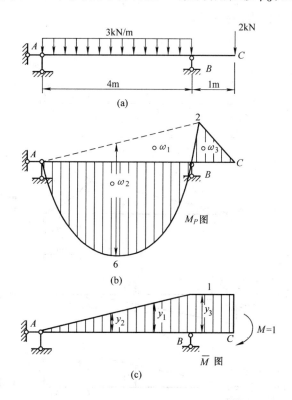

图 11 – 14

【解】①在 C 端加一单位力偶，如图 11 – 14（c）所示。

②分别作 M_P 图和 $\overline{M}$ 图，如图 11 – 14（b）、（c）所示。

③计算 φ_C。将 M_P、$\overline{M}$ 图乘，$\overline{M}$ 包括两段直线，所以整个梁应分为 AB 和 BC 两段应用图乘法。

$$\varphi_C = \frac{1}{EI}\sum \omega y_C$$

$$= \frac{1}{EI}(\omega_1 y_1 - \omega_2 y_2 + \omega_3 y_3)$$

$$= \frac{1}{EI}\left(\frac{1}{2} \times 4 \times 2 \times \frac{2}{3} \times 1 - \frac{2}{3} \times 4 \times 6 \times \frac{1}{2} \times 1 + \frac{1}{2} \times 1 \times 2 \times 1\right) \text{rad}$$

$$= \frac{1}{45}\left(4 \times \frac{2}{3} - 16 \times \frac{1}{2} + 1\right) \text{rad}$$

$$= -0.096(\text{rad})(\uparrow)$$

负号表示 C 端转角的方向与所设单位力偶的方向相反。

【例 11 -4】试求图 11 -15(a)所示伸臂梁 A 端的转角位移 φ_A 及 C 端的竖向位移 Δ_C^V，已知 $EI = 5 \times 10^4 \text{ kN} \cdot \text{m}^2$。

【解】①分别在 A 端加一单位力偶，在 C 端加一竖向单位力，如图 11 -15(c)、(d)所示。

②分别作 M_P 图及两个 $\overline{M}$ 图，如图 11 -15(b)、(c)、(d)所示。

③将图 M_P 与图 $\overline{M}$ 图乘，则得

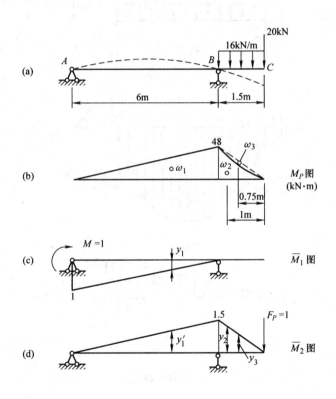

图 11 -15

$$\varphi_A = \frac{1}{EI}\sum \omega y_0 = -\frac{1}{EI}\omega_1 y_1$$

$$= -\frac{1}{5 \times 10^4} \times \frac{1}{2} \times 48 \times 6 \times \frac{1}{3} \times 1(\text{rad}) = -9.6 \times 10^{-4}(\text{rad})(\uparrow)$$

为了计算 Δ_C^V 值，需将图 11 -15(b)与图 11 -15(d)图乘。此时，对于 AB 段并无任何困难，而对承受均布荷载的 BC 区段，由于原结构 C 点作用一集中力，故在 M_P 图中，C 点并不是

BC 段抛物线顶点,图乘时可将 M_P 图看作是由 B、C 两端的弯矩竖标所连成的三角形图形与相应简支梁在均布荷载作用下的标准抛物线图形(图 11 – 15(b))中的虚线与曲线之间所包含的面积叠加而成的。将上述两种图形分别与图 11 – 15(d)的相应部分图乘,由此可得

$$\Delta_C^V = \frac{1}{EI}(\omega_1 y'_1 + \omega_2 y_2 - \omega_3 y_3)$$

$$= \frac{1}{5 \times 10^4} \times \left(\frac{1}{2} \times 48 \times 6 \times \frac{2}{3} \times 1.5 + \frac{1}{2} \times 48 \times 1.5 \times \frac{2}{3} \times 1.5 - \frac{2}{3} \times \frac{1}{8} \times \right.$$

$$\left. 16 \times (1 \times 5)^2 \times 1.5 \times \frac{1}{2} \times 1 \times 5 \right) \text{m}$$

$$= 35.3 \times 10^{-4} \text{m} = 3.53 \text{ mm} (\downarrow)$$

【例 11 – 5】 试求图 11 – 16 所示刚架上结点 K 的转角位移 φ_K,已知各杆长 l,梁、柱刚度分别为 $4EI$、EI。

【解】①在 K 点加一单位力偶,如图 11 – 16(a)所示。

②分别作 M_P、$\overline{M}$ 图,如图 11 – 16(b)、(c)所示。

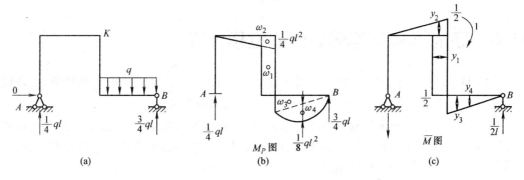

图 11 – 16

③将 M_P、$\overline{M}$ 图乘,图乘时将均布荷载段上的 M_P 图分解。

$$\varphi_K = \frac{1}{EI}\omega_1 y_1 + \frac{1}{4EI}(-\omega_2 y_2 + \omega_3 y_3 + \omega_4 y_4)$$

$$= \frac{1}{EI} \frac{ql^2}{4} l \times \frac{1}{2} + \frac{1}{4EI} \left(-\frac{1}{2} \frac{ql^2}{4} l \times \frac{2}{3} \times \frac{1}{2} + \frac{1}{2} \frac{ql^2}{4} l \times \frac{2}{3} \times \frac{1}{2} + \frac{2}{3} \frac{ql^2}{8} l \times \frac{1}{2} \times \frac{1}{2} \right)$$

$$= \frac{25ql^3}{192EI} (\downarrow)$$

上式右边第一项是立柱上 M_P、$\overline{M}$ 图的图乘,带圆括号的一项是两根横梁上弯矩图的图乘。

【例 11 – 6】 试求图 11 – 17(a)所示边长为 a 的正方形桁架 AB 杆的转角位移 φ_{A-B},EA 为常数。

【解】在杆 AB 上加单位力偶(图 11 – 17(b)所示)。求桁架杆件转角时,不能在杆件任意位置加一单位力偶。因桁架只能在结点上受力,所以必须在杆件两端加上一对大小相等、方向相反的平行力,这对力的作用相当于单位力偶,虚拟状态如图 11 – 17(b)所示。

①作两种状态的轴力 N_P、$\overline{N}$,如图 11 – 17(a)、(b)所示。

②由式(11 – 10)得

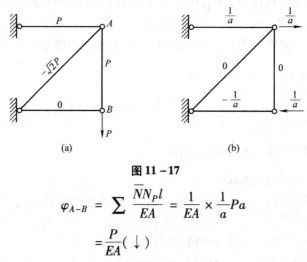

图 11 – 17

$$\varphi_{A-B} = \sum \frac{\overline{N} N_P l}{EA} = \frac{1}{EA} \times \frac{1}{a} Pa$$

$$= \frac{P}{EA}(\downarrow)$$

可见除上弦杆外其余各杆的乘积 $N_P \overline{N}$ 均为零。

11.6　静定结构支座移动时的位移计算

设图 11 – 18(a)所示静定结构,其支座发生了水平位移 c_1、竖向沉陷 c_2 和转角 c_3,现要求由此引起的任一点沿任一方向的位移,例如 K 点的竖向位移 Δ_K^V。

对于静定结构,支座发生移动并不引起内力,因而材料不发生变形,故此时结构的位移纯属刚体位移,通常不难由几何关系求得,但是这里仍用虚功原理来计算这种位移。此时,位移计算的一般公式(11 – 6)简化为

$$\Delta_K^V = -\sum \overline{R} c \qquad\qquad (11 - 12)$$

这就是静定结构在支座移动时的位移计算公式。式中 $\overline{R}$ 为虚拟状态(图 11 – 18(b))的支座反力,$\sum \overline{R} c$ 为反力虚功,当 $\overline{R}$ 与实际支座位移 c 方向一致时其乘积取正,相反时取负。此外,上式右边式子前面还有一负号,是原来移项时所得,不可漏掉。

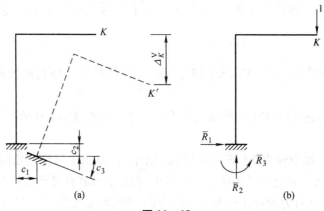

图 11 – 18

【例 11 – 7】如图 11 – 19(a)所示刚架左支座移动情况,试求由此引起的 C 点水平位

移 Δ_C^H。

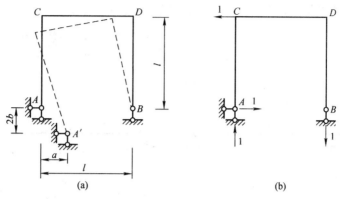

图 11 - 19

【解】①在 C 点加一水平单位力,即为虚拟状态(图 11 - 19(b))。

②用平衡条件求出虚拟状态下各支座反力,代入式(11 - 12)得

$$\Delta_C^H = - \sum \overline{R}c = - (1 \times a - 1 \times 2b) = 2b - a$$

【例 11 - 8】如图 11 - 20(a)所示桁架右支座移动情况,试求由此引起的 CB 杆的转角位移 φ_{C-B}。

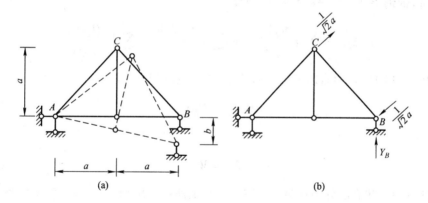

图 11 - 20

【解】①在杆 CB 上加单位力偶,虚拟状态如图 11 - 20(b)所示。

②用平衡方程 $\sum M_A = 0$ 求得 $Y_B = \dfrac{1}{2a}$,代入式(11 - 12)得

$$\varphi_{C-B} = - \sum \overline{R}c = - \left(-\frac{1}{2a} \times b \right) = \frac{b}{2a}(\downarrow)$$

11.7　互等定理

11.7.1　功的互等定理

设有两组外力 P_1 和 P_2 分别作用于同一线弹性结构上,如图 11 - 21(a)和(b)所示,分

别称为结构的第一状态和第二状态。如果计算第一状态的外力和内力在第二状态相应的位移和变形上所做的虚功 W_{12} 和 W'_{12}，根据虚功原理 $W_{12} = W'_{12}$，则有

$$P_1\Delta_{12} = \sum\int\frac{M_1M_2\,\mathrm{d}s}{EI} + \sum\int\frac{N_1N_2\,\mathrm{d}s}{EA} + \sum\int k\frac{Q_1Q_2\,\mathrm{d}s}{GA} \qquad (\text{a})$$

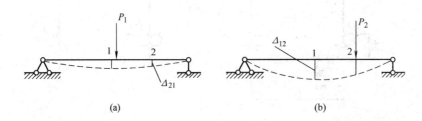

图 11 −21

这里，位移 Δ_{12} 的两个下标的含义与前相同：第一个下标"1"表示位移的地点和方向，即该位移是 P_1 作用点沿 P_1 方向上的位移；第二个下标"2"表示产生位移的原因，即该位移是由于 P_2 所引起的。

反过来，如果计算第二状态的外力和内力在第一状态相应的位移和变形上所做的虚功 W_{21} 和 W'_{21}，根据虚功原理 $W_{21} = W'_{21}$，则有

$$P_2\Delta_{21} = \sum\int\frac{M_2M_1\,\mathrm{d}s}{EI} + \sum\int\frac{N_2N_1\,\mathrm{d}s}{EA} + \sum\int k\frac{Q_2Q_1\,\mathrm{d}s}{GA} \qquad (\text{b})$$

上面(a)、(b)两式的右边是相等的，因此左边也应相等，故有

$$P_1\Delta_{12} = P_2\Delta_{21} \qquad\qquad (11 − 13)$$

或写为

$$W_{12} = W_{21} \qquad\qquad (11 − 14)$$

这表明：第一状态的外力在第二状态的位移上所做的虚功，等于第二状态的外力在第一状态的位移上所做的虚功。这就是功的互等定理。

功的互等定理的重要应用之一是可用来证明其他互等定理。比如用来证明位移互等定理。

11.7.2　位移互等定理

现在应用功的互等定理来研究一种特殊情况。如图 11 − 22 所示，假设两个状态中的荷载都是单位力，即 $P_1 = 1$、$P_2 = 1$，则由功的互等定理即式(11 − 13)有

$$1 \cdot \Delta_{12} = 1 \cdot \Delta_{21}$$

即

$$\Delta_{12} = \Delta_{21}$$

此处 Δ_{12} 和 Δ_{21} 都是由于单位力所引起的位移，为了明显起见，改用小写字母 δ_{12} 和 δ_{21} 表示，于是将上式写成

$$\delta_{12} = \delta_{21} \qquad\qquad (11-15)$$

这就是位移互等定理。它表明:第二个单位力所引起的第一个单位力作用点沿其方向的位移,等于第一个单位力所引起的第二个单位力作用点沿其方向的位移。这里的单位力也包括单位力偶,即可以是广义单位力;位移也包括角位移,即是相应的广义位移。例如在图 11 - 23 的两个状态中,根据位移互等定理,应有 $\varphi_A = f_C$。实际上,由材料力学可知

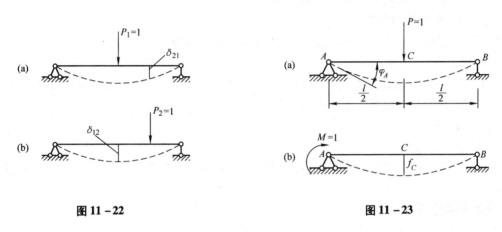

图 11 - 22   图 11 - 23

$$\varphi_A = \frac{Pl^2}{16EI} \quad f_C = \frac{Ml^2}{16EI}$$

现在 $P=1$、$M=1$(注意,这里的 l 都是不带单位的,即都是无量纲量),故有 $\varphi_A = f_C = \dfrac{l^2}{16EI}$。可见,虽然 φ_A 代表单位力引起的角位移,f_C 代表单位力偶引起的线位移,含义不同,但此时二者在数值上是相等的,量纲也相同。

本 章 小 结

一、结构位移计算公式

本章根据虚功原理 $W_{外} = W_{内}$,得出在荷载作用下计算结构位移的公式。应用这些公式,可以对不同结构形式(如梁、刚架、桁架、拱等)的位移进行计算。

静定结构在荷载作用下,位移的计算公式为

$$\Delta K_P = \sum \int \frac{N_P \overline{N}}{EA} \mathrm{d}s + \sum \int \frac{KQ_P \overline{Q}}{GA} \mathrm{d}s + \sum \int \frac{M_P \overline{M}}{EI} \mathrm{d}s$$

在工程实际中,在荷载作用下对不同结构计算位移时,常根据结构的受力特点,忽略次要因素,使位移计算公式得到简化。

应用于梁和刚架的位移计算公式为

$$\Delta K_P = \sum \int \frac{M_P \overline{M}}{EI} \mathrm{d}x$$

应用于桁架的位移计算公式为

$$\Delta K_P = \sum \frac{N_P \overline{N}}{EA} l$$

二、虚设单位荷载

虚设单位荷载的目的是为了计算位移,因此单位荷载必须根据所求位移而假设。例如:求线位移时,应在所求位移处沿所求位移方向加一单位集中力 $P = 1$;求角位移时,应在所求位移处沿所求位移方向加一单位集中力偶等。

三、结构位移的计算方法

求结构位移的方法是单位荷载法,具体计算方法有两种。

1. 积分法

①在拟求位移处沿所求位移方向虚设广义单位力,然后分别列出各杆段的内力方程。

②列实际荷载作用下各杆段内力方程。

2. 图乘法

(1)应用条件

杆轴为直线;各杆段的 EI 应分别等于常数;在 $\overline{M}$ 和 M_P 两图中,至少有一个是直线图形。

(2)图乘公式

$$\Delta K_P = \sum \frac{\omega y_C}{EI}$$

(3)计算步骤

①画结构在实际荷载作用下的弯矩图 M_P。

②在拟求位移处沿所求位移方向虚设单位力(广义),画单位弯矩图 $\overline{M}$。

③分段计算 M_P(或 $\overline{M}$)图形面积 ω 及其形心所对应的 $\overline{M}$(或 M_P)图形的纵坐标值 y_C。

④将所得的 ω、y_C 代入图乘公式计算所求位移。

(4)图乘时的几个值得注意的问题

①正负号规定:若面积 ω 与纵坐标 y_C 在杆件同一侧时,乘积取正值;否则取负值。

②若 M_P 和 $\overline{M}$ 都是直线图形,则纵坐标 y_C 可取自其中任一个图形。

③若 M_P 和 $\overline{M}$ 都是梯形时,可以不求梯形面积的形心,而把一个梯形分为两个三角形(或一个矩形与一个三角形)分别应用图乘法。

④若 M_P 和 $\overline{M}$ 图的竖标不在基线的同侧时,可将其中一幅图看作一个基线上侧、另一个在基线下侧的两个三角形,分别求出上下两三角形面积及形心所对应的纵坐标再图乘(图乘时应注意正、负号)。

⑤若一个图形(如 M_P)是曲线,另一个(如 $\overline{M}$)是由几段直线所组成的折线(或各杆段的截面不相等)时,均应分段图乘。

⑥若杆件的某段 M_P 图为非标准抛物线图形时,可将其划分为一个梯形和一个标准抛物线图形后再图乘。

思　考　题

11-1　杆系位移计算的一般公式中各项的物理意义是什么?

11-2　应用单位荷载法计算出结构某处的位移 Δ 在数值上是否等于该单位荷载所做的虚功?

11-3　应用图乘法求位移的必要条件是什么? 什么情况要用积分求位移?

11-4　图乘中为什么可以把图形分解,在数学上根据是什么?

11-5　思考题 11-5 图(a)、(b)中各杆 EI 相同,则两图中 C 点的竖向位移是否相等?

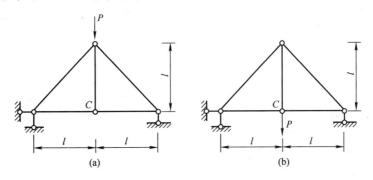

思考题 11-5 图

11-6　思考题 11-6 图中所示斜梁 EI 为常数,则截面 A 的转角 $\varphi_A = \dfrac{ql^3}{24EI}(\downarrow)$,是否正确?

11-7　思考题 11-7 图所示图乘结果 $\dfrac{1}{EI}\left(\dfrac{1}{2}ac \times \dfrac{2}{3}d + \dfrac{2}{3}bc \times \dfrac{5}{8}d\right)$ 是否正确?

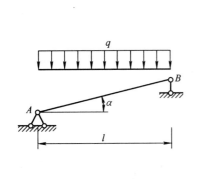

思考题 11-6 图

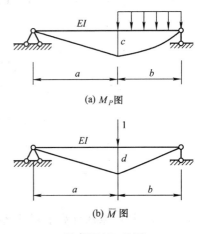

(a) M_P 图

(b) $\overline{M}$ 图

思考题 11-7 图

11-8　对于静定结构,没有变形就没有位移。这种说法对吗?

习　题

11-1　求题 11-1 图所示桁架 C 点的水平位移 Δ_C^H,各杆 EI 为常数。

11-2　求题 11-2 图所示桁架 D 点的竖向位移 Δ_D^V 和水平位移 Δ_D^H,已知各杆 EI 为常数。

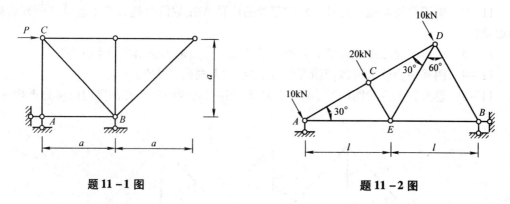

題 11 - 1 图　　　　　　　　　　　　題 11 - 2 图

11 - 3　用图乘法求题 11 - 3 图所示悬臂梁 A 端的竖向位移 Δ_A^V 和转角 φ_A（忽略剪切变形的影响）。

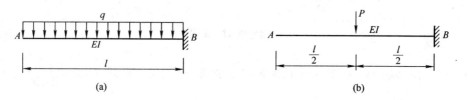

(a)　　　　　　　　　　　　　　　(b)

題 11 - 3 图

11 - 4　试用图和法求题 11 - 4 图所示刚架 B 点的水平位移 Δ_B^H，已知各杆 EI 为常数。

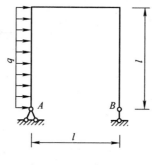

題 11 - 4 图

11 - 5　用图乘法计算下列各题（EI 为常数）。

①A 处的转角 φ_A 和 C 点的竖向位移 Δ_C^V，如题 11 - 5(a) 图所示；

②D 点的竖向位移 Δ_D^V 和 C 点的竖向位移 Δ_C^V，如题 11 - 5(b) 图所示。

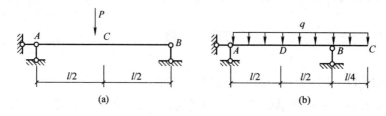

(a)　　　　　　　　　　　　　　　(b)

題 11 - 5 图

11-6 用图乘法求题 11-6 图所示结构中 B 处的转角 φ_B 和 C 点的竖向位移 Δ_C^V，已知 EI 为常数。

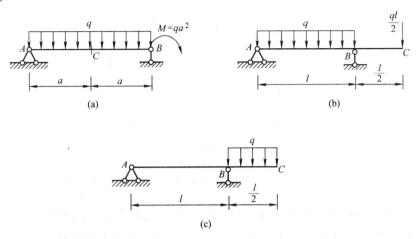

(a)

(b)

(c)

题 11-6 图

11-7 用图乘法计算题 11-7 图：

$(a)\Delta_B^H,\varphi_B;(b)\varphi_B,\varphi_A;(c)\Delta_C^V;(d)\Delta_C^V,\varphi_B$。

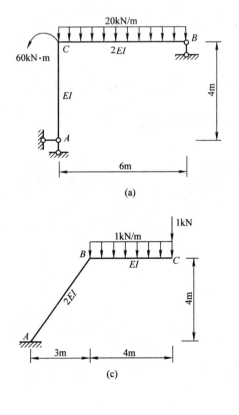

(a)

(c)

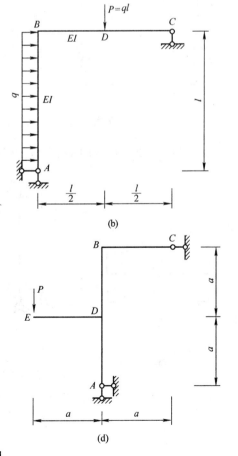

(b)

(d)

题 11-7 图

11-8　求题11-8图所示刚架 D 点的水平位移 Δ_D^H，各杆 EI 为常数。

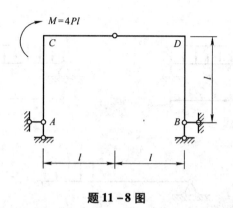

题 11-8 图

11-9　题11-9图所示简支刚架支座 B 下沉 b，试求 C 点水平位移 Δ_C^H。

11-10　题11-10图所示梁支座 B 下移 Δ_1，求截面 E 的竖向位移 Δ_E^V。

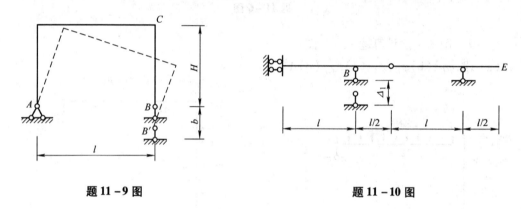

题 11-9 图　　　　　　　　　　　　题 11-10 图

11-11　求题11-11图指定点的竖向线位移（各杆 EI 为常数）。

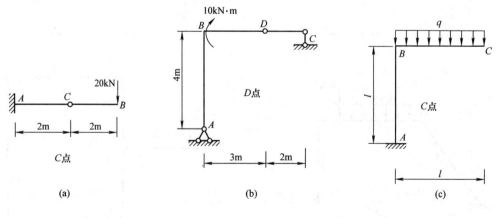

(a)　　　　　　　　　　(b)　　　　　　　　　　(c)

题 11-11 图

第12章 影 响 线

【学习重点】

➤ 了解影响线的概念；
➤ 掌握用静力法作简支梁的影响线及影响线的应用。

12.1 移动荷载和影响线的概念

前面所提到的荷载都是作用点位置固定不变的固定荷载。有些结构要承受移动荷载，其作用点在结构上是移动的。例如，在桥梁上行驶的火车、汽车，活动的人群，在吊车梁上行驶的吊车等，这类作用位置经常变动的荷载称为**移动荷载**。常见的移动荷载有间距保持不变的几个集中力（称为行列荷载）和均布荷载。为了简化问题，往往先从单个移动荷载的分析入手，再根据叠加原理来分析多个荷载以及均布荷载作用的情形。

对于承受移动荷载作用的结构来说，结构的支座反力和内力(N,Q,M)将随荷载位置的移动而变化（即支座反力和内力将是关于荷载位置的函数），为此需要研究其变化范围和变化规律；设计时必须以该力的最大值作为设计依据，为此需要确定荷载的最不利位置，即使结构某个内力或支座反力达到最大值的荷载位置。

移动荷载的类型很多，而从各种移动荷载中抽出来的最简单、最基本、最典型的移动荷载是数值为1的单位移动荷载($P=1$)，其他荷载都是单位移动荷载的倍数。所以只要把单位移动荷载作用下的内力（或支座反力）变化规律分析清楚，根据叠加原理，就可以顺利地解决各种移动荷载作用下的内力（或支座反力）计算问题和最不利荷载位置的确定问题。

表示单位移动荷载作用下的内力（或支座反力）变化规律的图形称为内力（或支座反力）影响线。影响线是研究移动荷载作用的基本工具。下面先用一个简例来说明影响线的概念。

如图12－1(a)所示的简支梁，作用有一个移动集中荷载 $P=1$。取 A 为坐标原点，以 x 表示荷载作用点的横坐标，这里来分析支座反力 R_A 随荷载坐标 x 变化而变化的规律，假设支座反力向上为正。

根据平衡方程 $\sum M_B = 0$ 得

$$-R_A \cdot l + P(l-x) = 0$$

$$R_A = \frac{l-x}{l}$$

上式表示出 R_A 与荷载位置坐标 x 的变化规律，是一个线性函数关系，称为 R_A 影响线方程。根据该方程可以作出图12－1(b)所示的斜直线，就是 R_A 的影响线。

从图12－1(b)中可以看出，荷载作用在 B 点时($x=l$)，$R_A=0$。荷载逐渐向 A 点移动，

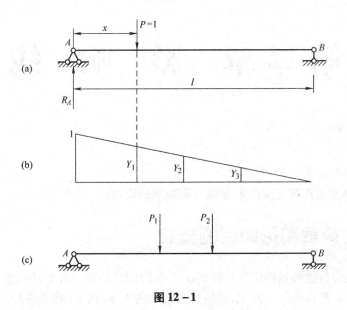

图 12 – 1

则 R_A 逐渐增加,当荷载作用在 A 点时 $(x=0)$, $R_A=1$ 达到最大。所以,单个竖直向下的集中力作用在 A 点的时候,就是 R_A 最不利的位置。

通过以上所述可知,影响线的定义是:**当一个方向不变的单位集中荷载 $P=1$ 沿结构移动时,表示某一指定量值(反力、内力)变化规律的图形,称为该量值的影响线。**

R_A 的影响线还可用来求各种荷载作用下引起的支座反力 R_A。例如图 12 – 1(c)所示梁上有吊车轮压力 P_1 和 P_2 作用,根据叠加原理,这时的支座反力

$$R_A = P_1 y_1 + P_2 y_2$$

式中, y_1 和 y_2 分别为对应于荷载 P_1 和 P_2 位置处的值。

本章将首先讨论单跨静定梁内力(或支座反力)影响线的做法,然后利用影响线讨论荷载最不利位置的问题,最不利荷载位置一旦确定,问题又归结为固定荷载作用下的量值求解问题。用已有知识固然可解,直接利用影响线和叠加原理更为方便。

影响线是一个新的概念,学习时应注意它与过去学习内容的区别,特别要弄清影响线的含义。学习时要由易到难,作一定数量的习题,以便掌握影响线的做法。一些基本的影响线的特点应该记住,以便应用于分析问题。

12.2　静力法作单跨静定梁的影响线

绘制影响线的方法有三种,静力法和机动法为两种基本方法,取两法优点而形成的联合法是第三种方法。这里只介绍静力法。

所谓静力法,就是以荷载的作用位置 x 为变量,通过静力平衡方程确定所求内力(或支座反力)的影响函数,这种根据平衡条件求出所求量值与荷载位置之间的函数关系式称为影响线方程,再根据该方程作出影响线。前面图 12 – 1 的例子应用的就是静力法。

12.2.1 简支梁的影响线

1. 支座反力影响线

简支梁支座反力 R_A 的影响线已在图 12 – 1 中画出,现在讨论支座反力 R_B 的影响线。

将 $P = 1$ 放在任意位置,距 A 为 x,由平衡方程 $\sum M_A = 0$ 得

$$R_B \cdot l - P \cdot x = 0$$

$$R_B = P \cdot \frac{x}{l} = \frac{x}{l} \qquad (0 \leqslant x \leqslant l)$$

这就是 R_B 的影响线方程。由于它是 x 的一次函数,可知 R_B 的影响线也是一条直线:当 $x = l$ 时,$R_B = 1$;$x = 0$ 时,$R_B = 0$。描两点连直线即可,如图 12 – 2(c)所示。在画影响线时,通常规定正值的竖标画在基线的上方,负值的竖标画在基线的下方。

根据影响线的定义,R_B 影响线中的任一竖标即代表当荷载 $P = 1$ 作用于该处时反力 R_B 的大小。因 $P = 1$ 是无量纲量,故反力影响线的竖标也是无量纲量。

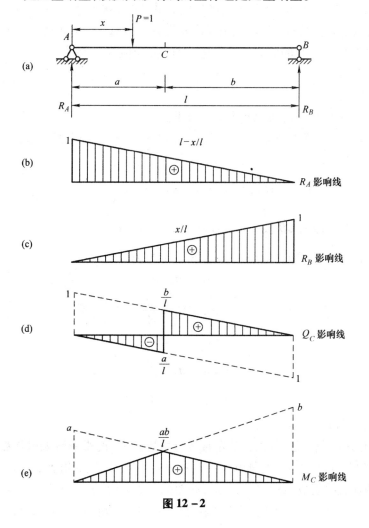

图 12 – 2

2. 剪力影响线

在研究剪力影响线时,对剪力正负规定和以前相同。

如图 12-2(a)所示梁,作指定截面 C 的剪力 Q_C 的影响线。根据截面法可以得知,当 P =1 分别作用在 C 点以左或以右时,脱离体受力图不同,剪力 Q_C 的影响线具有不同的表示式,应当分别考虑。

当 P 作用在 C 左侧的 AC 段时,$0 \leqslant x \leqslant a$,$Q_C = -R_B = -\dfrac{x}{l}$。

当 P 作用在 C 右侧的 CB 段时,$a \leqslant x \leqslant l$,$Q_C = R_A = \dfrac{l-x}{l}$。

可以看出,Q_C 影响线在 AC、CB 上都为斜直线。且在 AC 上时,AC 段的 Q_C 影响线与 R_B 的影响线相同,但正负号相反。作图时,可将 R_B 的影响线画在基线下面,只保留其 AC 段,按比例可求得 C 点的竖距为 $-a/l$。在 CB 上时,CB 段的 Q_C 影响线与 R_A 的影响线相同。因此,可先作 R_A 的影响线,只保留其 CB 段,按比例可求得 C 点的竖距为 b/l,如图 12-2 (d)所示。

由上可知,Q_C 的影响线由两段相互平行的直线组成,在 C 点有突变。当 $P=1$ 作用在 AC 段任一点时,Q_C 是负值;当 $P=1$ 作用在 CB 段任一点时,Q_C 是正值。当 $P=1$ 由 C 点的左侧移到其右侧时,截面 C 的剪力值将发生突变,突变值等于 1;而当 $P=1$ 恰作用于 C 点时,Q_C 是不确定的。

3. 弯矩影响线

在讨论时,弯矩规定以使梁的下侧受拉为正。

现在作简支梁截面 C 的弯矩 M_C 影响线(图 12-2(e))。根据截面法,力 P 分别作用在截面 C 左侧和右侧时,C 截面的弯矩不同。

当 P 作用在 C 左侧的 AC 段,$0 \leqslant x \leqslant a$,$M_C = R_B \cdot b = \dfrac{bx}{l}$。

当 P 作用在 C 右侧的 CB 段,$a \leqslant x \leqslant l$,$M_C = R_A \cdot a = a\dfrac{l-x}{l}$。

由方程可见 C 截面弯矩影响线在 AC、CB 上都为斜直线。

$$x = 0 \quad M_C = 0$$
$$x = a \quad M_C = \frac{ab}{l}$$

可绘出左直线。

$$x = a \quad M_C = \frac{ab}{l}$$
$$x = l \quad M_C = 0$$

可绘出右直线,如图 12-2(e)所示。

由上述弯矩影响线方程可看出,其左直线可由反力 R_B 的影响线乘以常数 b 并取 AC 段而得到,右直线则可由反力 R_A 的影响线乘以常数 a 并取 CB 段而得到。综合起来,M_C 影响线由 AC、CB 两段直线组成,是一个三角形,如图 12-2(e)所示。由此看出,$P=1$ 位于 C 点时,弯矩 M_C 为极大值;当 $P=1$ 由 C 点向梁两端移动时,弯矩 M_C 逐渐减小到零。

4. 内力影响线与内力图的比较

不要把内力影响线与内力图的概念混淆起来。为了进行比较,图 12 - 3 中给出简支梁在 C 点有固定荷载 $P = 1$ 作用时的弯矩图。可以看出,此弯矩图与 M_C 影响线(图 12 - 2(e))形状相同,而从概念上却有本质区别。实际上,内力影响线和内力图都表示某种函数关系,它们的区别表现在:

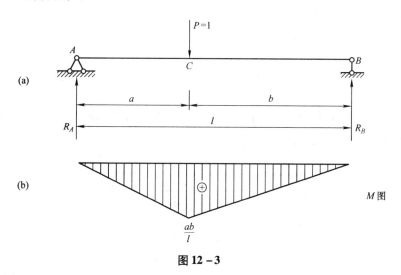

图 12 - 3

①横坐标含义不同,内力图的横坐标表示截面的位置,而内力影响线的横坐标则表示荷载 $P = 1$ 的位置;

②纵坐标含义不同,内力图不同的纵坐标表示不同截面的内力,而内力影响线即使不同处的纵坐标也表示的是同一截面的某一项内力值,只不过荷载 $P = 1$ 的位置不同而已;

③荷载不同;

④量纲不同。

例如,M_C 影响线表示指定截面 C 的弯矩 M_C 随荷载 $P = 1$ 的位置参数 x 而变化的规律。这里,荷载类型是指定的(指定为单个集中荷载 $P = 1$),但荷载的位置参数 x 在变,是自变量;所求弯矩的截面位置是指定的,但弯矩的数值在变,是因变量。与此相比,M 图表示在固定荷载作用下不同截面的弯矩分布规律。这里,荷载类型是指定的(但不一定是单个集中荷载 $P = 1$),荷载位置也是固定的。但所求弯矩的截面位置参数 x 在变,是自变量,且截面 x 的弯矩数值也在变,是因变量。M 图纵坐标的量纲为力乘长度的量纲,弯矩影响线纵坐标量纲是长度的量纲。

12.2.2 外伸梁的影响线

1. 反力影响线

如图 12 - 4(a)所示外伸梁,取支座 A 为坐标原点,x 以向右为正。根据平衡方程得反力

$$R_A = \frac{l - x}{l} \qquad (-l_1 \leqslant x \leqslant l + l_2)$$

$$R_B = \frac{x}{l}$$

从方程可以看出,外伸梁和前面简支梁的反力影响线方程一致,只是荷载 $P=1$ 的作用范围从简支梁中 $0 \leqslant x \leqslant l$ 扩大到 $-l_1 \leqslant x \leqslant l+l_2$。因此,$AB$ 段内的影响线与简支梁的完全相同,是一条直线,将此直线向两个外伸部分延长即可。影响线如图 $12-4(b)$、(c) 所示。

2. 跨内截面内力影响线

求两支座间的任一指定截面 C 的弯矩和剪力影响线。

当 $P=1$ 在 C 点以左时:

$$M_C = R_B \cdot b \qquad Q_C = -R_B \qquad (P=1 \text{ 在 } EC \text{ 段})$$

当 $P=1$ 在 C 点以右时:

$$M_C = R_A \cdot a \qquad Q_C = R_A \qquad (P=1 \text{ 在 } CF \text{ 段})$$

从方程可以看出,C 截面弯矩、剪力影响线和简支梁也是一样的,在梁两端外伸部分相应延长即可,如图 $12-4(d)$、(e) 所示。

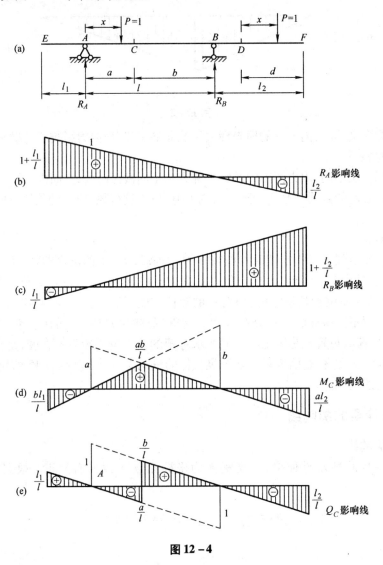

图 12-4

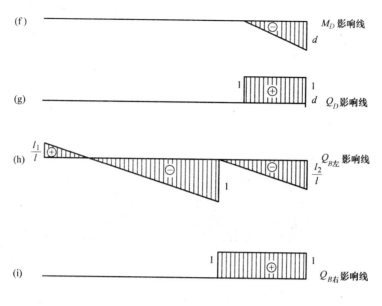

图 12 – 4

通过上面可以看出,外伸梁支座和跨内截面内力的影响线为相应简支梁的影响线向外伸部分延伸得到。

3. 外伸部分截面内力影响线

外伸部分与悬臂梁相同,在求任一指定截面 D 的弯矩、剪力影响线时,为计算简便,改取 D 为坐标原点,x 轴仍以向右为正。

当 $P = 1$ 在 D 点以左时,取 D 的右边为脱离体,得

$$M_D = 0 \quad Q_D = 0$$

当 $P = 1$ 在 D 点以右时,仍取 D 的右边为脱离体,得

$$M_D = -x \quad Q_D = 1$$

作出影响线如图 12 – 4(f)、(g)所示。

4. 支座处截面剪力影响线

对于支座处截面的剪力影响线,需分别就支座左、右两侧的截面进行讨论,因为这两侧的截面分别属于外伸部分和跨内部分。

当 $P = 1$ 在 B 点以左的 EB 段时:

可取 B 左截面的右边部分为脱离体 $\quad Q_{B左} = -R_B$

可取 B 右截面的右边部分为脱离体 $\quad Q_{B右} = 0(P = 1$ 在 EB 段)

当 $P = 1$ 在 B 点以右的 BF 段时:

可取 B 左截面的左边部分为脱离体 $\quad Q_{B左} = R_A$

可取 B 右截面的右边部分为脱离体 $\quad Q_{B右} = 1(P = 1$ 在 BF 段)

作出影响线如图 12 – 4(h)、(i)所示。

12.3 间接荷载作用下的主梁影响线

图 12 – 5(a)所示为一桥梁结构的简图,荷载直接加于纵梁上。纵梁是两端支承在横梁

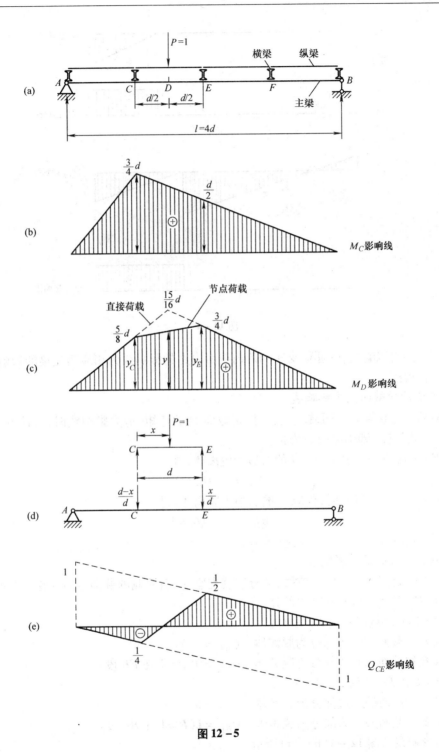

图 12 − 5

上的简支梁,横梁则由主梁支承,荷载通过横梁传到主梁。不论纵梁承受何种荷载,主梁只在 A、C、E、F、B 等有横梁处(即结点处)间接地承受横梁传来的集中力。对主梁而言,这种荷载称为间接荷载或结点荷载。

下面研究结点荷载作用下主梁影响线的做法。

1. 支座反力 R_A、R_B 的影响线

支座反力 R_A、R_B 的影响线与图 12-2 中的完全相同,图 12-5 中没有画出。

2. M_C 影响线

C 点正好是结点,所以 $P=1$ 移动到结点处时,与荷载直接作用在主梁上的情况完全相同。所以,M_C 影响线的做法与图 12-3 完全相同,如图 12-5(b)所示。C 点的竖距

$$\frac{ab}{l} = \frac{d \times 3d}{4d} = \frac{3}{4}d$$

3. M_D 影响线

M_D 影响线如图 12-5(c)所示,先说明其做法,然后加以证明。

先假设 $P=1$ 直接作用于主梁上,则 M_D 影响线为一三角形,如图 2-5(c)中虚线所示。D 点的竖距

$$\frac{ab}{l} = \frac{\frac{3}{2}d \times \frac{5}{2}d}{4d} = \frac{15d}{16}$$

由比例关系可知 C、E 两点的竖距分别为

$$y_C = \frac{15}{16}d \times \frac{2}{3} = \frac{5}{8}d$$

$$y_E = \frac{15}{16}d \times \frac{4}{5} = \frac{3}{4}d$$

将 C、E 两点的竖距连一直线,就得到结点荷载作用下 M_D 的影响线,如图 12-5(c)中实线所示。

为了证明上述做法的正确性,说明以下两点。

①如果单位荷载正好加在 C 点或 E 点,则结点荷载与直接荷载完全相同,因而二者相应的影响线在 C 点的竖距 y_C 和在 E 点的竖距 y_E 也必相等。

②当单位荷载 $P=1$ 作用在 C、E 两结点之间时,设其到 C 点的距离为 x,纵梁 CE 的两端反力反向传到主梁,如图 12-5(d)所示。此时,主梁将在 C、E 两点处分别同时受到结点荷载 $\dfrac{d-x}{d}$ 及 $\dfrac{x}{d}$ 的作用。设直接荷载作用下 M_D 影响线在 C、E 处的竖距分别为 y_C 和 y_E,则根据影响线的定义和叠加原理可知,在上述两荷载作用下

$$y = \frac{d-x}{d}y_C + \frac{x}{d}y_E$$

上式为 x 的一次函数,且由

当 $x=0$ 时　　　　　　　　　　$y = y_C$

当 $x=d$ 时　　　　　　　　　　$y = y_E$

可知,连接竖距 y_C 和 y_E 的直线,即是该段影响线。

上面的结论,实际上适用于间接荷载作用下任何量值的影响线。由此,可将绘制间接荷载作用下影响线的一般方法归纳如下:

①在结点荷载作用下,结构任何影响线在相邻两结点之间为一根直线;

②先作直接荷载作用下的影响线(画成虚线),用直线连接相邻两结点的竖距,就得到结点荷载作用下的影响线。

4. Q_{CE}影响线

在结点荷载作用下,主梁 CE 段各截面剪力都相等,常称为节间剪力 Q_{CE}。按照上述结论作 Q_{CE} 影响线如图 12 −5(e)所示。

【例 12 −1】 试作图 12 −6(a)所示梁在结点荷载作用下的 R_A、R_B、M_C 和 Q_C 影响线。

【解】 ①作直接移动荷载 $P=1$ 作用下的 R_A、R_B 影响线后,用直线分别连接 D、E 和 H、I 结点处的竖距便得到 R_A 和 R_B 的影响线如图 12 −6(b)所示。

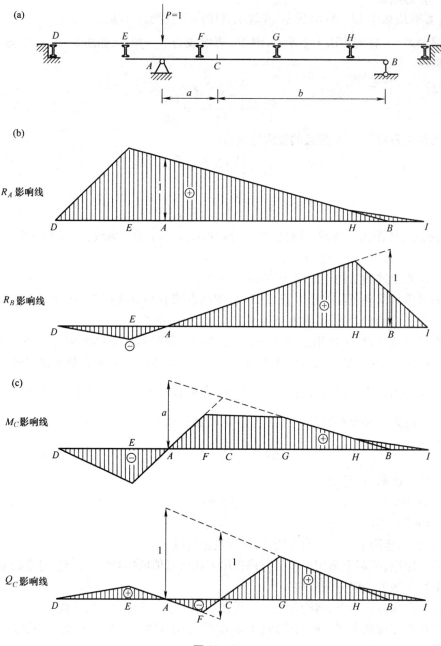

图 12 −6

②作直接移动荷载 $P=1$ 作用下 M_C 和 Q_C 的影响线后,用直线分别连接 D、E、H、I 和 F、G 结点处的竖距,便得到 M_C 和 Q_C 的影响线,如图 12－6(c)所示。

12.4　影响线的应用

影响线的应用主要是在求量值大小以及确定荷载最不利位置这两个方面,下面分别说明。

12.4.1　求固定荷载作用下的量值

1. 集中荷载

这种情形在前面已经介绍过,由于影响线反映出单位荷载下量值的大小,因此荷载不等于 1 时,只需要查到相应的影响线的值,再乘以荷载大小即可。如果多个集中荷载同时作用,则每个荷载分别计算后再叠加。

图 12－7(a)所示为简支梁,梁上作用有三个荷载 P_1、P_2、P_3,Q_C 的影响线如图 12－7(b)所示,P_1、P_2、P_3 对应影响线的值分别为 y_1、y_2、y_3,则

$$Q_C = P_1 \cdot y_1 + P_2 \cdot y_2 + P_3 \cdot y_3$$

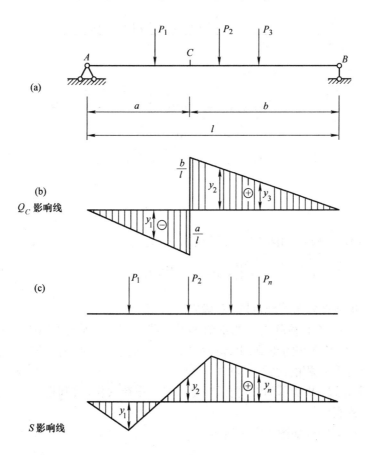

图 12－7

一般来说,如果有一组集中荷载 P_1、P_2、$\cdots$、P_n 同时作用,对应量值 S 的影响线值为 y_1、y_2、$\cdots$、y_n,图 12 - 7(c)所示,则

$$S = P_1 \cdot y_1 + P_2 \cdot y_2 + \cdots + P_n y_n = \sum_{i=1}^{n} P_i y_i \qquad (12-1)$$

2. 分布荷载情况

如果结构在 AB 承受分布荷载 $q(x)$,如图 12 - 8(a)所示,可把每一微段 dx 上的荷载 $q(x)dx$ 看作一集中荷载,所引起的量值为 $yq(x)dx$,则整个 AB 段分布荷载引起的量值

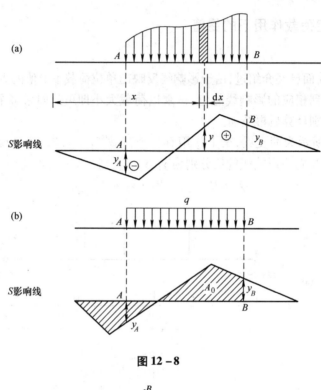

图 12 - 8

$$S = \int_{A}^{B} y q(x)\,dx$$

若 $q(x)$ 为均布荷载 q,如图 12 - 8(b)所示,则上式为

$$S = \int_{A}^{B} y q\,dx = q \int_{A}^{B} y\,dx = q A_0 \qquad (12-2)$$

式中,A_0 表示影响线在均布荷载范围 AB 段内的面积。

式(12 - 2)表明,均布荷载引起的量值等于荷载集度乘以荷载作用段对应的影响线面积。在应用中,要注意面积的正负,上部面积取正,下部面积取负,若在该范围内影响线有正有负,则 A_0 应为正负面积的代数和。

【例 12 - 2】图 12 - 9 所示为一简支梁,全跨受均布荷载作用,利用截面 C 的剪力 Q_C 影响线计算 Q_C 的数值。

【解】作出 Q_C 影响线如图 12 - 9 所示。

Q_C 影响线正号部分的面积　　$A_{01} = \dfrac{1}{2} \times \dfrac{2}{3} \times 4 = \dfrac{4}{3}$

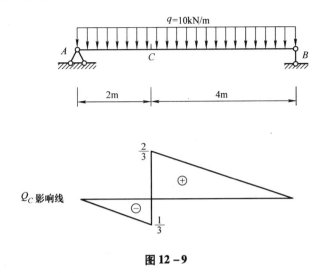

图 12 - 9

负号部分的面积 $\qquad A_{02} = \dfrac{1}{2} \times \left(-\dfrac{1}{3} \right) \times 2 = -\dfrac{1}{3}$

由式(12 - 2)得 $\qquad Q_C = q(A_{01} + A_{02}) = 10\left(\dfrac{4}{3} - \dfrac{1}{3} \right) = 10 \text{ kN}$

12.4.2　利用影响线确定最不利荷载位置

如果荷载移动到某个位置时,某量值达到最大值(包括最大正值和最大负值,最大负值也称最小值),则此荷载位置称为最不利荷载位置。影响线的一个重要用途就是用来确定荷载的最不利位置。下面分两种情况来说明。

1. 移动均布荷载作用时

由于移动均布荷载可以随意的布置,而均布荷载下量值又等于荷载集度乘以其对应的影响线面积,所以只要把均布荷载布置在所有正号影响线的区段,就可以得到正的最大量值;同样,只要把均布荷载布置在所有负号影响线的区段,就可以得到负的最大量值。图 12 - 10 给出了 M_C 的影响线及荷载最不利位置。

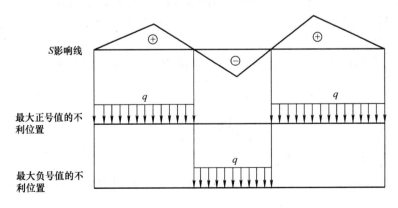

图 12 - 10

2. 移动集中荷载作用时

（1）单个集中荷载

如果移动荷载是单个集中荷载，则最不利位置是此集中荷载作用在影响线的竖距最大处。

（2）多个间距不变的移动集中荷载

图 12 – 11（a）所示为结构某量值的三角形影响线，该结构受到图 12 – 11（b）所示间距保持不变的一组移动集中荷载 P_1、P_2、$\cdots$、P_i、$\cdots$、P_n 的作用，可以推断荷载密集作用于 C 附近，则在最不利位置时必有一个集中荷载作用于影响线顶点。作用于影响线顶点的集中荷载称为临界荷载，对于临界荷载可以用下面两个判别式来判定（推导从略）：

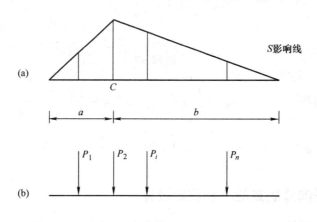

图 12 –11

$$\frac{\sum P_{左} + P_{cr}}{a} \geqslant \frac{\sum P_{右}}{b}$$

$$\frac{\sum P_{左}}{a} \leqslant \frac{P_{cr} + \sum P_{右}}{b} \qquad (12-3)$$

满足式（12 – 3）的 P_{cr} 就是临界荷载，$\sum P_{左}$、$\sum P_{右}$ 分别代表 P_{cr} 以左和以右的荷载之和。有时会出现多个满足上面判别式的临界荷载，则分别求出每个临界荷载位于影响线顶点时的相应量值并进行比较，产生量值最大者的荷载位置就是最不利荷载位置。

【**例 12 – 3**】求图 12 – 12（a）所示简支梁在图示吊车作用下截面 K 的最大弯矩。

【**解**】先作出 M_K 的影响线如图 12 – 12（b）所示。

选 P_2 作为临界荷载来考察，此时 P_1 落在梁外，不考虑，带入判别式（12 – 3）有

$$\frac{152}{2.4} > \frac{152 + 152}{9.6}$$

$$\frac{0}{2.4} < \frac{152 + 152 + 152}{9.6}$$

满足判别式，所以 P_2 是临界荷载。

同样的方法可以判别其他集中荷载都不是临界荷载，所以图 12 – 12（c）所示 P_2 作用在 K 点时为 M_K 的最不利荷载位置。

利用影响线计算可以得到：

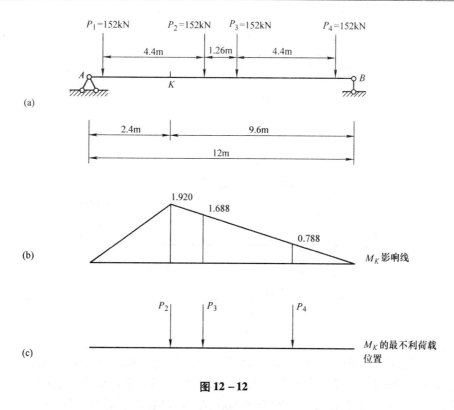

图 12－12

$$M_{K(\max)} = 152 \times (1.920 + 1.668 + 0.788) \text{kN} \cdot \text{m} = 665.15 \text{ kN} \cdot \text{m}$$

12.5 简支梁的包络图和绝对最大弯矩

12.5.1 简支梁的内力包络图

在设计承受移动荷载的结构时,必须求出每一截面内力的最大值(最大正值和最大负值)。连接各截面内力最大值的曲线称为内力包络图。包络图是结构设计中重要的依据,在吊车梁、楼盖梁和桥梁设计中应用广泛。

下面以简支梁在单个集中荷载 P 作用下的弯矩包络图为例说明其绘制方法。

当单个集中荷载 P 在梁上移动时,某个截面 C 的弯矩影响线如图 12－13(a)所示。由影响线可以确定,当荷载正好作用于 C 时,M_C 为最大值,即 $M_C = \dfrac{ab}{l}P$。由此可见,当荷载由 A 向 B 移动时,只要逐个算出荷载作用点处的截面弯矩,便可以得到弯矩包络图。于是,选择梁上的一系列截面,把梁分成五等份,对每一截面利用上述分析,求得其最大弯矩。例如在截面 2 处有 $a = 0.4l$,$b = 0.6l$,所以

$$(M_4)_{\max} = 0.24Pl$$

根据逐点算出的最大弯矩值连成曲线,便得到弯矩包络图,如图 12－13(b)所示。弯矩包络图表示各截面的弯矩可能变化的范围。

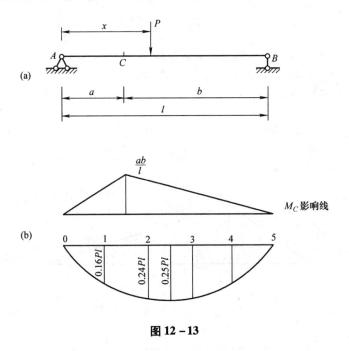

图 12 – 13

在实际工程中,绘制包络图时应同时考虑恒载和移动荷载(活载)的作用,而且要考虑活载动力作用的影响。一般的做法是将移动荷载产生的内力乘以动力系数(动力系数的确定详见有关规范),与恒载作用下的内力叠加后,根据各截面叠加后的最大和最小(最大负值)内力绘制包络图。

图 12 – 14(a)所示为一吊车梁,跨度为 12 m,恒载 $q = 25$ kN/m。图 12 – 14(b)所示为此吊车梁所受的移动荷载。两台吊车梁传来的最大轮压为 82 kN,两台吊车并行的最小间距为 1.5 m。

将吊车梁分成十等份,在吊车移动荷载作用下逐个求出各截面的最大弯矩;根据设计规范乘以动力系数 1.05 后,与恒载作用下各截面弯矩叠加,便可画出弯矩包络图,如图 12 – 14(c)所示。此处恒载产生的弯矩为 448.2 kN·m,于是在图 12 – 14(c)所示弯矩包络图上 $x = 5.625$ m 处竖距 $M = (448.2 + 1.05 \times 578)$ kN·m $= 1\,055.1$ kN·m。

其计算过程列表见表 12 – 1。由于对称只计算半跨的截面。

表 12 – 1　弯矩包络图计算表

截面位置 x/m	0	1.2	2.4	3.6	4.8	6.0
恒载作用下截面弯矩 $M_0 = \dfrac{ql}{2}x - \dfrac{q}{2}x^2$（单位 kN·m）	0	162	288	378	432	450
移动荷载作用下截面最大弯矩 M_1（单位 kN·m）	0	215	366	466	559	574
$1.05M_1$（单位 kN·m）	0	226	384	489	587	603
$M = M_0 + 1.05M_1$（单位 kN·m）	0	351	672	867	1 019	1 053

同样可作出剪力包络图如图 12 – 14(d)所示,其计算过程见表 12 – 2。

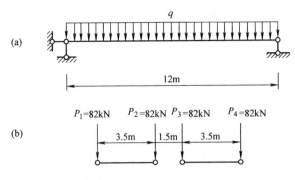

(a)

(b)

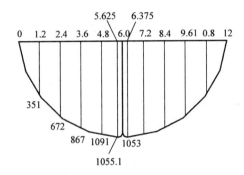

(c) 弯矩包络图(kN·m)

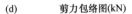

(d) 剪力包络图(kN)

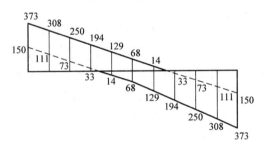

图 12 - 14

表 12 - 2 剪力包络图计算表

截面位置 x/m	0	1.2	2.4	3.6	4.8	6.0
恒载作用下截面剪力 $Q_0 = \dfrac{ql}{2} - qx$(单位 kN·m)	150	120	90	60	30	0
移动荷载作用下截面最大剪力 $Q_1 \times 1.05$(单位 kN)	223	188	160	134	99	68
移动荷载作用下截面最小剪力 $Q_2 \times 1.05$(单位 kN)	0	−9	−17	−27	−44	−68
$Q = Q_0 + Q_1 \times 1.05$(单位 kN)	373	308	250	194	129	68
$Q = Q_0 + Q_2 \times 1.05$(单位 kN)	150	111	73	33	−14	−68

12.5.2　简支梁的绝对最大弯矩

包络图表示各截面内力变化的极值,在设计中十分重要。在所有各个截面的最大弯矩中,最大的那个弯矩值称为绝对最大弯矩(图 12－14(c)中的 1 055.1 kN·m)。它代表在一定移动荷载作用下梁内可能出现的弯矩最大值。其确定与两个可变的条件有关,即截面位置的变化和荷载位置的变化。这里介绍简支梁在一组集中荷载作用下绝对最大弯矩的求法。

图 12－15 所示为一简支梁。移动荷载 P_1、P_2、…、P_n 的数量和间距不变,在梁上移动。求梁内绝对最大弯矩。

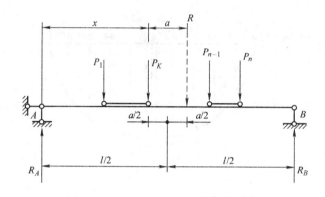

图 12－15

荷载在任一位置时,梁弯矩图的顶点总是在临界荷载 P_{cr} 下面。这一结论也适合于绝对最大弯矩。所以,绝对最大弯矩必发生在某一集中荷载的作用点。

试取一个集中荷载 P_K,研究它的作用点处弯矩何时成为最大。以 x 表示 P_K 到 A 点的距离,a 表示梁上荷载的合力 R 与 P_K 的作用线之间的距离,M_{cr} 表示 P_K 左边的荷载对 P_K 作用点的力矩之和。可得 P_K 所在截面的弯矩最大时,梁的中线正好平分 P_K 与 R 之间的距离。此时,最大弯矩(推导从略)

$$M_{max} = R\left(\frac{l}{2} - \frac{a}{2}\right)^2 \frac{1}{l} - M_{cr} \qquad (12-4)$$

应用上述公式时,应注意 R 是梁上实有荷载的合力。安排 R 与 P_K 的位置时,梁上实有荷载的个数可能有增减,这时就需要重新计算合力 R 的数值和位置。

利用上述结论,将各个荷载作用下截面的最大弯矩分别求出,选择其中最大的一个,就是绝对最大弯矩。实际计算中,常利用判断方法事先估出绝对最大弯矩的临界荷载。因为绝对最大弯矩通常总是发生在梁的中点附近,故可设想,使梁的中点发生最大弯矩的临界荷载也就是发生绝对最大弯矩的临界荷载。经验证明,这种设想在一般情况下都是与实际相符的。

【例 12－4】求图 12－16 所示吊车梁的绝对最大弯矩。

【解】可以看出,绝对最大弯矩将发生在荷载 P_2 或 P_3 所在的截面。先求 P_2 下面的最大弯矩。合力 $R = 4 \times 82 = 328$ kN,合力作用线在 P_2 与 P_3 距离的中点。求得 $a = 0.75$ m(图 12－16(a)),P_2 距跨中 0.375 m。由式(12－4)得

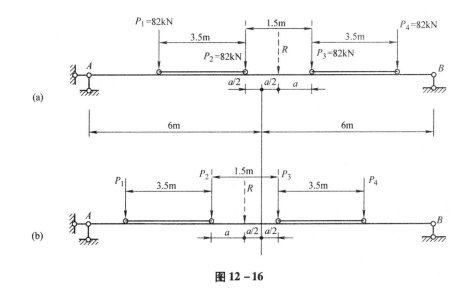

图 12 - 16

$$M_{max} = R\left(\frac{l}{2} - \frac{a}{2}\right)^2 \frac{1}{l} - M_{cr} = \left[328\,(6 - 0.375)^2\,\frac{1}{12} - 82 \times 3.5\right] kN \cdot m = 578\ kN \cdot m$$

再求 P_3 下面弯矩,此时 $a = -0.75\ m$(图 12 - 16(b))。由式(12 - 4)得

$$M_{max} = R\left(\frac{l}{2} - \frac{a}{2}\right)^2 \frac{1}{l} - M_{cr} = \left[328\,(6 + 0.375)^2\,\frac{1}{12} - (82 \times 5 + 82 \times 1.5)\right] kN \cdot m =$$

$578\ kN \cdot m$ 由于对称,本题在 P_2 与 P_3 下的最大弯矩相等,所以绝对最大弯矩为 $578\ kN \cdot m$。

本 章 小 结

影响线是单位竖向移动荷载 $P = 1$ 作用下某量值变化规律的图形。它反映结构的某一量值(指某个支座反力,某一截面的内力等)随单位荷载 $P = 1$ 位置改变而变化的情况。

静力法是绘制影响线最基本的方法。根据脱离体的平衡条件列出影响线方程,再用图线表示出来。要注意影响线方程分段方法,正确地画出各种单跨梁的影响线。

内力影响线与内力图的区别:内力影响线表示某一指定截面的某一内力值(弯矩、剪力或轴力)随单位荷载 $P = 1$ 位置改变而变化的规律;内力图表示结构在某种固定荷载作用下各个截面的某一内力的分布规律。

在间接荷载作用下,结构主梁上某量值的影响线做法是先作直接荷载作用下该量值的影响线,然后将相邻的结点竖距用直线连接即可。

影响线应用:一是计算各种固定荷载作用下的量值,固定集中荷载产生的量值 $S = \sum_{i=1}^{n} P_i y_i$,固定均布荷载产生的量值 $S = qA_0$;二是用来确定移动荷载的最不利荷载位置,从而计算出量值的最大值。

连接各截面内力最大值的曲线称为内力包络图。包络图表示各截面内力变化的极值,在所有各个截面的最大弯矩中,最大的那个弯矩值称为绝对最大弯矩。包络图和绝对最大弯矩表明移动荷载对整个结构的影响,在结构设计中是重要的概念。

思 考 题

12-1 影响线的含义是什么？弯矩影响线和弯矩图的区别是什么？

12-2 什么是荷载最不利位置？什么是临界荷载？什么是绝对最大弯矩？

习 题

12-1 试绘制题 12-1 图所示各梁中指定量值的影响线。

(a)M_A, Q_A, M_C, Q_C；(b)$R_A, Q_C, Q_{B左}, Q_{B右}$

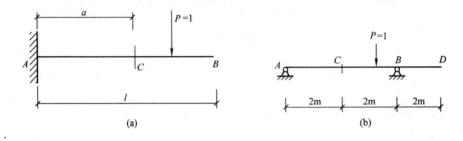

题 12-1 图

12-2 作题 12-2 图所示梁的 M_C, Q_C 影响线。

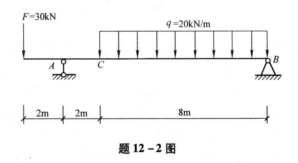

题 12-2 图

12-3 作题 12-3 图所示梁的 M_C, Q_C 影响线。

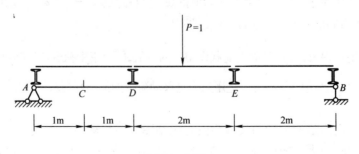

题 12-3 图

12－4 两台吊车如题 12－4 图所示,求吊车梁的 M_C,Q_C 的荷载最不利位置,并计算其最大值(和最小值)。

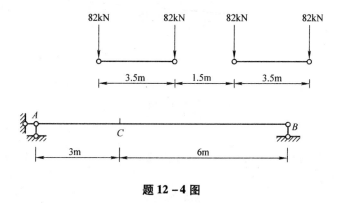

题 12－4 图

12－5 试求题 12－5 图示简支梁在移动荷载作用下的绝对最大弯矩。

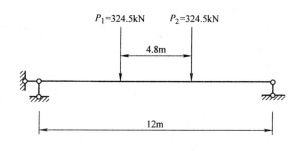

题 12－5 图

习 题 答 案

第 1 章

1-2 (a)Pl;(b)0;(c)$Pl\sin\alpha$;(d)$-Pa$;(e)$P(l+r)$;(f)$P\sqrt{l^2+b^2}\sin\beta$。

第 2 章

2-1 $R=72.4$ N,$\alpha=71.1°$在第三象限。

2-2 (a)$N_{AB}=N_{AC}=0.577W(拉)$;(b)$N_{AB}=0.5W(拉)$,$N_{AC}=0.866W(压)$。

2-3 $R'=32\,800$ kN,$\alpha=72.1°$在第四象限,$m=-622\,200$ kN·m,合力R在O点右侧,$d=$18.97 m。

2-4 (a)$Y_A=R_B=3ql/4(\uparrow)$;   (b)$Y_A=6.562\,5$ kN$(\uparrow)$, $R_B=18.437\,5$ kN$(\uparrow)$;
(c)$Y_A=30$ kN$(\uparrow)$, $R_B=20$ kN$(\uparrow)$; (d)$Y_A=21.5$ kN$(\uparrow)$, $R_B=6.5$ kN$(\uparrow)$;
(e)$Y_A=22.5$ kN$(\uparrow)$, $R_B=67.5$ kN$(\uparrow)$; (f)$Y_A=5$ kN$(\uparrow)$, $R_B=15$ kN$(\uparrow)$;
(g)$Y_A=37.5$ kN$(\uparrow)$, $R_B=22.5$ kN$(\uparrow)$; (h)$Y_A=15.5$ kN$(\uparrow)$, $R_B=8.5$ kN$(\uparrow)$;
(i)$Y_A=16$ kN$(\uparrow)$, $R_B=6$ kN$(\uparrow)$;   (j)$Y_A=13$ kN$(\uparrow)$, $R_B=35$ kN$(\uparrow)$;
(k)$Y_A=20$ kN$(\uparrow)$, $m_A=70$ kN·m(逆时针);
(l)$Y_A=18$ kN$(\uparrow)$, $m_A=52$ kN·m(逆时针);
(m)$Y_A=ql(\uparrow)$, $m_A=3ql^2/2$(顺时针);
(n)$Y_A=16$ kN$(\uparrow)$, $m_A=12$ kN·m(顺时针)。

2-5 (a)$X_A=20$ kN$(\leftarrow)$, $Y_A=13.33$ kN$(\uparrow)$, $R_B=26.67$ kN$(\uparrow)$;
(b)$Y_A=6$ kN$(\uparrow)$, $m_A=5$ kN·m(逆时针);
(c)$Y_A=30$ kN$(\uparrow)$, $X_B=40$ kN$(\leftarrow)$, $Y_B=50$ kN$(\uparrow)$;
(d)$X_A=48$ kN$(\leftarrow)$, $Y_A=22$ kN$(\downarrow)$, $R_B=42$ kN$(\uparrow)$。

2-6 $X_A=30$ kN$(\rightarrow)$,$Y_A=45$ kN$(\uparrow)$,$R_B=30$ kN$(\uparrow)$,$R_C=15$ kN$(\uparrow)$。

2-7 (a)$X_A=10$ kN$(\leftarrow)$, $Y_A=18.89$ kN$(\downarrow)$, $R_B=48.89$ kN$(\uparrow)$;
(b)$X_A=40$ kN$(\leftarrow)$, $Y_A=40$kN$(\uparrow)$, $X_B=40$ kN$(\rightarrow)$。

2-8 (a)$Y_A=20$ kN$(\downarrow)$, $R_B=45$ kN$(\uparrow)$, $R_D=25$ kN$(\uparrow)$;
(b)$Y_A=15$ kN$(\uparrow)$, $m_A=65$ kNm(逆时针), $R_C=5$ kN$(\uparrow)$。

2-9 $N_{Bx}=-N_{Ax}=\dfrac{2(P+2W)\sin\alpha+W+2P}{4\cos\alpha}$,$N_{Ay}=3W+P$。

2 - 10　$Q_m = \dfrac{1\,000}{3}$ kN, $x_{min} = 6.75$ m。

第 4 章

4 - 1　(a) $N_{AB} = 50$ kN,　　　$N_{BC} = -70$ kN,　　　$N_{CD} = -30$ kN;

　　　(b) $N_{AB} = -2P$,　　　$N_{BC} = -3P$;

　　　(c) $N_{AB} = -10$ kN,　　　$N_{BC} = 10$ kN,　　　$N_{CD} = 40$ kN。

4 - 2　$N_{AB} = 0$,　　　　　$N_{BC} = -20$ kN,　　　$N_{CD} = -30$ kN

　　　$\sigma_{AB} = 0$,　　　　　$\sigma_{BC} = -50$ MPa,　　　$\sigma_{CD} = -75$ MPa。

4 - 3　$N_1 = 70$ kN,　　　　$N_2 = 20$ kN,　　　　$N_3 = -10$ kN,

　　　$\sigma_1 = 175$ MPa,　　　$\sigma_2 = 66.7$ MPa,　　　$\sigma_3 = -50$ MPa。

4 - 4　$\Delta l = -\dfrac{7Pa}{2EI}$(水平向左)。

4 - 5　$d \geqslant 15.1$ mm, 取 $d = 16$ mm 的钢索。

4 - 6　①$\sigma_{CD} = 119.4$ MPa $< [\sigma]$, 杆 CD 强度满足要求;$[P] = 33.5$ kN;②$d \geqslant 26.8$ mm。

4 - 7　$\sigma_1 = 143.3$ MPa $< [\sigma]$, $\sigma_2 = 95.5$ MPa $< [\sigma]$, $\sigma_3 = 118.2$ MPa $< [\sigma]$,

　　　$\sigma_4 < \sigma_3 < [\sigma]$, 杆 1、2、3、4 均符合强度要求。

4 - 8　$\tau = \dfrac{Q}{A} = \dfrac{20 \times 4 \times 10^3}{\pi \times 16^2} = 9.5$ MPa $< [\tau]$, $\sigma_c = 104.2$ MPa $< [\sigma_c]$, 铆钉强度符合要求。

4 - 9　$\tau > \tau_b$。

4 - 10　$\tau = 70.77$ MPa $> [\tau]$, 强度不足, 应该用 $d \geqslant 32.6$ mm 的销钉。

第 5 章

5 - 1　正扭矩 $T = 0.637$ kN·m, 最大负扭矩 $T = 2.02$ kN·m。

5 - 2　$N = 197$ kW。

5 - 3　①$Q_{AB} = -0.004\,5$ rad/m,　　　　　$Q_{BC} = -0.006\,0$ rad/m;

　　　②$\varphi_{CA} = -0.009$ rad/m。

5 - 4　$\tau_{max} = 32$ MPa $< [\tau]$。

5 - 5　$\tau_{max} = 20$ MPa, $\theta = 0.359°$/m, 刚度不满足要求。

5 - 6　铝质空心轴。

5 - 7　$d \geqslant 111.8$ mm。

第 6 章

6 - 1　(a) $Q_1 = 4$ kN,　　　$M_1 = 20$ kN·m,　　　$Q_2 = -8$ kN,　　　$M_2 = 16$ kN·m;

　　　(b) $Q_1 = 14$ kN,　　　$M_1 = +44$ kN·m,　　　$Q_2 = 14$ kN,　　　$M_2 = -30$ kN·m;

$(c) Q_1 = 23 \text{ kN},$ $\qquad M_1 = -12 \text{ kN} \cdot \text{m},$ $\qquad Q_2 = 3 \text{ kN},$ $\qquad M_2 = 14 \text{ kN} \cdot \text{m};$

$\qquad (d) Q_1 = 0,$ $\qquad M_1 = -12 \text{ kN} \cdot \text{m},$ $\qquad Q_2 = 1 \text{ kN},$ $\qquad M_2 = 2 \text{ kN} \cdot \text{m}_{\circ}$

6 - 2 $\quad (a) Q_1 = 0,$ $\qquad M_1 = -12 \text{ kN} \cdot \text{m},$ $\qquad Q_2 = -11 \text{ kN},$ $\qquad M_2 = 10 \text{ kN} \cdot \text{m};$

$\qquad (b) Q_1 = 24 \text{ kN},$ $\qquad M_1 = -54 \text{ kN} \cdot \text{m},$ $\qquad Q_2 = 24 \text{ kN},$ $\qquad M_2 = 30 \text{ kN} \cdot \text{m};$

$\qquad (c) Q_1 = 6 \text{ kN},$ $\qquad M_1 = 24 \text{ kN} \cdot \text{m},$ $\qquad Q_2 = -12 \text{ kN},$ $\qquad M_2 = 24 \text{ kN} \cdot \text{m};$

$\qquad (d) Q_1 = -6 \text{ kN},$ $\qquad M_1 = -4 \text{ kN} \cdot \text{m},$ $\qquad Q_2 = 1 \text{ kN},$ $\qquad M_2 = 14 \text{ kN} \cdot \text{m}_{\circ}$

6 - 3 $\quad$ 6 - 4 $\quad$ 6 - 5 $\quad$ 答案略。

6 - 6 $\quad \sigma_{max} = 126.6 \text{ MPa}_{\circ}$

6 - 7 $\quad F_{max} = 6.48 \text{ kN}_{\circ}$

6 - 8 $\quad d \geqslant 145 \text{ mm}_{\circ}$

6 - 9 $\quad \sigma_{max} = 186.95 \text{ MPa} > [\sigma],$ 梁的强度不足。

6 - 10 $\quad P \leqslant 56.88 \text{ kN}_{\circ}$

6 - 11 $\quad a = 2.12 \text{ m},$ $\quad q = 24.6 \text{ kN/m}_{\circ}$

6 - 12 $\quad y_{max} = \dfrac{7Fa^3}{2EI},$ $\quad \theta = \dfrac{5Fa^2}{2EI}_{\circ}$

6 - 13 $\quad \dfrac{y_{max}}{l} = \dfrac{1}{606} < \dfrac{1}{400} = \left[\dfrac{f}{l}\right],$ 梁的刚度符合要求。

6 - 14 $\quad I \geqslant 3\ 750 \text{ mm}^4,$ 选 25a 工字钢。

第 7 章

7 - 1

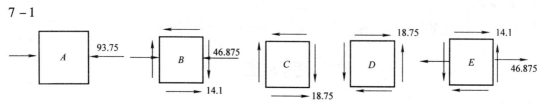

7 - 2 $\quad \sigma_1 = 160.5 \text{ MPa}, \sigma_2 = 0, \sigma_3 = -30.5 \text{ MPa}_{\circ}$

7 - 3

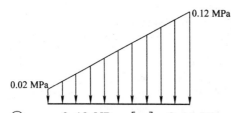

7 - 4 $\quad ① \sigma_{max} = 0.12 \text{ MPa} < [\sigma] = 0.15 \text{ MPa};$

$\qquad ② h \geqslant 372 \text{ mm};$

$\qquad ③ 取 h = 380 \text{ mm } 时, \sigma_{max}^{-} = -3.78 \text{ MPa}_{\circ}$

第 8 章

8 - 1 $\quad (a) P_{cr} = 2.5 \times 10^3 \text{ kN};$ $\qquad (b) P_{cr} = 2.6 \times 10^3 \text{ kN};$ $\qquad (c) P_{cr} = 5 \times 10^3 \text{ kN}_{\circ}$

8 - 2　①$P_{cr} = 37.5$ kN；　　　　　　②$P_{cr} = 53.2$ kN；　　　　　　③$P_{cr} = 459$ kN。

8 - 3　稳定性满足要求。

8 - 4　稳定性满足要求。

8 - 5　梁的强度和柱的稳定性均满足要求。

第9章

9 - 1　(a)(b)(c)(d)(f)(g)(h)(k)(l)(o)几何不变并无多余约束。

　　　(m)几何不变多一个约束。

　　　(e)(i)几何不变多二个约束。

　　　(j)几何不变多八个约束。

　　　(n)可变体系。

第10章

10 - 1　$M_B = -120$ kN · m。

10 - 2　$M_A = m$。

10 - 3　$M_B = 4$ kN · m，$M_H = -8$ kN · m。

10 - 4　略。

10 - 5　(a)$M_{DB} = 120$ kN · m(下侧受拉)；

　　　(b)$M_{BC} = 25$ kN · m(下侧受拉)，$M_{BA} = 20$ kN · m(右侧受拉)，$Q_{BC} = 0$，$Q_{BA} = 5$ kN，

　　　　$N_{BC} = 0$，$N_{BA} = 0$；

　　　(c)$M_{CB} = -340$ kN · m(上侧受拉)，$M_{BA} = -120$ kN · m(左侧受拉)，$Q_{BA} = -40$ kN，

　　　　$N_{BA} = -40$ kN；

　　　(d)$M_{BA} = 504$ kN · m(右侧受拉)，$M_{CB} = 544$ kN · m(下侧受拉)，$Q_{AB} = 168$ kN，

　　　　$Q_{DC} = -120$ kN，$N_{BC} = 168$ kN，$N_{CE} = 48$ kN。

10 - 6　(a)$M_{BA} = -\dfrac{P}{2}l$(左侧受拉)；

　　　(b)$M_{AB} = 30$ kN · m(左侧受拉)；

　　　(c)$M_{AB} = \dfrac{ql^2}{2}$(右侧受拉)；

　　　(d)$M_{BC} = 3Pa$(左侧受拉)；

　　　(e)$M_{BA} = 2Pa$(右侧受拉)；

　　　(f)$M_{BA} = 10$(左侧受拉)，$M_{EA} = 0$，$M_{EB} = 10$ kN · m(右侧受拉)，$M_{AB} = 20$ kN · m

　　　　(右侧受拉)；

　　　(g)$M_{BA} = -qa^2$(左侧受拉)，$M_{CD} = -2qa^2$(右侧受拉)；

　　　(h)$M_{AB} = -ql^2$(左侧受拉)，$M_{DC} = ql^2$(左侧受拉)；

　　　(i)$M_{BA} = \dfrac{ql^2}{2}$(左侧受拉)，$M_{BD} = -\dfrac{ql^2}{4}$(上侧受拉)；

(j) $M_{CB} = -2m$(上侧受拉)$, M_{CD} = -m$(上侧受拉)$;$

10 - 7 (a)$N_{BF} = 10\sqrt{3}$ kN$;$(b)$N_{BD} = -20$ kN。

10 - 8 (a)$H = 100$ kN$, M_{K1} = 125$ kN $\cdot$ m$, M_{K2} = -125$ kN $\cdot$ m$;$

(b)$H = 200$ kN$, M_{K1} = 125$ kN $\cdot$ m$, M_{K2} = -125$ kN $\cdot$ m$;$

第 11 章

11 - 1 $\Delta_C^H = \dfrac{4.83}{EA} Pa(\rightarrow)$。

11 - 2 $\Delta_D^V = 32.32 \dfrac{1}{EA}(\downarrow), \Delta_D^H = 15.98 \dfrac{1}{EA}(\leftarrow)$。

11 - 3 (a)$\Delta_A^V = \dfrac{ql^4}{8EI}(\downarrow), \varphi_A = \dfrac{ql^2}{6EI}(\searrow);$

(b)$\Delta_A^V = \dfrac{5Pl^3}{48EI}(\downarrow), \varphi_A = \dfrac{Pl^3}{8EI}(\searrow)$。

11 - 4 $\Delta_B^H = \dfrac{11ql^4}{24EI}(\rightarrow)$。

11 - 5 (a)$\Delta_C^V = \dfrac{pl^3}{48EI}(\downarrow), \varphi_A = \dfrac{pl^2}{16EI}(\searrow);$

(b)$\Delta_D^V = \dfrac{17ql^4}{1536EI}(\downarrow), \Delta_C^V = \dfrac{15ql^4}{2048EI}(\downarrow)$。

11 - 6 (a)$\varphi_B = \dfrac{qa^3}{3EI}(\searrow), \Delta_C^V = \dfrac{qa^4}{24EI}(\uparrow);$

(b)$\varphi_B = \dfrac{ql^3}{24EI}(\searrow), \Delta_C^V = \dfrac{ql^4}{24EI}(\downarrow);$

(c)$\varphi_B = \dfrac{ql^3}{24EI}(\searrow), \Delta_C^V = \dfrac{11ql^4}{384EI}(\downarrow)$。

11 - 7 (a)$\varphi_B = -\dfrac{60}{EI}(\searrow), \Delta_B^H = \dfrac{120}{EI}(\rightarrow);$

(b)$\varphi_A = \dfrac{9ql^3}{16EI}(\searrow), \varphi_B = \dfrac{11ql^3}{48EI}(\searrow);$

(c)$\Delta_C^V = \dfrac{1985}{6EI}(\downarrow);$

(d)$\varphi_B = \dfrac{Pa^2}{12EI}(\searrow), \Delta_C^V = \dfrac{Pa^3}{12EI}(\downarrow)$。

11 - 8 $\Delta_D^H = \dfrac{Pl^3}{3EI}(\rightarrow)$。

11 - 9 $\Delta_C^H = \dfrac{Hb}{l}(\rightarrow)$。

11 - 10 $\Delta_E^V = \dfrac{1}{2}\Delta_1(\uparrow)$。

11 - 11 (a)$\Delta_C^V = \dfrac{400}{3EI}(\downarrow);(b)\Delta_D^V = \dfrac{14}{EI}(\downarrow);(c)\Delta_C^V = \dfrac{5ql^4}{8EI}(\downarrow)$。

第 12 章

12 - 1　略。

12 - 2　略。

12 - 3　$\overline{M_C} = \dfrac{2}{3}m(D\,\text{点值})$，$\overline{Q_C} = -\dfrac{8.5}{3}m(D\,\text{点值})$。

12 - 4　$(M_C)_{\max} = 314\ \text{kN}\cdot\text{m}$，$(Q_C)_{\max} = 104.5\ \text{kN}$，$(Q_C)_{\min} = -27.3\ \text{kN}$。

12 - 5　$M_{\max} = 1\,246.08\ \text{kN}\cdot\text{m}(\text{下边受拉})$。

附录 I 平面图形的几何性质

材料力学所研究的杆件,其横截面都是具有一定几何形状的平面图形,与平面图形形状及尺寸有关的几何量,统称为平面图形的几何性质。这些几何量不仅与截面的大小有关,而且与截面的几何形状有关。它们包括形心、静矩、惯性矩、惯性积等。截面的几何性质是一个几何问题,与研究对象的物理、力学性质无关。截面的这些几何性质与杆件截面上的应力计算有关。下面集中讨论这些几何性质的概念和计算方法。

一、重心、形心及其相互关系

通过实验可以知道,无论物体怎样放置,其重力总是通过物体内的一个确定点,这个确定的点,称为物体的重心。物体重心的相对位置是确定的,它取决于物体的形状以及各部分物质的分布情况,与物体在空间的位置无关。

若将图 I -1 所示物体分割成许多微小部分,每一微小部分的重力分别为 G_1、G_2、$\cdots$、G_i,设 C 是该物体的重心。运用合力矩定理得到重心坐标公式如下:

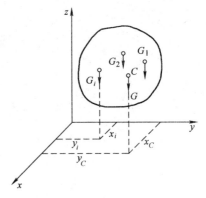

图 I -1

$$x_C = \frac{\sum x_i G_i}{G}$$

$$y_C = \frac{\sum y_i G_i}{G}$$

$$z_C = \frac{\sum z_i G_i}{G}$$

式中:x_i、y_i、z_i 为 G_i 的重心坐标,x_C、y_C、z_C 为物体的重心坐标。

若物体为均质的,设其密度为 ρ,总体积为 V,微元的体积为 V_i,则将 $G_i = \rho G V_i$ 代入重心坐标公式,有

$$x_C = \frac{\sum x_i V_i}{V} \quad y_C = \frac{\sum y_i V_i}{V} \quad z_C \frac{\sum z_i V_i}{V} \tag{I -1}$$

可见均质物体的重心位置完全取决于物体的几何形状,而与物体重量无关。根据物体的几何形状所确定的几何中心,称为形心。因此均质物体的重心也称为形心,对于均质物体来说,形心和重心是重合的。

若物体是等厚均质薄板,可消去板厚,从而可得平面图形形心坐标公式:

$$x_C = \frac{\sum x_i A_i}{A} \quad y_C = \frac{\sum y_i A_i}{A} \tag{I -2}$$

式中:A,A_i 分别为平面图形总面积和各微元的面积。

由式(Ⅰ-2)可见,当平面图形具有对称中心时,其对称中心就是形心,如有两个对称轴,形心就在对称轴的交点上,如有一个对称轴,其形心一定在对称轴上,具体位置必须经过计算才能确定。

　　工程构件的截面形状有时候是由几个简单基本图形组合而成,在确定其形心时,可将复杂图形分解为几个基本图形,应用公式(Ⅰ-1)求出组合图形的形心。

　　【例1】试确定图Ⅰ-2所示的 110 mm $\times$ 70 mm $\times$ 10 mm 的不等边角钢截面形心的位置(角钢的圆角可近似看成直角计算)。

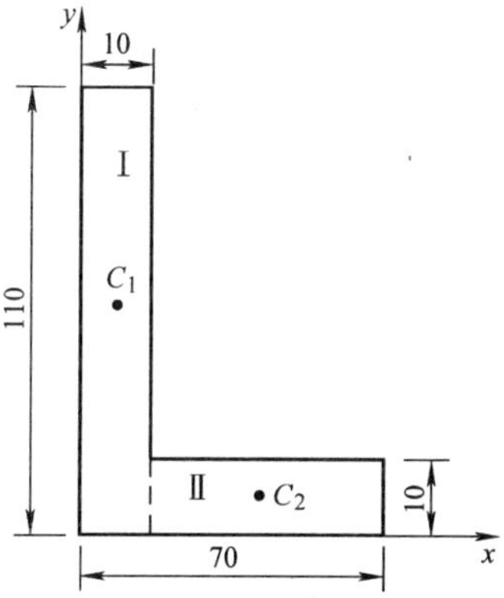

　　【解】将图形分为两个矩形,坐标如图所示。

　　Ⅰ块　　$A_1 = 110 \times 10 = 1\ 100\ \text{mm}^2$

　　　　　　$x_1 = 5\ \text{mm}\quad y_1 = 55\ \text{mm}$

　　Ⅱ块　　$A_2 = 60 \times 10 = 6\ 000\ \text{mm}^2$

　　　　　　$x_2 = 40\ \text{mm}\quad y_2 = 5\ \text{mm}$

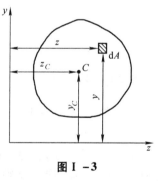

图 Ⅰ-2

代入形心坐标公式得

$$x_C = \frac{\sum x_i A_i}{A} = \frac{A_1 x_1 + A_2 x_2}{A_1 + A_2} = \frac{1\ 100 \times 5 + 600 \times 40}{1\ 100 + 600}\ \text{mm} = 17.4\ \text{mm}$$

$$y_C = \frac{\sum y_i A_i}{A} = \frac{A_1 y_1 + A_2 y_2}{A_1 + A_2} = \frac{1\ 100 \times 55 + 600 \times 5}{1\ 100 + 600}\ \text{mm} = 37.4\text{mm}$$

二、静矩、形心及其相互关系

1. 静矩的定义

图Ⅰ-3所示为任意平面图形,其面积为 A。平面上所有微面积 $\text{d}A$ 与其到 z 轴(或 y 轴)距离乘积的总和,称为该平面图形对 z 轴(或 y 轴)的静矩,用 S_z(或 S_y)表示,即

$$S_z = \int_A y \cdot \text{d}A$$

$$S_y = \int_A z \cdot \text{d}A$$

图 Ⅰ-3

由上式可见,静矩为代数量,它可为正,可为负,也可为零。常用单位为 m^3 或 mm^3。

2. 静矩与形心的关系

$$S_z = A \cdot y_C$$

$$S_y = A \cdot z_C$$

由上式可见当坐标轴通过截面的形心时,其静矩为零;反之,截面图形对某轴的静矩为零,则轴一定通过截面图形的形心。

3. 组合截面静矩的计算

$$S_z = \sum A_i \cdot y_{Ci}$$

$$S_y = \sum A_i \cdot z_{Ci}$$

式中:A_i为各简单图形的面积,y_{Ci}、z_{Ci}为各简单图形的形心坐标。

【例2】计算图Ⅰ-4所示T形截面对z轴的静矩。

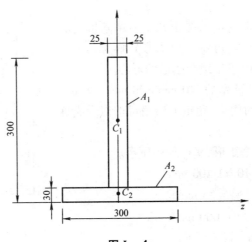

图Ⅰ-4

【解】将T形截面分为两个矩形,其面积分别为

$$A_1 = 50 \times 270 \text{mm}^3 = 13.5 \times 10^3 \text{ mm}^3$$

$$A_2 = 30 \times 300 \text{mm}^3 = 90 \times 10^3 \text{ mm}^3$$

$$y_{C1} = 165 \text{ mm} \quad y_{C2} = 15 \text{ mm}$$

截面对z轴的静矩:

$$S_z = \sum A_i \cdot y_{Ci} = A_1 \cdot y_{C1} + A_2 \cdot y_{C2}$$
$$= (13.5 \times 10^3 \times 165 + 90 \times 10^3 \times 15) \text{ mm}^3$$
$$= 2.36 \times 10^6 \text{ mm}^3$$

三、惯性矩、惯性积

1. 惯性矩、惯性积的定义

(1)惯性矩

如图Ⅰ-3所示,任意平面图形上所有微面积dA与其到z轴(或y轴)距离平方乘积的总和,称为该平面图形对z轴(或y轴)的惯性矩,用I_z(或I_y)表示,即

$$I_z = \int_A y^2 dA$$

$$I_y = \int_A z^2 dA$$

上式表明,惯性矩恒大于零,常用单位为m^4或mm^4。

(2)惯性积

如图Ⅰ-3所示,任意平面图形上所有微面积dA与其到z、y两轴距离的乘积的总和,称为该平面图形对z、y轴的惯性积,用I_{zy}表示,即

$$I_{zy} = \int_A zy dA$$

惯性积可为正,可为负,也可为零,常用单位为m^4或mm^4。可以证明,在两正交坐标轴

中,只要 z、y 轴之一为平面图形的对称轴,则平面图形对 z、y 轴的惯性积就一定等于零。

（3）简单图形的惯性矩（图Ⅰ-5）

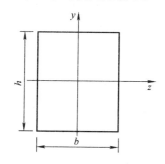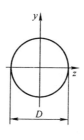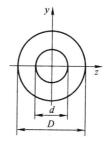

图Ⅰ-5

简单图形对形心轴的惯性矩（由定义式积分可得）：

矩形　　　　$I_z = \dfrac{bh^3}{12}$　　$I_y = \dfrac{hb^3}{12}$

圆形　　　　$I_z = I_y = \dfrac{\pi D^4}{64}$

圆环形　　　$I_z = I_y = \dfrac{\pi(D^4 - d^4)}{64}$

2. 组合图形的惯性矩

在力学计算中,需要计算组合图形对其形心轴的惯性矩。如图Ⅰ-6所示的 T 形截面,要计算 I_{zC} 可将 T 形分解为两个矩形分别计算出对 z_C 轴的惯性矩 I_{1zC} 和 I_{2zC},并把它们相加,就得到整个图形对 z_C 轴的惯性矩,即

$$I_{zC} = I_{1zC} + I_{2zC}$$

3. 惯性矩的平行移轴公式

$$I_{1zC} = I_{zC1} + a^2 A_1$$
$$I_{2zC} = I_{zC2} + b^2 A_2$$

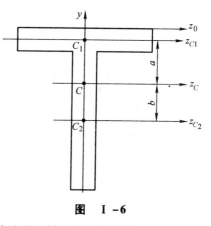

图Ⅰ-6

应用惯性矩的平行移轴公式,可以计算出组合图形对形心轴的惯性矩,即

$$I_{zC} = I_{1zC} + I_{2zC} = I_{zC1} + a^2 A_1 + I_{zC2} + b^2 A_2$$

四、形心主惯性轴和形心主惯性矩的概念

若截面对某坐标轴的惯性积 $I_{xy} = 0$,则这对坐标轴 x、y 称为截面的主惯性轴,简称主轴,截面对主轴的惯性矩称为主惯性矩。通过形心的主惯性轴称为形心主惯性轴,简称形心主轴。截面对形心主轴的惯性矩称为形心主惯性矩,简称形心主惯矩。

凡通过截面形心,且包含有一根对称轴的一对相互垂直的坐标轴一定是形心主轴。图形对这两根轴的惯性矩都是形心主惯性矩。

可以证明:形心主惯性矩是图形对通过形心各轴的惯性矩中的最大者和最小者。常见平面图形的几何性质见表Ⅰ-1。

表 I –1　常用平面图形的几何性质

图形形状和形心轴位置	面积 A	惯性矩		惯性半径	
		I_x	I_y	i_x	i_y
	bh	$\dfrac{bh^3}{12}$	$\dfrac{b^3h}{12}$	$\dfrac{h}{2\sqrt{3}}$	$\dfrac{b}{2\sqrt{3}}$
	$\dfrac{bh}{2}$	$\dfrac{b^3h}{36}$	$\dfrac{b^3h}{36}$	$\dfrac{h}{3\sqrt{2}}$	$\dfrac{b}{3\sqrt{2}}$
	$\dfrac{\pi d^2}{4}$	$\dfrac{\pi d^4}{64}$	$\dfrac{\pi d^4}{64}$	$\dfrac{d}{4}$	$\dfrac{d}{4}$
	$\dfrac{\pi D^2}{4}(1-\alpha^2)$ $\alpha=\dfrac{d}{D}$	$\dfrac{\pi D^4}{64}(1-\alpha^4)$	$\dfrac{\pi D^4}{64}(1-\alpha^4)$	$\dfrac{D}{4}\sqrt{1+\alpha^2}$	$\dfrac{D}{4}\sqrt{1+\alpha^2}$

附录Ⅱ 型钢规格表

表Ⅱ-1 热轧等边角钢(GB/T 9787—1988)

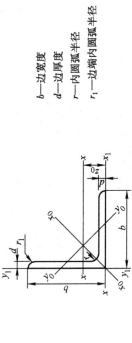

b—边宽度
d—边厚度
r—内圆弧半径
r₁—边端内圆弧半径

I—惯性矩
i—惯性半径
W—截面系数
z_0—重心距离

角钢号数	尺寸/mm b	d	r	截面面积/cm²	理论重量/(kg·m⁻¹)	外表面积/(m²·m⁻¹)	参考数值 x—x I_x/cm⁴	i_x/cm	W_x/cm³	x₀—x₀ I_{x0}/cm⁴	i_{x0}/cm	W_{x0}/cm³	y₀—y₀ I_{y0}/cm⁴	i_{y0}/cm	W_{y0}/cm³	x₁—x₁ I_{x1}/cm⁴	z_0/cm
2	20	3	3.5	1.132	0.889	0.078	0.40	0.59	0.29	0.63	0.75	0.45	0.17	0.39	0.20	0.81	0.60
		4		1.459	1.145	0.077	0.50	0.58	0.36	0.78	0.73	0.55	0.22	0.38	0.24	1.09	0.64
2.5	25	3		1.432	1.124	0.098	0.82	0.76	0.46	1.29	0.95	0.73	0.34	0.49	0.33	1.57	0.73
		4		1.859	1.459	0.097	1.03	0.74	0.59	1.62	0.93	0.92	0.43	0.48	0.40	2.11	0.76
3.0	30	3		1.749	1.373	0.117	1.46	0.91	0.68	2.31	1.15	1.09	0.61	0.59	0.51	2.71	0.85
		4		2.276	1.786	0.117	1.84	0.90	0.87	2.92	1.13	1.37	0.77	0.58	0.62	3.63	0.89
3.6	36	3	4.5	2.109	1.656	0.141	2.58	1.11	0.99	4.09	1.39	1.61	1.07	0.71	0.76	4.68	1.00
		4		2.756	2.163	0.141	3.29	1.09	1.28	5.22	1.38	2.05	1.37	0.70	0.93	6.25	1.04
		5		3.382	2.654	0.141	3.95	1.08	1.56	6.24	1.36	2.45	1.65	0.70	1.09	7.84	1.07

续表

角钢号数	尺寸/mm			截面面积 /cm²	理论重量 /(kg·m⁻¹)	外表面积 /(m²·m⁻¹)	参考数值											
	b	d	r				x—x			x_0—x_0			y_0—y_0			x_1—x_1	z_0/cm
							I_x/cm⁴	i_x/cm	W_x/cm³	I_{x0}/cm⁴	i_{x0}/cm	W_{x0}/cm³	I_{y0}/cm⁴	i_{y0}/cm	W_{y0}/cm³	I_{x1}/cm⁴	
4.0	40	3	5	2.359	1.852	0.157	3.59	1.23	1.23	5.69	1.55	2.01	1.49	0.79	0.96	6.41	1.09
		4		3.086	2.422	0.157	4.60	1.22	1.60	7.29	1.54	2.58	1.91	0.79	1.19	8.56	1.13
		5		3.791	2.976	0.156	5.53	1.21	1.96	8.76	1.52	3.10	2.30	0.78	1.39	10.74	1.17
4.5	45	3	5	2.659	2.088	0.177	5.17	1.40	1.58	8.20	1.76	2.58	2.14	0.89	1.24	9.12	1.22
		4		3.486	2.736	0.177	6.65	1.38	2.05	10.56	1.74	3.32	2.75	0.89	1.54	12.18	1.26
		5		4.292	3.369	0.176	8.04	1.37	2.51	12.74	1.72	4.00	3.33	0.88	1.81	15.25	1.30
		6		5.076	3.985	0.176	9.33	1.36	2.95	14.76	1.70	4.64	3.89	0.88	2.06	18.36	1.33
5	50	3	5.5	2.971	2.332	0.197	7.18	1.55	1.96	11.37	1.96	3.22	2.98	1.00	1.57	12.50	1.34
		4		3.897	3.059	0.197	9.26	1.54	2.56	14.70	1.94	4.16	3.82	0.99	1.96	16.69	1.38
		5		4.803	3.770	0.196	11.21	1.53	3.13	17.79	1.92	5.03	4.64	0.98	2.31	20.90	1.42
		6		5.688	4.465	0.196	13.05	1.52	3.68	20.68	1.91	5.85	5.42	0.98	2.63	25.14	1.46
5.6	56	3	6	3.343	2.624	0.221	10.19	1.75	2.48	16.14	2.20	4.08	4.24	1.13	2.02	17.56	1.48
		4		4.390	3.446	0.220	13.18	1.73	3.24	20.92	2.18	5.28	5.46	1.11	2.52	23.43	1.53
		5		5.415	4.251	0.220	16.02	1.72	3.97	25.42	2.17	6.42	6.61	1.10	2.98	29.33	1.57
		8		8.367	6.568	0.219	23.63	1.68	6.03	37.37	2.11	9.44	9.89	1.09	4.16	47.24	1.68
6.3	63	4	7	4.978	3.907	0.248	19.03	1.96	4.13	30.17	2.46	6.78	7.78	1.26	3.29	33.35	1.70
		5		6.143	4.822	0.248	23.17	1.94	5.08	36.77	2.45	8.25	9.57	1.25	3.90	41.73	1.74
		6		7.288	5.721	0.247	27.12	1.93	6.00	43.03	2.43	9.66	11.20	1.24	4.46	50.14	1.78
		8		9.515	7.469	0.247	34.46	1.90	7.75	54.56	2.40	12.25	14.33	1.23	5.47	67.11	1.85
		10		11.657	9.151	0.246	41.09	1.88	9.39	64.85	2.36	14.56	17.33	1.22	6.36	84.31	1.93
7	70	4	8	5.570	4.372	0.275	26.39	2.18	5.14	41.80	2.74	8.44	10.99	1.40	4.17	45.74	1.86
		5		6.875	5.397	0.275	32.21	2.16	6.32	51.08	2.73	10.32	13.34	1.39	4.95	57.21	1.91

续表

角钢号数	尺寸/mm b	尺寸/mm d	尺寸/mm r	截面面积/cm²	理论重量/(kg·m⁻¹)	外表面积/(m²·m⁻¹)	x—x I_x/cm⁴	x—x i_x/cm	x—x W_x/cm³	x_0—x_0 I_{x0}/cm⁴	x_0—x_0 i_{x0}/cm	x_0—x_0 W_{x0}/cm³	y_0—y_0 I_{y0}/cm⁴	y_0—y_0 i_{y0}/cm	y_0—y_0 W_{y0}/cm³	x_1—x_1 I_{x1}/cm⁴	z_0/cm
7	70	6	8	8.160	6.406	0.275	37.77	2.15	7.48	59.93	2.71	12.11	15.61	1.38	5.67	68.73	1.95
		7		9.424	7.398	0.275	43.09	2.14	8.59	68.35	2.69	13.81	17.82	1.38	6.34	80.29	1.99
		8		10.667	8.373	0.274	48.17	2.12	9.68	76.37	2.68	15.43	19.98	1.37	6.98	91.92	2.03
7.5	75	5	9	7.412	5.818	0.295	39.97	2.33	7.32	63.30	2.92	11.94	16.63	1.50	5.77	70.56	2.04
		6		8.797	6.905	0.294	46.95	2.31	8.64	74.38	2.90	14.02	19.51	1.49	6.67	84.55	2.07
		7		10.160	7.976	0.294	53.57	2.30	9.93	84.96	2.89	16.02	22.18	1.48	7.44	98.71	2.11
		8		11.503	9.030	0.294	59.96	2.28	11.20	95.07	2.88	17.93	24.86	1.47	8.19	112.97	2.15
		10		14.126	11.089	0.293	71.98	2.26	13.64	113.92	2.84	21.48	30.05	1.46	9.56	141.71	2.22
8	80	5	9	7.912	6.211	0.315	48.79	2.48	8.34	77.33	3.13	13.67	20.25	1.60	6.66	85.36	2.15
		6		9.397	7.376	0.314	57.35	2.47	9.87	90.98	3.11	16.08	23.72	1.59	7.65	102.50	2.19
		7		10.860	8.525	0.314	65.58	2.46	11.37	104.07	3.10	18.40	27.09	1.58	8.58	119.70	2.23
		8		12.303	9.658	0.314	73.49	2.44	12.83	116.60	3.08	20.61	30.39	1.57	9.46	136.97	2.27
		10		15.126	11.874	0.313	88.43	2.42	15.64	140.09	3.04	24.76	36.77	1.56	11.08	171.74	2.35
9	90	6	10	10.637	8.350	0.354	82.77	2.79	12.61	131.26	3.51	20.63	34.28	1.80	9.95	145.87	2.44
		7		12.301	9.656	0.354	94.83	2.78	14.54	150.47	3.50	23.64	39.18	1.78	11.19	170.30	2.48
		8		13.944	10.946	0.353	106.47	2.76	16.42	168.97	3.48	26.55	43.97	1.78	12.35	194.80	2.52
		10		17.167	13.476	0.353	128.58	2.74	20.07	203.90	3.45	32.04	53.26	1.76	14.52	244.07	2.59
		12		20.306	15.940	0.352	149.22	2.71	23.57	236.21	3.41	37.12	62.22	1.75	16.49	293.76	2.67
10	100	6	12	119.32	9.366	0.393	114.95	3.01	15.68	181.98	3.90	25.74	47.92	2.00	12.69	200.07	2.67
		7		13.796	10.830	0.393	131.86	3.09	18.10	208.97	3.89	29.55	54.74	1.99	14.26	233.54	2.71
		8		15.638	12.276	0.393	148.24	3.08	20.47	235.07	3.88	33.24	61.41	1.98	15.75	267.09	2.76
		10		19.261	15.120	0.392	179.51	3.05	25.06	284.68	3.84	40.26	74.35	1.96	18.54	334.48	2.84

续表

角钢号数	尺寸/mm b	d	r	截面面积/cm²	理论重量/(kg·m⁻¹)	外表面积/(m²·m⁻¹)	参考数值 x—x I_x/cm⁴	i_x/cm	W_x/cm³	x_0—x_0 I_{x0}/cm⁴	i_{x0}/cm	W_{x0}/cm³	y_0—y_0 I_{y0}/cm⁴	i_{y0}/cm	W_{y0}/cm³	x_1—x_1 I_{x1}/cm⁴	z_0/cm
10	100	12	12	22.800	17.898	0.391	208.90	3.03	29.48	330.95	3.81	46.80	86.84	1.95	21.08	402.34	2.91
		14		26.256	20.611	0.391	236.53	3.00	33.73	374.06	3.77	52.90	99.0	1.94	23.44	470.75	2.99
		16		29.627	23.257	0.390	262.53	2.98	37.82	414.16	3.74	58.57	110.89	1.94	25.63	539.80	3.06
11	110	7	12	15.196	11.928	0.433	177.16	3.41	22.05	280.94	4.30	36.12	73.38	2.20	17.51	310.64	2.96
		8		17.238	13.532	0.433	199.46	3.40	24.95	316.49	4.28	40.69	82.42	2.19	19.39	355.20	3.01
		10		21.261	16.690	0.432	242.19	3.38	30.60	384.39	4.25	49.42	99.98	2.17	22.91	444.65	3.09
		12		25.200	19.782	0.431	282.55	3.35	36.05	448.17	4.22	57.62	116.93	2.15	26.15	534.60	3.16
		14		29.056	22.809	0.431	320.71	3.32	41.31	508.01	4.18	65.31	133.40	2.14	29.14	625.16	3.24
12.5	125	8	14	19.750	15.504	0.492	297.03	3.88	32.52	470.89	4.88	53.28	123.16	2.50	25.86	521.01	3.37
		10		24.373	19.133	0.491	361.67	3.85	39.97	573.89	4.85	64.93	149.46	2.48	30.62	651.93	3.45
		12		28.912	22.696	0.491	423.16	3.83	47.17	671.44	4.82	75.96	174.88	2.46	35.03	783.42	3.53
		14		33.367	26.193	0.490	481.65	3.80	54.16	763.76	4.78	86.41	199.57	2.45	39.13	915.61	3.61
14	140	10	14	27.373	21.488	0.551	514.65	4.34	50.58	817.27	5.46	82.56	212.04	2.78	39.20	915.11	3.82
		12		32.512	25.522	0.551	603.68	4.31	59.80	958.79	5.43	96.85	248.57	2.76	45.02	1099.28	3.90
		14		37.567	29.490	0.550	688.81	4.28	68.75	1093.56	5.40	110.47	284.06	2.75	50.45	1284.22	3.98
		16		42.539	33.393	0.549	770.24	4.26	77.46	1221.81	5.36	123.42	318.67	2.74	55.55	1470.07	4.06
16	160	10	16	31.502	24.729	0.630	779.53	4.98	66.70	1237.30	6.27	109.36	321.76	3.20	52.76	1365.33	4.31
		12		37.441	29.391	0.630	916.58	4.95	78.98	1455.68	6.24	128.67	377.49	3.18	60.74	1639.57	4.39
		14		43.296	33.987	0.629	1048.36	4.92	90.95	1665.02	6.20	147.17	431.70	3.16	68.24	1914.68	4.47
		16		49.067	38.518	0.629	1175.08	4.89	102.63	1865.57	6.17	164.89	484.59	3.14	75.31	2190.82	4.55
18	180	12	16	42.241	33.159	0.710	1321.35	5.59	100.82	2100.10	7.05	165.00	542.61	3.58	78.41	2332.80	4.89
		14		48.896	38.383	0.709	1514.48	5.56	116.25	2407.42	7.02	189.14	625.53	3.56	88.38	2723.48	4.97

续表

角钢号数	尺寸/mm b	尺寸/mm d	尺寸/mm r	截面面积/cm²	理论重量/(kg·m⁻¹)	外表面积/(m²·m⁻¹)	I_x/cm⁴	i_x/cm	W_x/cm³	I_{x0}/cm⁴	i_{x0}/cm	W_{x0}/cm³	I_{y0}/cm⁴	i_{y0}/cm	W_{y0}/cm³	I_{x1}/cm⁴	z_0/cm
18	180	16	16	55.467	43.542	0.709	1700.99	5.54	131.13	2703.37	6.98	212.40	698.60	3.55	97.83	3115.29	5.05
		18		61.955	48.634	0.708	1875.12	5.50	145.64	2988.24	6.94	234.78	762.01	3.51	105.14	3502.43	5.13
20	200	14	18	54.642	42.894	0.788	2103.55	6.20	144.70	3343.26	7.82	236.40	863.83	3.98	111.82	3734.10	5.46
		16		62.013	48.680	0.788	2366.15	6.18	163.65	3760.89	7.79	265.93	971.41	3.96	123.96	4270.39	5.54
		18		69.301	54.401	0.787	2620.64	6.15	182.22	4164.54	7.75	294.48	1076.74	3.94	135.52	4808.13	5.62
		20		76.505	60.056	0.787	2867.30	6.12	200.42	4554.55	7.72	322.06	1180.04	3.93	146.55	5347.51	5.69
		24		90.661	71.168	0.785	3338.25	6.07	236.17	5294.97	7.64	374.41	1381.53	3.90	166.65	6457.16	5.87

表Ⅱ-2 热轧不等边角钢（GB/T 9788—1988）

B—长边宽度
b—短边宽度
d—边厚度
r—内圆弧半径
r_1—边端内圆弧半径
i—惯性半径
x_0—重心距离

b—短边宽度
r—内圆弧半径
I—惯性矩
W—截面系数
y_0—重心距离

角钢号数	尺寸/mm B	尺寸/mm b	尺寸/mm d	尺寸/mm r	截面面积/cm²	理论重量/(kg·m⁻¹)	外表面积/(m²·m⁻¹)	I_x/cm⁴	i_x/cm	W_x/cm³	I_y/cm⁴	i_y/cm	W_y/cm³	I_{x1}/cm⁴	y_0/cm	I_{y1}/cm⁴	x_0/cm	I_x/cm⁴	i_x/cm	W_u/cm³	tan α
2.5/1.6	25	16	3	3.5	1.162	0.912	0.080	0.70	0.78	0.43	0.22	0.44	0.19	1.56	0.86	0.43	0.42	0.14	0.34	0.16	0.392
			4		1.499	1.176	0.079	0.88	0.77	0.55	0.27	0.43	0.24	2.09	0.90	0.59	0.46	0.17	0.34	0.20	0.381

续表

角钢号数	B	b	d	r	截面面积/cm²	理论重量/(kg·m⁻¹)	外表面积/(m²·m⁻¹)	I_x/cm⁴ (x—x)	i_x/cm	W_x/cm³	I_y/cm⁴ (y—y)	i_y/cm	W_y/cm³	I_{x1}/cm⁴ (x₁—x₁)	y_0/cm	I_{y1}/cm⁴ (y₁—y₁)	x_0/cm	I_x/cm⁴ (u—u)	i_x/cm	W_u/cm³	$\tan\alpha$
3.2/2	32	20	3	3.5	1.492	1.171	0.102	1.53	1.01	0.72	0.46	0.55	0.30	3.27	1.08	0.82	0.49	0.28	0.43	0.25	0.382
3.2/2	32	20	4	3.5	1.939	1.522	0.101	1.93	1.00	0.93	0.57	0.54	0.39	4.37	1.12	1.12	0.53	0.35	0.42	0.32	0.374
4/2.5	40	25	3	4	1.890	1.484	0.127	3.08	1.28	1.15	0.93	0.70	0.49	5.39	1.32	1.59	0.59	0.56	0.54	0.40	0.385
4/2.5	40	25	4	4	2.467	1.936	0.127	3.93	1.26	1.49	1.18	0.69	0.63	8.53	1.37	2.14	0.63	0.71	0.54	0.52	0.381
4.5/2.8	45	28	3	5	2.149	1.687	0.143	4.45	1.44	1.47	1.34	0.79	0.62	9.10	1.47	2.23	0.64	0.80	0.61	0.51	0.383
4.5/2.8	45	28	4	5	2.806	2.203	0.143	5.69	1.42	1.91	1.70	0.78	0.80	12.13	1.51	3.00	0.68	1.02	0.60	0.66	0.380
5/3.2	50	32	3	5.5	2.431	1.908	0.161	6.24	1.60	1.84	2.02	0.91	0.82	12.49	1.60	3.31	0.73	1.20	0.70	0.68	0.404
5/3.2	50	32	4	5.5	3.177	2.494	0.160	8.02	1.59	2.39	2.58	0.90	1.06	16.65	1.65	4.45	0.77	1.53	0.69	0.87	0.402
5.6/3.6	56	36	3	6	2.743	2.153	0.181	8.88	1.80	2.32	2.92	1.03	1.05	17.54	1.78	4.70	0.80	1.73	0.79	0.87	0.408
5.6/3.6	56	36	4	6	3.590	2.818	0.180	11.45	1.79	3.03	3.76	1.02	1.37	23.39	1.82	6.33	0.85	2.23	0.79	1.13	0.408
5.6/3.6	56	36	5	6	4.415	3.466	0.180	13.86	1.77	3.71	4.49	1.01	1.65	29.25	1.87	7.94	0.88	2.67	0.78	1.36	0.404
6.3/4	63	40	4	7	4.058	3.185	0.202	16.49	2.02	3.87	5.23	1.14	1.70	33.30	2.04	8.63	0.92	3.12	0.88	1.40	0.398
6.3/4	63	40	5	7	4.993	3.920	0.202	20.02	2.00	4.74	6.31	1.12	2.71	41.63	2.08	10.86	0.95	3.76	0.87	1.71	0.396
6.3/4	63	40	6	7	5.908	4.638	0.201	23.36	1.96	5.59	7.29	1.11	2.43	49.98	2.12	13.12	0.99	4.34	0.86	1.99	0.393
6.3/4	63	40	7	7	6.802	5.339	0.201	26.53	1.98	6.40	8.24	1.10	2.78	58.07	2.15	15.47	1.03	4.97	0.86	2.29	0.389
7/4.5	70	45	4	7.5	4.547	3.570	0.226	23.17	2.26	4.86	7.55	1.29	2.17	45.92	2.24	12.26	1.02	4.40	0.98	1.77	0.410
7/4.5	70	45	5	7.5	5.609	4.403	0.225	27.95	2.23	5.92	9.13	1.28	2.65	57.10	2.28	15.39	1.06	5.40	0.98	2.19	0.477
7/4.5	70	45	6	7.5	6.647	5.218	0.225	32.54	2.21	6.95	10.62	1.26	3.12	68.35	2.32	18.58	1.09	6.35	0.98	2.59	0.404
7/4.5	70	45	7	7.5	7.657	6.011	0.225	37.22	2.20	8.03	12.01	1.25	3.57	79.99	2.36	21.84	1.13	7.16	0.97	2.94	0.402
7.5/5	75	50	5	8	6.125	4.808	0.245	34.86	2.39	6.83	12.61	1.44	3.30	70.00	2.40	21.04	1.17	7.41	1.10	2.74	0.435
7.5/5	75	50	6	8	7.260	5.699	0.245	41.12	2.38	8.12	14.70	1.42	3.88	84.30	2.44	25.37	1.21	8.54	1.08	3.19	0.435

续表

角钢号数	B	b	d	r	截面面积/cm²	理论重量/(kg·m⁻¹)	外表面积/(m²·m⁻¹)	I_x/cm⁴	i_x/cm	W_x/cm³	I_y/cm⁴	i_y/cm	W_y/cm³	I_{x1}/cm⁴	y_0/cm	I_{y1}/cm⁴	x_0/cm	I_u/cm⁴	i_u/cm	W_u/cm³	tan α
								x—x			y—y			x₁—x₁		y₁—y₁		u—u			
7.5	75	50	8	8	9.467	7.431	0.244	52.39	2.35	10.52	18.53	1.40	4.99	112.50	2.52	34.23	1.29	10.87	1.07	4.10	0.429
			10		11.590	9.098	0.244	62.71	2.33	12.79	21.96	1.38	6.04	140.80	2.60	43.43	1.36	13.10	1.06	4.99	0.423
8/5	80	50	5	8	6.375	5.005	0.255	41.96	2.56	7.78	12.82	1.42	3.32	85.21	2.60	21.06	1.14	7.66	1.10	2.74	0.388
			6		7.560	5.935	0.255	49.49	2.56	9.25	14.95	1.41	3.91	102.53	2.65	25.41	1.18	8.85	1.08	3.20	0.387
			7		8.724	6.848	0.255	56.16	2.54	10.58	16.96	1.39	4.48	119.33	2.69	29.82	1.21	10.18	1.08	3.70	0.384
			8		9.867	7.745	0.254	62.83	2.52	11.92	18.85	1.38	5.03	136.41	2.73	34.32	1.25	11.38	1.07	4.16	0.381
9/5.6	90	56	5	9	7.212	5.661	0.287	60.45	2.90	9.92	18.32	1.59	4.21	121.32	2.91	29.53	1.25	10.98	1.23	3.49	0.385
			6		8.557	6.717	0.286	71.03	2.88	11.74	21.42	1.58	4.96	145.59	2.95	35.58	1.29	12.90	1.23	4.13	0.384
			7		9.880	7.756	0.286	81.01	2.86	13.49	24.36	1.57	5.70	169.60	3.00	41.71	1.33	14.67	1.22	4.72	0.382
			8		11.183	8.779	0.286	91.03	2.85	15.27	27.15	1.56	6.41	194.17	3.04	47.93	1.36	16.34	1.21	5.29	0.380
10/6.3	100	63	6	10	9.617	7.550	0.320	99.06	3.21	14.64	30.94	1.79	6.35	199.71	3.24	50.50	1.43	18.42	1.38	5.25	0.394
			7		11.111	8.722	0.320	113.45	3.20	16.88	35.26	1.78	7.29	233.00	3.28	59.14	1.47	21.00	1.38	6.02	0.394
			8		12.584	9.878	0.319	127.37	3.18	19.08	39.39	1.77	8.21	266.32	3.32	67.88	1.50	23.50	1.37	6.78	0.391
			10		15.467	12.142	0.319	153.81	3.15	23.32	47.12	1.74	9.98	333.06	3.40	85.73	1.58	28.33	1.35	8.24	0.387
10/8	100	80	6	10	10.637	8.350	0.354	107.04	3.17	15.19	61.24	2.40	10.16	199.83	2.95	102.68	1.97	31.65	1.72	8.37	0.627
			7		12.301	9.656	0.354	122.73	3.16	17.52	70.08	2.39	11.71	233.20	3.00	119.98	2.01	36.17	1.72	9.60	0.626
			8		13.944	10.946	0.353	137.92	3.14	19.81	78.58	2.37	13.21	266.61	3.04	137.37	2.05	40.58	1.71	10.80	0.625
			10		17.167	13.476	0.353	166.87	3.12	24.24	94.65	2.35	16.12	333.63	3.12	172.48	2.13	49.10	1.69	13.12	0.622
11/7	110	70	6	10	10.637	8.350	0.354	133.37	3.54	17.85	42.92	2.01	7.90	265.78	3.53	69.08	1.57	25.36	1.54	6.53	0.403
			7		12.301	9.656	0.354	153.00	3.53	20.60	49.01	2.00	9.09	310.07	3.57	80.82	1.61	28.95	1.53	7.50	0.402
			8		13.944	10.946	0.353	172.04	3.51	23.30	54.87	1.98	10.25	354.39	3.62	92.70	1.65	32.45	1.53	8.45	0.401

续表

角钢号数	B (尺寸/mm)	b	d	r	截面面积/cm²	理论重量/(kg·m⁻¹)	外表面积/(m²·m⁻¹)	I_x/cm⁴ (x—x)	i_x/cm	W_x/cm³	I_y/cm⁴ (y—y)	i_y/cm	W_y/cm³	I_{x1}/cm⁴ (x₁—x₁)	y_0/cm	I_{y1}/cm⁴ (y₁—y₁)	x_0/cm	I_x/cm⁴ (u—u)	i_x/cm	W_u/cm³	tan α
11/7	110	70	10	10	17.167	13.476	0.353	208.39	3.48	28.54	65.88	1.96	12.48	443.13	3.70	116.83	1.72	39.20	1.51	10.29	0.397
12.5/8	125	80	7	11	14.096	11.096	0.403	227.98	4.02	26.86	74.42	2.30	12.01	454.99	4.01	120.32	1.80	43.81	1.76	9.92	0.408
			8		15.989	12.551	0.403	256.77	4.01	30.41	83.49	2.28	13.56	519.99	4.06	137.85	1.84	49.15	1.75	11.18	0.407
			10		19.712	15.474	0.402	312.04	3.98	37.33	100.67	2.26	16.56	650.09	4.14	173.40	1.92	59.45	1.74	13.64	0.404
			12		23.351	18.330	0.402	364.41	3.95	44.01	116.67	2.24	19.43	780.39	4.22	209.67	2.00	69.35	1.72	16.01	0.400
14/9	140	90	8	12	18.038	14.160	0.453	365.64	4.50	38.48	120.69	2.59	17.34	730.53	4.50	195.79	2.04	70.83	1.98	14.31	0.411
			10		22.261	17.475	0.452	445.50	4.47	47.31	140.03	2.56	21.22	913.20	4.58	245.92	2.12	85.82	1.96	17.48	0.409
			12		26.400	20.724	0.451	521.59	4.44	55.87	169.79	2.54	24.95	1096.09	4.66	296.89	2.19	100.21	1.95	20.54	0.406
			14		30.456	23.908	0.451	594.10	4.42	64.18	192.10	2.51	28.54	1279.26	4.74	348.82	2.27	114.13	1.94	23.52	0.403
16/10	160	100	10	13	25.315	19.872	0.512	668.69	5.14	62.13	205.03	2.85	26.56	1362.89	5.24	336.59	2.28	121.74	2.19	21.92	0.390
			12		30.054	23.592	0.511	784.91	5.11	73.49	239.06	2.82	31.28	1635.56	5.32	405.94	2.36	142.33	2.17	25.79	0.388
			14		34.709	27.247	0.510	896.30	5.08	84.56	271.20	2.80	35.83	1908.50	5.40	476.42	2.43	162.23	2.16	29.56	0.385
			16		39.281	30.835	0.510	1003.04	5.05	95.33	301.60	2.77	40.24	2181.79	5.48	548.22	2.51	182.57	2.16	33.44	0.382
18/11	180	110	10	14	28.373	22.273	0.571	956.25	5.80	78.96	278.11	3.13	32.49	1940.40	5.89	447.22	2.44	166.50	2.42	26.88	0.376
			12		33.712	26.464	0.571	1124.72	5.78	93.53	325.03	3.10	38.32	2328.38	5.98	538.94	2.52	194.87	2.40	31.66	0.374
			14		38.967	30.589	0.570	1286.91	5.75	107.76	369.55	3.08	43.97	2716.60	6.06	631.95	2.59	222.30	2.39	36.32	0.372
			16		44.139	34.649	0.569	1443.06	5.72	121.64	411.85	3.06	49.44	3105.15	6.14	726.46	2.67	248.94	2.38	40.87	0.369
20/12.5	200	125	12	14	37.912	29.761	0.641	1570.90	6.44	116.73	483.16	3.57	49.99	3193.85	6.54	787.74	2.83	285.79	2.74	41.23	0.392
			14		43.867	34.436	0.640	1800.97	6.41	134.65	550.83	3.54	57.44	3726.17	6.02	922.47	2.91	326.58	2.73	47.34	0.390
			16		49.739	39.045	0.639	2023.35	6.38	152.18	615.44	3.52	64.69	4258.86	6.70	1058.86	2.99	366.21	2.71	53.32	0.388
			18		55.526	43.588	0.639	2238.30	6.35	169.33	677.19	3.49	71.74	4792.00	6.78	1197.13	3.06	404.83	2.70	59.18	0.385

表Ⅱ-3 热轧槽钢(GB/T 707—1988)

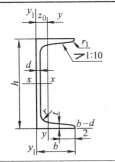

h—高度　　　　　　　r_1—腿端圆弧半径

b—腿宽度　　　　　　I—惯性矩

d—腰厚度　　　　　　W—截面系数

t—平均腿厚度　　　　i—惯性半径

r—内圆弧半径　　　　z_0—y 轴与 y_1 轴间距

型号		尺寸/mm						截面面积 /cm²	理论重量 /(kg·m⁻¹)	参考数值							z_0/cm
										x—x			y—y			y_1—y_1	
		h	b	d	t	r	r_1			W_x /cm³	I_x /cm⁴	i_x /cm	W_y /cm³	I_y /cm⁴	i_y /cm	I_{y1} /cm⁴	
5		50	37	4.5	7	7.0	3.5	6.928	5.438	10.4	26.0	1.96	3.55	8.30	1.10	20.9	1.35
6.3		63	40	4.8	7.5	7.5	3.8	8.451	6.634	16.1	50.8	2.45	4.50	11.9	1.19	28.4	1.36
8		80	43	5.0	8	8.0	4.0	10.248	8.045	25.3	101	3.15	5.79	16.6	1.27	37.4	1.43
10		100	48	5.3	8.5	8.5	4.2	12.748	10.007	39.7	198	3.95	7.8	25.6	1.41	54.9	1.52
12.6		126	53	5.5	9	9.0	4.5	15.692	12.318	62.1	391	4.95	10.2	38.0	1.57	77.1	1.59
14	a	140	58	6.0	9.5	9.5	4.8	18.516	14.535	80.5	564	5.52	13.0	53.2	1.70	107	1.71
	b	140	60	8.0	9.5	9.5	4.8	21.316	16.733	87.1	609	5.35	14.1	61.1	1.69	121	1.67
16a		160	63	6.5	10	10.0	5.0	21.962	17.240	108	866	6.28	16.3	73.3	1.83	144	1.80
16		160	65	8.5	10	10.0	5.0	25.162	19.752	117	935	6.10	17.6	83.4	1.82	161	1.75
18a		180	68	7.0	10.5	10.5	5.2	25.699	20.174	141	1270	7.04	20.0	98.6	1.96	190	1.88
18		180	70	9.0	10.5	10.5	5.2	29.99	23.000	152	1370	6.84	21.5	111	1.95	210	1.84
20a		200	73	7.0	11	11.0	5.5	28.837	22.637	178	1780	7.86	24.2	128	2.11	244	2.01
20		200	75	9.0	11	11.0	5.5	32.837	25.777	191	1910	7.64	25.9	144	2.09	268	1.95
22a		220	77	7.0	11.5	11.5	5.8	31.846	24.999	218	2390	8.67	28.2	158	2.23	298	2.10
22		220	79	9.0	11.5	11.5	5.8	36.246	28.453	234	2570	8.42	30.1	176	2.21	346	2.03
25b	a	250	78	7.0	12	12.0	6.0	34.917	27.410	270	3370	9.82	30.6	176	2.24	322	2.07
	b	250	80	9.0	12	12.0	6.0	39.917	31.335	282	3530	9.41	32.7	196	2.22	353	1.98
	c	250	82	11.0	12	12.0	6.0	44.917	35.260	295	3690	9.07	35.9	218	2.21	384	1.92
28b	a	280	82	7.5	12.5	12.5	6.2	40.034	31.427	340	4760	10.9	35.7	218	2.33	388	2.10
	b	280	84	9.5	12.5	12.5	6.2	45.634	35.823	366	5130	10.6	37.9	242	2.30	428	2.02
	c	280	86	11.5	12.5	12.5	6.2	51.234	40.219	393	5500	10.4	40.3	268	2.29	463	1.95
32b	a	320	88	8.0	14	14.0	7.0	48.513	38.083	475	7600	12.5	46.5	305	2.50	552	2.24
	b	320	90	10.0	14	14.0	7.0	54.913	43.107	509	8140	12.2	49.2	336	2.47	593	2.16
	c	320	92	12.0	14	14.0	7.0	61.313	48.131	543	8690	11.9	52.6	374	2.47	643	2.09
36b	a	360	96	9.0	16	16.0	8.0	60.910	47.814	660	11900	14.0	63.5	455	2.73	818	2.44
	b	360	98	11.0	16	16.0	8.0	68.110	53.466	703	12700	13.6	66.9	497	2.70	880	2.37
	c	360	100	13.0	16	16.0	8.0	75.310	59.118	746	13400	13.4	70.0	536	2.67	948	2.34
40b	a	400	100	10.5	18	18.0	9.0	75.068	58.928	879	17600	15.3	78.8	592	2.81	1070	2.49
	b	400	102	12.5	18	18.0	9.0	83.068	65.208	932	18600	15.0	82.5	640	2.78	1140	2.44
	c	400	104	14.5	18	18.0	9.0	91.068	71.488	986	19700	14.70	86.2	688	2.75	1220	2.42

表 Ⅱ-4　热轧工字钢（GB/T 706—1988）

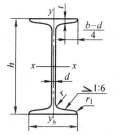

h—高度　　　　　　　　r_1—腿端圆弧半径
b—腿宽度　　　　　　　I—惯性矩
d—腰厚度　　　　　　　W—截面系数
t—平均腿厚度　　　　　i—惯性半径
r—内圆弧半径　　　　　S—半截面的静矩

| 型号 | 尺寸/mm | | | | | | 截面面积 /cm² | 理论重量 /(kg·m⁻¹) | 参考数值 | | | | | | |
| | | | | | | | | | x—x | | | | y—y | | |
	h	b	d	l	r	r₁			W_x /cm⁴	I_x /cm³	i_x /cm	$I_x:S_x$	I_y /cm⁴	W_y /cm³	i_y /cm
100	100	68	4.5	7.6	6.5	3.3	14.345	11.261	245	49.0	4.14	8.59	33.0	9.72	1.52
12.6	126	74	5.0	8.4	7.0	5.5	18.118	14.223	488	77.5	5.20	10.8	46.9	12.7	1.61
14	140	80	5.5	9.1	7.5	3.8	21.516	16.890	712	102	5.76	12.0	64.4	16.1	1.73
16	160	88	6.0	9.9	8.0	4.0	26.131	20.513	1130	141	6.58	13.8	93.1	21.2	1.89
18	180	94	6.5	10.7	8.5	4.3	30.756	24.143	1660	185	7.36	15.4	122	26.0	2.00
20a	200	100	7.0	11.4	9.0	4.5	35.578	27.929	2370	237	8.15	17.2	158	31.5	2.12
20b	200	102	9.0	11.4	9.0	4.5	39.578	31.069	2500	250	7.96	16.9	169	33.1	2.06
22a	220	110	7.5	12.3	9.5	4.8	42.128	33.070	3400	309	8.99	18.9	225	40.9	2.31
20b	220	112	9.5	12.3	9.5	4.8	46.528	36.524	3570	325	8.78	18.7	239	42.7	2.27
25a	250	116	8.0	13.0	10.0	5.0	48.541	38.105	5020	402	10.2	21.6	280	48.3	2.40
25b	250	118	10.0	13.0	10.0	5.0	53.541	42.030	5280	423	9.94	21.3	309	52.4	2.40
28a	280	122	8.5	13.7	10.5	5.3	55.404	43.492	7110	508	11.3	24.6	345	56.6	2.50
28b	280	124	10.5	13.7	10.5	5.3	61.004	47.888	7480	534	11.1	24.2	379	61.2	2.49
32a	320	130	9.5	15.0	11.5	5.8	67.156	52.717	11100	692	12.8	27.5	460	70.8	2.62
32b	320	132	11.5	15.0	11.5	5.8	73.556	57.741	11600	726	12.6	27.1	502	76.0	2.61
32c	320	134	13.5	15.0	11.5	5.8	79.956	62.765	12200	760	12.3	26.8	544	81.2	2.61
36a	360	136	10.0	15.8	12.0	6.0	76.480	60.037	15800	875	14.4	30.7	552	81.2	2.69
36b	360	138	12.0	15.8	12.0	6.0	83.680	65.689	16500	919	14.1	30.3	582	84.3	2.64
36c	360	140	14.0	15.8	12.9	6.0	90.880	71.341	17300	962	13.8	29.9	612	87.4	2.60
40a	400	142	10.5	16.5	12.5	6.3	86.112	67.598	21700	1090	15.9	34.1	660	93.2	2.77
40b	400	144	12.5	16.5	12.5	6.3	94.112	73.878	22800	1140	15.6	33.6	692	96.2	2.71
40c	400	146	14.5	16.5	12.5	6.3	102.112	80.158	23900	1190	15.2	33.2	727	99.6	2.65
45a	450	150	11.5	18.0	13.5	6.8	102.446	80.420	32200	1430	17.7	38.6	855	114	2.89
45b	450	152	13.5	18.0	13.5	6.8	111.446	87.485	33800	1500	17.4	38.0	894	118	2.84
45c	450	154	15.5	18.0	13.5	6.8	120.446	94.550	35300	1570	17.1	37.6	938	112	2.79
50a	500	158	12.0	20.0	14.0	7.0	119.304	93.654	46500	1860	19.7	42.8	1120	142	3.07
50b	500	160	14.0	20.0	14.0	7.0	129.304	101.504	48600	1940	19.4	42.4	1170	146	3.01
50c	500	162	16.0	20.0	14.0	7.0	139.304	109.354	50600	2080	19.0	41.8	1220	151	2.96
56a	560	166	12.5	21.0	14.5	7.3	135.435	106.316	65600	2340	22.0	47.7	1370	165	3.18
56b	560	168	14.5	21.0	14.5	7.3	146.635	115.108	68500	2450	21.6	47.2	1490	174	3.16
56c	560	170	16.5	21.0	14.5	7.3	157.835	123.90	71400	2550	21.3	46.7	1560	183	3.16
63a	630	176	13.0	22.0	15.0	7.5	154.658	121.407	93900	2980	24.5	54.2	1700	193	3.31
63b	630	178	15.0	22.0	15.0	7.5	167.258	131.298	98100	3160	24.2	53.5	1810	204	3.29
63c	630	180	17.0	22.0	15.0	7.5	179.858	141.189	102000	3300	23.8	52.9	1920	214	3.27

参 考 文 献

［1］杨丽君．建筑力学［M］．天津：天津大学出版社，2012．

［2］葛若东．建筑力学［M］．北京：中国建筑工业出版社，2004．

［3］张曦．建筑力学［M］．北京：中国建筑工业出版社，2002．

［4］于英．建筑力学［M］．北京：中国建筑工业出版社，2007．

［5］范钦珊．材料力学［M］．北京：高等教育出版社，2000．

［6］陈志刚，田景伦．工程力学［M］．重庆：重庆大学出版社，1997．

［7］刘敬莹，翟武权．工程力学［M］．重庆：重庆大学出版社，2002．

［8］沈伦序．建筑力学［M］．2版．北京：高等教育出版社，1990．

［9］干光瑜，秦惠民．材料力学［M］．北京：高等教育出版社，1999．

［10］苏翼林．材料力学［M］．2版．北京：高等教育出版社，1987．

［11］孔七一．应用力学［M］．北京：人民交通出版社，2005．

［12］杨茀康，李家宝．结构力学［M］．4版．北京：高等教育出版社，1998．

［13］胡兴国，张流芳．建筑力学［M］．2版．武汉：武汉理工大学出版社，2004．